通化师范学院学术著作出版基金资助出版
国家社会科学基金重大项目(14ZDB126)研究成果
吉林省社会科学基金项目(2013B321)研究成果

松子：历史记忆的文化符号

赵春兰/著

吉林大学出版社

图书在版编目(CIP)数据

松子：历史记忆的文化符号 / 赵春兰著. — 长春：
吉林大学出版社, 2016.11

ISBN 978-7-5677-8199-3

Ⅰ.①松… Ⅱ.①赵… Ⅲ.①银杉–文化研究
Ⅳ.①S791.19

中国版本图书馆 CIP 数据核字(2016)第 284425 号

松子：历史记忆的文化符号

赵春兰 著

责任编辑：张树臣 责任校对：张树臣   封面设计：张沐沉
吉林大学出版社出版、发行   长春科普快速印刷有限公司   印刷
开本：787×1092 毫米   1/16   2016 年 11 月 第 1 版
印张：17.5   字数：280 千字   2016 年 11 月 第 1 次印刷
ISBN 978-7-5677-8199-3   定价：96.00 元

社址：长春市明德路 501 号   邮编：130021
发行部电话：0431-89580026/28/29
网址：http://www.jlup.com.cn
E-mail:jlup@mail.jlu.edu.cn

·序·

富育光

　　春兰的民俗文化研究喜结硕果,《松子：历史记忆的文化符号》即将出版,这是学术界关于长白山文化符号——松子的第一本学术专著,填补了长白山民俗文化研究空白,此乃学术界的一件盛事,真是可喜可贺!

　　松子作为一种重要的文化载体一直无人关注,春兰独具慧眼,努力开拓进取,挖掘了一个新的学术点,并能努力把它做得有声有色。2013 年 7 月初,春兰在孙文采教授的引见下第一次登门拜访,就采集松子习俗的相关问题虚心向我请教。恰巧我年少时曾在黑龙江黑河老家采过松子,对这种习俗比较了解,我把满族采集松子的劳动过程向她详细地做了介绍。春兰的民俗文化研究可谓深入严谨,能够从纵向考察松子采集习俗的传承与变异,以满族入关为界,对松子采集习俗分阶段考察,深得民俗文化研究要领。2014 年元旦,春兰在与我交流的过程中,萌生了对长白山松子文化进行全面考察的想法,此后,她网罗爬梳,查阅搜集各种相关文献资料,又不辞劳苦,深入田野,以口述资料弥补文献资料的不足,把一部系统的松子文化研究专著贡献给学术界,善莫大焉!

　　松子作为长白山文化符号具有代表性。从唐朝开始,松子不但和人参等土特产一起成为朝贡品,而且常常出现在当时的民间贸易中。在这一时期,松子也开始进入人们的日常生活,成为餐桌上的美食。春兰对松子丰富的政治、经济文化内涵,对松子的采集习俗和食用习俗,以及和松子相关的传说、诗文作品给予了挖掘研究。她博古览今,纵横国内外,以民俗学结合历史学、文化人类学,从历史记忆的角度为长白山民俗文化研究树立了新的研究范式。《松子：历史记忆的文化符号》不但为长白山民俗文化研究做出重大贡献,也为长白山区的经济建设与发展提供了巨大的文化动力。

　　我于耄耋之年能见到青年后学如此图文并茂的学术佳作，深感慰藉！江山代有人才出，一代更比一代强，从春兰治民俗文化之学，我看到了民俗文化研究的希望。愿春兰能在民俗文化研究领域继续开拓探索，取得更多的研究成果！

2015 年 5 月 15 日于长春寓所

· 引 言 ·

在东北地区的街头巷尾，松子是再平常不过的坚果。它的颜色呈暗紫褐色或褐色，长度大约 1～1.6 厘米，三棱状的稍扁三角形，粗糙的表皮……谁也没想到，就是这朴实无华的小小松子，承载了千余年光辉灿烂的历史文化。

汉朝时期，我们的先祖就认识到了它的食药两用价值，但由于受当时客观条件的限制，人们不能科学地揭示这一切，它的神奇作用在民间口耳相传，逐渐产生了众多的传说故事。其中一则说偓佺吃松子后，身体长出几寸的长毛，能够飞行追逐奔驰的骏马。偓佺把松子赠送给尧，尧无暇服食，当时凡是吃了松子的人都活到二三百岁。从汉朝到宋朝，服食松子长生不老或成仙的传说不断产生并流传至今。

唐朝的帝王将相追求长生不老的思想观念非常浓重，加之唐朝国势强盛，朝鲜半岛的新罗和东北的渤海国把松子作为贡品进献，开启了长白山红松子的贡品历史。满族入关后，建立打牲乌拉总管衙门采捕征收松子贡品为自己享用。松子作为贡品被藩属国进献的同时，也一直出现在民间贸易中，民间贸易的历史同样悠久。唐朝以降，松子不但深入到社会政治、经济生活，也深入到寻常百姓的日常生活，人们把松子用作娱乐工具，用它造酒、制茶、做粥……

松子生长在高达几十米的红松树头上，采摘运输实属不易。长白山区的世居民族肃慎族系的先民一直依赖于采集狩猎经济，采集松子是一项重要的经济来源，在采集松子劳动中形成了约定俗成的神灵观念和行为规范，并世代相传。肃慎族系的先民信奉萨满信仰，所以松子采集习俗信仰也处处表现出萨满教的多神信仰观念，这种传统一直持续到满族入关之前。

　　在历史记忆的长河中，内容丰富的长白山松子文化积淀了非物质文化遗产的历史价值、文化价值、精神价值和经济价值。长白山松子文化的非物质文化遗产价值一直无人关注，在当前红松种子资源开发利用的新形势下，挖掘长白山松子文化的非物质文化遗产价值，保护和传承我们的先辈在世世代代的劳动过程中积累流传下来的智慧结晶，延续传统文化的血脉，非常重要！

目　录

第一章

第二章

第三章

长白山松子采集习俗 ……………………………………… /065

第四章

第五章

第六章

第一章

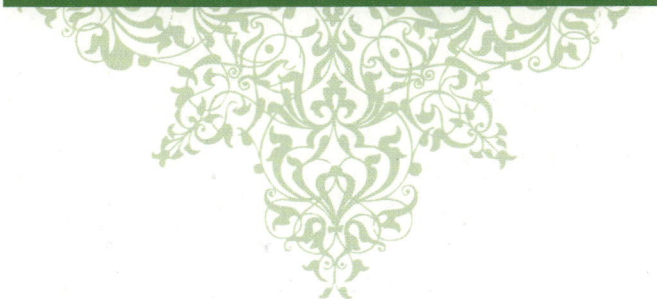

DIYIZHANG

长白山松子贸易文化的历史记忆

第一节 长白山松子贡品文化漫谈

一 唐宋松子贡品探微

我们所说的松子通常指的是红松的种子,红松主要分布于中国、日本、朝鲜、俄罗斯的部分地区。中国的红松主要分布于东北的长白山和小兴安岭山地。长白山红松的高度可达 50 米,树龄最长可达 600～700 年,千粒重 350～600 克。① 长白山红松在高度、树龄、果实的质量方面都优于其他地区和其他松树的果实,加之红松树种珍贵,所以长白山红松子更受到人们的青睐。中国朝贡史上的松子贡品是长白山红松子,而非指华松子、偃松子及其他的松子品种。

(一)松子别名考释

在《本草纲目》里,与松子相关的概念有海松子、新罗松子和五鬣子,李时珍以新罗松子释名海松子,海松子的图片上写着五鬣子,② 没有明确指出海松子就是红松子。但《本草纲目》果部集解的志曰③:"海松子,状如小栗,三角。其中仁香美。东夷当果食之,亦代麻腐食之,与中国松子不同"。④ 秦汉以后的东夷主要是指先秦的东北夷,泛指东方的民

---

① 参见周繇《中国长白山植物资源志》,中国林业出版社,2010 年 1 月,第 44 页。
② 2000 年版的《本草纲目》1828 页写着"海松子,释名新罗松子。"第 41 页的海松子图片上写这五鬣子。
③ "志"是指宋代的《开宝本草》,作者为马志等 9 人。
④ (明)李时珍《本草纲目》,人民卫生出版社,2000 年 4 月,第 1828 页。

族和国家，而先秦的东北夷包括肃慎在内。《新唐书·渤海传》说：渤海"以肃慎故地为上京，曰龙泉府"。① 贾耽《入四夷道城纪》说：渤海上京"临忽汗海，其西南三十里，有肃慎城"。② 由这些材料看，海松子就是出产于东北的松子。

《本草纲目》松部集解的宗奭曰③："松子多海东来，今关右亦有，但细小味薄也。"④ 这里的"海东"是指渤海国旧地。唐朝武则天时，粟末靺鞨首领大祚荣乘"营州之乱"，率靺鞨人等东进，于唐圣历元年（698年）建立震国，自号震国王。唐开元元年（713年），唐朝廷派遣使者到震国册封大祚荣为"左骁卫员外大将军、渤海郡王，仍以其所统为忽汗州，加授忽汗州都督"⑤，从此震国改称渤海国。渤海国的疆域全盛时期，以吉林为中心，其疆域北至黑龙江中下游东岸，鞑靼海峡沿岸与库页岛相望，东至日本海，西到吉林与内蒙古交界的白城、大安附近，南至朝鲜之咸兴附近。设五京十五府，六十二州，一百三十余县，是当时东北地区幅员辽阔的封建强国。渤海国建国初期有编户十余万，人口数十万，后期人口逐渐增至五百万左右，从而获得了"海东盛国"的称誉⑥。"海东来"的松子就是出产于渤海国的红松子，而长白山腹地在渤海国辖内，"海东来"的松子尤其是指长白山红松子。渤海国作为唐王朝的藩属国朝贡松子，另外还有大量的松子民间贸易，所以宗奭曰"松子多海东来"，我们再结合上文对海松子的讨论，可以确定海松子就是"海东来"的松子。

"关右"是地区名，"古人以西为右，亦称关西，汉唐时泛指函谷关或潼关以西地区"。⑦ 关西地区所产松子为华山松的果实，与红松子不同。山西、河南、陕西、甘肃、青海等省均有华山松分布，因集中产于陕西的华山而得名。华山松种子扁卵形，呈淡褐色至黑色，有纵脊，长 1～1.3 厘米。长白山红松子呈暗紫褐色或褐色，倒卵状三角形，微扁，长 1.2～

① （宋）欧阳修、宋祁《新唐书》，中华书局，1975 年 2 月，第 6182 页。
② （宋）欧阳修、宋祁《新唐书》，中华书局，1975 年 2 月，第 1147 页。
③ 宗奭指宋代的寇宗奭，著有《本草衍义》。
④ （明）李时珍《本草纲目》，人民卫生出版社，2000 年 4 月，第 1917 页。
⑤ （后晋）刘昫《旧唐书》卷 199 下《渤海靺鞨传》，中华书局，1975 年 5 月，第 5360 页。
⑥ 参见王承礼《渤海简史》，黑龙江出版社，1994 年 1 月，第 65 页。
⑦ 辞海编辑委员会编《辞海·地理分册历史地理》，上海辞书出版社，1981 年 11 月，第 101 页。

1.6 厘米，径 7～10 毫米。华山松的种子无论在大小、味道方面都逊色于长白山红松子，所以宗奭曰"关右松子细小味薄"。

李时珍在《本草纲目》中对海松子的认知与《开宝本草》和《本草衍义》出现分歧。他首先以新罗松子释名海松子，但进一步解释海松子时又说："海松子出辽东及云南，其树与中国松树同，惟五叶一丛者，球内结子，大如巴豆而有三棱，一头尖尔"。① 中国与朝鲜半岛山水相依，都盛产红松子。"三韩万里半天松，万丈蓬莱东复东。珠玉链成千岁实，冰霜吹落九秋风。"② 以新罗松子释名海松子没有错误，但我们都知道新罗松子的产地和云南没有关系，依据《开宝本草》和《本草衍义》，也没看出海松子的产地和云南有关系。而且李时珍在解释松仁时引用唐代李珣的话说："新罗松子甘美大温，去皮食之甚香，与云南松子不同（云南松子似巴豆，其味不及）"。③ 所以李时珍认为"海松子出辽东及云南"的观点还有待商榷。

《本草纲目》的"海松子"图片上又写着"五鬣子"。鬣，本义是头发上指的样子。《说文解字·髟部》："鬣，发鬣鬣也。段注：鬣鬣，动而直上貌。所谓头发上指，发上冲冠也。"④ 鬣引申为马颈上的长毛，宋代姚宽《西溪丛语》卷下："《名山记》云：松有两鬣、三鬣、五鬣者，言如马鬣形。"⑤ 红松的叶子五针一束，形似马鬃，所以《本草纲目》的"海松子"图片上又写着"五鬣子"。因"粒"与"鬣"的读音相近，有人把"五鬣子"读成了"五粒子"。宋朝吴聿的《观林诗话》记载："唐人多作五粒松诗，有以五粒为鬣者。大历时，监察御史顾惜《新罗国记》云：'松树大连抱，有五粒子，形如桃仁而稍小，皮硬，中有仁，取而食之，味如胡桃，浸酒疗风。'然则松名五粒者，以子名之也。"⑥ 顾惜描述了新罗的红松生长结实情况，并说明松子仁的味道和功能。吴聿的话表现

① 〔明〕李时珍《本草纲目》，人民卫生出版社，2000 年 4 月，第 1828 页。
② 傅璇琮等主编《全宋诗》第 42 册，北京大学出版社，1995 年 1 月，26340 页。
③ 〔明〕李时珍《本草纲目》，人民卫生出版社，2000 年 4 月，第 1828 页。
④ 汤可敬《说文解字今释》（中册），岳麓书社，1997 年 7 月，第 1228 页。
⑤ 参见徐中舒主编《汉语大字典》"鬣"字条注释，四川辞书出版社，1990 年 10 月，第 4358 页。
⑥ 〔宋〕吴聿《观林诗话》，载《历代诗话续编》，〔清〕丁福保辑，中华书局，1983 年 8 月，第 128 页。

出对松子的自然生长存在错误认识，误导我们认为松果一个鳞瓣里有五粒子，实则不然。"松有五叶者，一丛五叶如钗，名五粒松。……《本草图经》云：方书言松为五粒，字当读为鬣，音之误也。"①

唐代段成式的《酉阳杂俎》记载"松，凡言两粒、五粒，粒当言鬣，成式修行里私第，大堂前有五鬣松两株，大财如椀。甲子年结实，味与新罗、南诏者不别。"② 新罗和南诏都向唐王朝朝贡松子，频繁的经济文化往来使新罗松子和南诏松子在市面上经常见到，所以段成式把自家庭院的华松子和新罗、南诏的松子做嗅觉上的比较。另外，《岭表录异》曰："偏核桃出卑占国，肉不堪食。胡人多收其核，遗汉宫，以称珍异。其形薄而尖头，偏如雀嘴。破之，食其桃仁，味酷似新罗松子。"③ 从唐人把和松子的同类或相近的坚果与新罗松子做嗅觉上的比较看，唐人对红松子的认知是始于新罗松子，而不是海松子。

通过对松子别名的考释，我们可以得知，海松子和新罗松子的名字都是产生于渤海国新罗和唐朝频繁的经济文化交流过程中。新罗统一朝鲜半岛是在公元 668 年，渤海国建立是在公元 698 年，从两个统一政权建立时间的先后，以及唐朝时频繁出现的新罗松子的名字看，新罗松子的别名产生时间早于海松子，新罗朝贡松子的时间也应该早于渤海国。

（二）松子因何成为贡品

松子作为方物朝贡始于唐朝人所共知，但在唐朝之前，世居长白山区的肃慎族系先民已经同中原王朝建立了朝贡关系，为什么到了唐朝松子才成为贡品？这值得我们深思。在唐朝之前的文献，我们没有看到世居长白山区的肃慎族系先民把松子作为朝贡品的记载，但成书于汉朝时期的《列仙传》记载了赤须子、偓佺、伏生、犊子、毛女等众位男女仙家吃松子长生不死或成仙的传说。如"偓佺者，槐山采药父也，好食松实，形体生毛，长数寸，两目更方，能飞行逐走马。以松子遗尧，尧不暇服也。时人受服者，皆至二三百岁焉。"④ 故事说偓佺是槐山中采药的人，爱吃松子，

---

① （宋）吴曾《能改斋漫录》卷七，中华书局，1960 年 11 月，第 203 页。
② （唐）段成式《酉阳杂俎》，中华书局，1981 年 12 月，第 172 页。
③ （唐）刘恂《岭表录异》，广东人民出版社，2011 年 3 月，第 18 页。
④ 王叔岷《列仙传校笺》，中华书局，2007 年 6 月，第 11 页。

遍身长毛，长达数寸，两眼变成方形，能疾步如飞追逐奔马。他拿松子赠给尧帝，可尧帝没功夫服食它。当时的人们凡是吃了这种松子的，都活到二三百岁。

在汉魏六朝时期，松子还没有引起高层统治者的关注，但这种"长寿果"正迎合了原始道教中方士们宣扬长生不死的神仙学理论的需要，以至于松子频繁出现在众位仙家的神话传说中，成为神仙学理论家宣扬长生不死之术的工具。晋朝道教思想家葛洪亲自撰写赵瞿吃松子成仙的故事来宣扬自己的思想主张。说赵瞿得了很重的癞病，快要死了。有人对他的家人说，"趁还有口气，把他弄到外面去吧，如果死在家里，怕后代子孙都会因传染而得癞病。"家里人就给他准备了一年的粮食，把他送到深山的石洞里，怕被虎狼伤害，就用木栅把他围了起来。赵瞿十分悲痛，昼夜哭泣。有一天夜里，石洞前忽然来了三个人，问他是什么人，赵瞿就诉说了自己的悲惨处境，仙人就给了他松子和松、柏脂各五升，并告诉赵瞿说："吃了这药不但可以治好病，还能长生不老。吃一半病就能好，病好后还要继续吃。"赵瞿还没吃完，病果然好了，身体也十分健壮，就回了家。家人以为他是鬼，后来听他讲述了神仙赐药的经过，家里人大喜。赵瞿又继续服了两年药，变得十分年轻，皮肤也变得很有光泽，走起路来像飞鸟般轻捷。到了七十岁时，吃山鸡野兔连骨头都能嚼碎，还能背负很重的东西也不累。活到一百七十岁时，有一天夜晚，他睡下后忽然看见屋里有个东西像镜子般发光，问别人，谁也没看见。过了一天，就发现夜间全屋通明，能看得见字。又发现脸上有两个小人约三寸高，是非常端庄的美女，只是太小了，在他鼻子上戏耍。后来两个美女渐渐长大，和正常人一样了，不在他鼻子上玩，而是在他身边，常常弹琴鼓瑟给他听，使他非常快活。赵瞿在人间呆了三百多年，仍然面如少年，后来进山，不知去了什么地方。①

唐朝时期的统治者奉道教教主老子为宗祖，崇尚道教，对道教采取了一系列扶持措施，道教除去粗俗浓厚的迷信色彩而建立起精细完备的理论体系，发展到高峰。成熟以后的道教以道家哲学思想为核心，不再以修仙长生为要，但服食炼丹以求得长生不老并没有在人们的观念中消失。唐代

---

① （宋）李昉等《太平广记》卷十，中华书局，1961年9月，第71页。

帝王寻求长生不老的思想观念仍然浓厚，太宗晚年服用中天竺方士炼制的"延年之药"使病情加重而死，年仅 50 岁。宪宗 40 来岁就遍找长生不老的偏方，由于服用丹药中毒，数月不能上朝。唐穆宗即位后重蹈覆辙，服用丹药，30 岁就中毒而死。武宗服丹药后，毒热难忍，脾气变得喜怒无常，临死前连续十天不能说话，死时年仅 30 多岁。唐宣宗因服用仙丹中毒太深，背上长出了脓疮，最后，宣宗带着金丹之毒气踏上了黄泉路。松子可以食药两用，和丹药相比对身体没有伤害性，成为人们服食的首选植物果实。唐朝时也产生了一定数量的吃松子长生不老或成仙的传说，如《陶尹二君》、《阳都女》、《萧氏乳母》等等，传说的数量不少于方士文化兴盛时期的汉朝。

吃松子长生不老的思想观念还使民间创造出神仙吃松仁的配方，"神仙饵松实方：十月采松实，过时即落难收，去大皮，捣如膏。每服如鸡子大，日三服。如服及一百日，轻身；三百日，日行五百里，绝谷。久服升仙。又方：上，取松实仁，不以多少，捣为膏。每于食前，酒调下三钱，日三服，即无饥渴，勿食他物。百日身轻，日行五百里，绝谷升仙。"①还有"神仙益精补脑，久服延年不老，百岁以上颜色更少，令人身轻悦泽的松子丸方：松子（二斤取仁），甘菊花（一斤为末），以松脂和捣千杵，入蜜。丸如梧桐子大，每服，食前以酒下十丸。日可三服，加至 20 丸，亦可散服，功效如神。"② 脱离了肉体凡胎的神仙也要继续服用松仁仙方以保持仙风道骨，多么可爱可笑！服食松子羽化升仙的思想观念体现了在医疗技术落后时代，人们希望能够健康长寿的愿望。

另外，在唐朝时期松子已经深入到千家万户的日常生活。人们已经开始制作松子酒，边塞诗人岑参的诗句有"酿酒漉松子，引泉通竹竿"，③描述了唐人用松子酿酒，先把松子洗净漉干的情景。人们不但用松子造

---

① （宋）王怀隐、陈昭遇等《太平圣惠方》九十四卷，人民卫生出版社，1958 年版，第 459 页。

② （宋）王怀隐、陈昭遇等《太平圣惠方》九十四卷，人民卫生出版社，1958 年版，第 459 页。

③ 岑参《全唐诗·太一石鳖崖口潭旧庐招王学士》卷一百九十八，中华书局，1960 年 4 月，第 2042 页。

酒，还把它制成茶饮料，"茗炉尽日烧松子，书案经时剥瓦花"。[1] 人们不只是把松子用于饮食，还把它用作娱乐工具。唐人诗有"城头击鼓传花枝，席上抟拳握松子"。[2] 诗句描述的这种游戏叫猜枚，饮酒之时任取席上的松子等小果品或黑白棋子，握于手中，供人猜单双、颜色、数目，凡三猜以决胜负，负者罚饮。

　　唐朝时期，从国家的上层意识形态到普通民众的日常生活，松子的地位都显得非常重要。在对外关系上，大唐民富国强，诸蕃降服。"渤海居勿吉故地，山海林虞之利，出其羡余，以事各国。"[3] 渤海国看到"世人贵远贱近，轻易重难，此帮产物，每为各国所珍视，开始把它作为方物朝贡"。这种状况持续到后唐庄宗"同光三年（925年）二月，渤海国王大諲譔遣使裴璆贡人参、松子、昆布、黄明、细布、貂鼠皮……。"[4] 从唐中宗神龙元年（705年）至后唐明宗天成元年（926年）期间，渤海国入唐朝贡94次，松子是主要的贡品之一。朝贡"一则输本邦之货，以应外人之求；一则辇外邦之货以济国人之用"。[5] 渤海国地处偏僻的东北，距离唐朝的都城路途遥远，交通不便，朝贡使者"涉霜露，冒风涛死者接踵，其志弥厉，往往去以十数，返仅一二"。但朝贡"为其国命脉之所在，苑枯之所系。故合众力以赴之，蹈百死而不辞欤。"

（三）松子贡品朝贡概况

　　由于松子自身的独特功效，加之政治需要，从唐朝到宋代直至清代，松子一直是一种必不可少的贡品，现在我们重点探讨唐宋时期的松子贡品朝贡概况。

1. 唐朝时期

　　在渤海国向唐朝朝贡松子之前，朝鲜半岛的新罗已经向唐王朝朝贡松子了。松子在朝鲜半岛作为贡品的历史同样悠久，"中朝朝贡制度正式确

---

　　① 皮日休《全唐诗·夏景冲澹偶然作二首》卷六百十四，中华书局，1960年4月，第7081页。

　　② 清翟颢《通俗编》卷三十一《俳优猜拳》，中华书局，1959年3月，第703页。

　　③ 金毓黻《渤海国志长编》卷17《食货志》，黑龙江人民出版社，1995年6月，第24页。

　　④ （北宋）王若钦等《册府元龟》卷九百七十二，中华书局，1982年11月，第11421页。

　　⑤ 金毓黻《渤海国志长编》卷17《食货志》，黑龙江人民出版社，1995年6月，第24页。

立于唐朝和新罗"①。唐初，新罗贡使经常走水路入唐朝贡，新罗贡使从新罗王城出发，到达长口镇，然后沿朝鲜半岛西海岸北上到达都里镇，再经渤海海峡和庙岛群岛到达登州（今山东省蓬莱），登陆后直奔长安。此外，浙东明州、扬子江口、楚州、海州也都可以通往新罗，但"登州牟平县唐阳陶村之南边，去县百六十里，去州三百里，从此东有新罗国，得好风，两三日便到，"② 所以登州海道最繁忙。据付百臣先生统计，整个唐朝时期，新罗朝贡的次数达到 96 次之多，③ 但由于史料对新罗朝贡的品种和数量记载粗略，无法确定松子贡品的详细情况。陶毂《清异录》曰："新罗使者，每来多鬻松子，有数等：玉角香、重堂枣、御家长龙牙子，惟玉角香最奇，使者亦自珍之。"④ 可见，新罗使者在把松子用来朝贡的同时，也夹带进行商业活动获取利润。清代厉荃《事物异名录》果瓜部引宋朝张端义《贵耳集》："建业间，新罗使者多携松子赂公卿家。问其名，有玉角子、能牙子。"⑤ 由这一史实可见松子在当时作为贡品之珍贵程度。到了后唐时期，高丽朝贡松子的记载较为明确，"后唐明宗天成四年（929年），高丽国王王建遣使广平侍郎张芬等五十三人来朝贡，银香狮子香炉……人参、香油、松子等"。⑥ 后唐开运二年（945年），高丽朝贡"……细中麻布一百匹，人参五十斤，头发二十斤，金银底铁文剪刀一十枚，金银细缕剪刀二十枚，金银细缕剪髭剪刀一十枚，……金银细缕钳子二十枚，香油五十斤，松子五百斤。"⑦

　　2. 辽宋时期

　　渤海国在公元926年被辽灭亡后，原渤海国统治下的靺鞨部落成为女真族的主源。辽初，女真人势单力孤，还没有形成女真族，熟女真"所产人参、白附子、天南星、茯苓、松子、猪苓、白布等物，并系契丹枢密院所营"⑧，"赍以金、帛、布、黄蜡、天南星、人参、白附子、松子、蜜等

　　① 付百臣《中朝历代朝贡制度研究》，吉林人民出版社，2008年9月，第9页。
　　② （日）圆仁《入唐求法巡礼行记》卷四，上海古籍出版社，1986年8月，第46页。
　　③ 付百臣《中朝历代朝贡制度研究》，吉林人民出版社，2008年9月，第22页。
　　④ （宋）陶毂《清异录》卷二，载入《丛书集成初编》，商务印书馆，1936年版，第170页。
　　⑤ （清）厉荃《事物异名录》，江苏广陵古籍刻印社影印，1989年版，第480页。
　　⑥ （北宋）王钦若等编《册府元龟》第十二册，中华书局，1982年11月，第1142页。
　　⑦ （朝鲜李朝）郑麟趾《高丽史》2卷，吉川弘文馆，1996年9月，第34页。
　　⑧ （宋）叶隆礼《契丹国志》卷二二，中华书局，2014年1月，第237页。

诸物，入贡北番（辽）"，①从天显二年（927年）到天显十二年（937
年），女真进贡达十四次。女真人不但向辽朝贡松子，也向强盛时期的北
宋朝贡松子。金建立政权之初与北宋修好之时，松子是觐见礼品之一。例
如重合二年（1118年），"女真发渤海人一名李善庆、熟女真一名小散多、
生女真一名渤达，共三人，赍国书并北珠、生金、貂革、人参、松子为
贽。同马政等，俾来朝觐还礼。以十二月二日至登州，遣诣京师。"②当
有宋使出访金朝时，金朝把用松子接待宋朝使者视为最高礼节。"宋宣和
乙巳（金天会二年，1124年），许亢宗出使金国，第二十八程至咸州（今
辽宁开原），赴州宅，就坐，乐作。酒九行，果子惟松子数颗。"③

宋朝在接受女真的松子贡品的同时，也接受高丽的松子贡品。"（高
丽）广、扬、永三州多大松。松有二种，惟五叶者乃结实。罗州道亦有
之，不若三州之富。方其始生，谓之松房，状如木瓜，青润致密。致得霜
乃拆，其实始成，而房乃作紫色。国俗，虽果肴羹亦用之。"④松子作为贡
品主要是在宋神宗时期两国重新互通贡使以后。宋神宗熙宁五年（1072
年）八月，高丽民官侍郎金悌等百余人贡方物：金器、弓刀、鞍辔马、
布、纱、纸、墨、人参、松子、……⑤。熙宁九年（1076年）十一月，高
丽工部侍郎崔思谅来宋谢恩，朝贡腰带、金器……、人参、松实、香油、
药物。⑥元丰三年（1080年）正月，高丽国王王徽为感谢宋神宗遣医官携
药治病，户部尚书柳洪、礼部侍郎朴寅亮等百余人来宋谢赐，贡生中布二
千匹、人参一千斤、松子二千二百斤、……香油二百二十斤鞍辔二部、细
马二匹、骡钿装车一辆等。⑦但这次因为在海上遇到风暴，失去了全部的
贡物。南宋建炎1132年闰四月，礼部员外郎崔惟清等十七人来朝贡请修

---

① （宋）叶隆礼《契丹国志》卷二二，中华书局，2014年1月，第237页。
② 傅朗云《金史辑佚》，载入李澍田《长白丛书》，吉林文史出版社，1990年12月，第
259页。
③ （宋）许亢宗《宣和乙巳奉使金国行程录》，载入刁书仁主编《奉使辽金行程录》，吉林
文史出版社，1995年10月，第153页。
④ （宋）徐兢《宣和奉使高丽图经》卷二十三，载入《丛书集成初编》，商务印书馆，
1936年，第47页。
⑤ （朝鲜李朝）郑麟趾《高丽史》2卷，吉川弘文馆，1996年9月，211页。
⑥ 《宋史》487卷，转引自宋慧《试论高丽对宋的朝贡贸易》，《东疆学刊》2009年（07），
第100页。
⑦ （朝鲜李朝）郑麟趾《高丽史》2卷，吉川弘文馆，1996年9月，第225页。

旧好，……生原罗五匹、人参二十斤、大布二百匹、松子二百斤。① 南宋著名诗人杨万里曾描述高丽松子在中国深受人们喜爱的景象，"酒边腼腆牙车响，座上须臾漆榀空。新果新尝正新暑，绣衣使者念山翁。"②

由于辽金在北方阻断了宋朝和高丽之间的陆路交通，因此，高丽和宋朝之间的朝贡贸易通道主要是海路。高丽朝贡的路线有两条，"泛海而至明州（今宁波），则由二浙溯汴至都下（今开封），谓之南路。或至密州，则由京东陆行至京师，谓之东路"。③ 从史料看，松子作为朝贡品主要是在宋神宗熙宁年间到南宋初期，这时期的贡路主要是南路，高丽贡使多沿海岸南下，渡海至宋朝明州，然后顺运河入汴河至开封。南宋定都杭州后，则由明州直达杭州。

唐朝开创的朝贡松子的传统经过两宋一直持续到明朝，明朝时，朝鲜半岛的李朝和国内的女真大量朝贡松子，从中获得极大的经济利益。满族建立政权后，结束了从朝鲜"进口"松子贡品的历史，建立了打牲乌拉总管衙门采捕松子，满足宫廷祭祀和日常生活的需求。

（四）松子做为贡品的意义

在中外及国内的中央政权和少数民族政治经济外交关系中，朝贡贸易是一项重要内容，关于朝贡贸易的相关研究成果很多，但对于朝贡品的选择，即某种方物因何成为贡品，成为贡品之后的发展脉络如何，则较少有人关注。事实上，对这一微观问题的研究却有着极为重要的意义。国内关于松子贡品的史料非常单薄，朝鲜半岛朝贡松子的史料起到极为有力的补充作用，帮助我们廓清了松子贡品的发展概貌。综合国内和朝鲜半岛的文献史料，我们可以看到小小的松子贡品首先为稳定藩属国和宗主国的政治关系起到重要作用，兹不赘述。

其次，松子贡品史是长白山土特产在朝贡贸易发展中的历史缩影。从唐朝开始，长白山方物除了松子曾作为朝贡品，最主要的还有人参、白附子、昆布、貂皮等等，研究松子贡品，是以一斑窥全豹，让我们了解了长白山土特产的古代朝贡贸易概况，对挖掘利用东北民俗的非物质文化遗产

---

① （朝鲜李朝）郑麟趾《高麗史》2卷，吉川弘文馆，1996年9月，第225页。
② 傅璇琮等主编《全宋诗》42册，北京大学出版社，1995年1月，26340页。
③ 苏轼《乞禁商旅外国状》，载《东坡奏议》卷八，清刻本，第494页。

价值，促进东北经济文化发展具有重要意义。

再次，松子贡品的发展史折射了长白山区世居民族采集劳动的发展史。长白山区世居的满族先民一直依赖于采集经济，松子贡品形成与发展的同时也带动了松子采集习俗的发展。唐朝时期松子成为贡品，意味着松子采集习俗在此时已经形成，历朝历代松子贡品的绵延不绝，始终伴随着松子采集习俗的持续发展，明末女真大量朝贡松子的时期也正是松子采集习俗的兴盛时期。可以说，松子贡品的发展史也是长白山区世居民族采集劳动的发展史，也是松子采集习俗的发展史。

另外，松子贡品发展史也折射了朝鲜半岛贡赋发展的历史。朝鲜半岛所处的地理位置使它成为农业文明相对较为发达的国家，历史上各个时期的松子贡品来自何处？完全是靠征收赋税维持朝贡关系，如"（高丽）忠惠王后四年十一月，江陵道献山税松子三千石"。① 繁重的赋税使民众苦不堪言，元朝嫁到高丽的"齐国大长公主曾以松子、人参送江南获厚利后，分遣宦官求之，虽不产之地无不征纳，民甚苦之"。② 从某种程度上说，朝鲜半岛松子贡品发展史也是贡赋发展史的一面镜子。

二 明清松子贡品征收机制的传承与变异

高丽王朝和中国的朝贡关系一直维持到明朝初期，李氏朝鲜取代王氏高丽后，继续维持和明朝的朝贡关系，松子仍是朝贡的重要方物之一。（朝鲜）太宗五年七月，黄俨、韩帖木儿、杨宁、奇原出使朝鲜，横征暴敛，太宗被迫"赠黄俨苎麻布一百三十五匹，石灯盏三十事，席子十五张，松子三石，骏马三匹，貂鼠裘一领，角弓一张，箭一桶，及凡所须人参、厚纸、山海食物，无所不具。其余使臣以此而降，俨始大喜"。③ 朝鲜端宗大王三年闰九月，明使者金宥、金兴等赍敕封诏谕冕服出使朝鲜，"宥等言欲得海青及长广龙凤席、细麻布、干松菌、沉松菌、松子进献，请须预备"。④

① （朝鲜李朝）郑麟趾《高丽史》78 卷，吉川弘文馆，1996 年 9 月，1693 页。
② （朝鲜李朝）郑麟趾《高丽史》89 卷，吉川弘文馆，1996 年 9 月，1846 页。
③ 吴晗《朝鲜李朝实录中的中国史料》，中华书局，1980 年 3 月，219 页。
④ 吴晗《朝鲜李朝实录中的中国史料》，中华书局，1980 年 3 月，482 页。

　　明朝的统治者追求长生不老的思想最甚，对松子也最为看重，这一时期松子的朝贡量最大，朝贡政策也最为优惠。朝鲜认识到他们从中可以获得极大的利益，朝贡态度非常积极，朝贡非常频繁。据付百臣先生统计，明朝洪武年间（1368～1398 年），朝鲜共朝贡 60 次，平均每年两次。在永乐年间（1403～1424 年），朝鲜朝贡 91 次，平均每年 4 次。洪熙、宣德年间（1525～1435 年），朝鲜共朝贡 67 次，平均每年 6 次。① 后来，明政府改变朝贡政策，变为一年一次。松子的朝贡情况择其要者简列如下：

　　世祖惠庄大王四年八月壬午，李朝"遣工曹参判柳洙、中枢院副使康衮奉表笺如大明，贺圣节及千秋节，并献黄鹰二十五连，笼鸦鹘十四连，纯黄犬六只，纯白犬十一只，纯黑犬三只及带壳松子二千六百八十个"。②

　　成化十三年（1477 年）十一月，朝鲜以韩致礼为圣节使，出使明朝，献紫绵二十匹，绿绵二十匹，黄柳青绵二十匹，大脯二百个，片脯三百个，文鱼三百尾，香蕈七十斤，昆布三百斤，石菌七十斤，塔士麻二百斤，全鳆三百束，大口鱼五百尾，海松子二百五十斤，……。③

　　成化十九年（1483 年），朝鲜贡……海菜耳一百斤，香荤一百斤，红烧酒十瓶，白烧酒十瓶。松子二百斤，人参五十斤，……。④

　　宣德四年（1429 年）五月，旱海菜五百斤，海菜一千斤，丝海菜三百斤，海菜耳三百斤，昆布四百斤，海衣一百斤，甘苔二百斤，海花二百斤，黄角三百斤，松子一千斤，黄酒五坛，烧酒五坛。⑤

　　明代的女真族分为建州女真、海西女真和东海女真，以建州女真和海西女真为主，明朝政府从女真所处的老营地"岁收人参、松子"。⑥ 这时期的朝贡与历史上的朝贡大有不同，女真定期向中央政府缴纳贡赋，持明朝政府颁发的敕书或印信，从指定的贡道入贡，经过检查进入京城后，住在专门为朝贡设置的会同馆。明朝时期商品经济有所发展，女真入贡之时

---

　　① 付百臣《中朝历代朝贡制度研究》，吉林人民出版社，2008 年 9 月，120 页。
　　② 吴晗《朝鲜李朝实录中的中国史料》，中华书局，1980 年 3 月，504 页。
　　③ 《成宗大王实录》卷 83，八年八月辛亥，转引自侯馥中博士论文《明代中国与朝鲜朝贡贸易》，84 页。
　　④ 吴晗《朝鲜李朝实录中的中国史料》，中华书局，1980 年 3 月，677 页。
　　⑤ 《世宗庄宪大王实录》卷 45 十一年七月癸亥，转引自侯馥中博士论文《明代中国与朝鲜朝贡贸易》，88 页。
　　⑥ 傅朗云《金史辑佚》，载入《长白丛书》，吉林文史出版社，1990 年 12 月，第 259 页。

往往多带大量的物产物品，进贡以后，剩余的物品在京城街市进行销售。由于进京朝贡可以获得较大的经济利益，所以女真人对于进京朝贡十分积极，不仅朝贡规模越来越大，而且次数也越来越频繁。例如努尔哈赤的六世祖猛哥帖木儿，除多次派人进京朝贡外，他还曾在永乐二年至宣德八年七次亲自入京进贡。努尔哈赤也屡次遣派属下大臣进京叩拜，他自己于万历十八年至三十九年八次亲自入京朝贡。其弟速儿哈赤亦曾在万历二十三年、二十五年、三十六年三次入京朝拜明帝。女真族"借贡兴贩，以规厚利"①。

清朝时期，松子在朝贡贸易中消失。昔日为他人朝贡松子的女真人建立后金政权后，建立专门的采捕机构，采集松子为自己所用，无需再从朝鲜"进口"松子，松子贡品的征收、输送机制发生了重大变化。"窝集林中各种松，中生果者亦稀逢。大云遥望铺一色，宝塔近瞻涌儿重。"② 女真—满族对自己家乡的特产——长白山松子有着特殊的感情。早在1613年，努尔哈赤就在他占领的乌拉设立打牲乌拉府，采办长白山土特产，包括松子。满族入关前，盛京内务府所属的牛录每年秋季也派丁采集松子，"每年交松子信斗九石，松塔一千个"。③ 由于盛京采贡山场相距甚远，康熙二十四年（1685年），"盛京采捕松子裁撤，统归乌拉采取，共二十五珠轩，每珠轩交松子六信斗，松塔四十个，共交松子十五石，松塔一千个"。④

采集松子贡品的任务除了由打牲乌拉总管衙门承担，在乾隆五年（1740年），清政府又设立打牲乌拉协领衙门，辅助打牲乌拉总管衙门采集松子。采集人员包括原来的采蜜丁和新采蜜丁，还有纳音河遣出的牲丁，共二百人，后来又增到四百五十人。"历年过了白露节，打牲乌拉上三旗共出派骁骑校三员，委官三员，领催三名，珠轩头目和铺副十八名，打牲丁四百五十名。乌拉协领衙门派丁一百五十名，协助打牲机构采集松

---

① 《明神宗实录》卷494成历四十年四月壬寅，转引自栾凡《敕书·朝贡·马市》，《哈尔滨师大社会科学学报》，2011年第2期。

② （清）乾隆《松子》，载入《长白山志》，吉林文史出版社，1989年6月，388页。

③ （清）赵云生《打牲乌拉志典全书打牲乌拉地方乡土志》，吉林文史出版社，1988年5月，85页。

④ （清）赵云生《打牲乌拉志典全书打牲乌拉地方乡土志》，吉林文史出版社，1988年5月，86页。

子，其兵丁由打牲官员统一指挥。共派官丁627人，分为三莫音（队），由将军衙门给每队发一份过关凭证，往赴拉林、拉法、冷风口等处采集松子。"①

清政府征收松子贡品主要用于祭祖和日常食用，每年分两次运送京城。9月份运送的松子贡品主要用来祭祀。白露时节，松子刚刚成熟，松仁鲜嫩清香，用它祭祖以表不能忘本。清政府对祭祖非常重视，内务府规定松子贡品必须在十月一日前由驿站送达。用来祭祀新宾的永陵、沈阳的福陵和昭陵的松子，直接由驿站运送到辽宁新宾和沈阳，在北京用作祭祀的松子直接运送到北京。"嘉庆五年（1800年），又加添松子九石五斗四合，如果到了闰年，再加添松子七斗九升二合，为宫廷做祭品献用。"②

清朝宫廷的日常生活也离不开松子贡品，如乾隆把梅花、佛手和松仁利用雪水烹制发明了"三清茶"。"梅花色不妖，佛手香且洁。松实味芳腴，三品殊清绝。"③乾隆经常在重华宫举办"三清茶"宴，以加深君臣感情。嘉庆的早晚膳食一定食用松子，嘉庆十七年（1812年），"因皇上早晚膳食添用松子，一年再添松子八斗四升三合七勺五抄，每年按照有无闰月核计呈送。"④《打牲乌拉志典全书打牲乌拉地方乡土志》为我们描述了嘉庆十七年恭送二次松子的情况："又十月内，恭进二次松子八千七百余斤，松塔一千个，敬装麻帘布袋；出派骁骑校一员，委官一员，珠轩头目、铺副五名，连口袋箱囤等，共计重一万四千八百五十余斛。装载驼车，每车定例六百斛，共用驼车二十五辆，呈送都京总管内务府，呈交内外果房，以备供用。"⑤

从吉林的打牲乌拉总管衙门把松子贡品运送到京城，路途遥远，非常不易。最初是由专用的马车运输，当清末通了火车以后，改由火车运输。但火车脚价银两费用也是一笔不小的开支。且看光绪三十四年六月二十五

① （清）赵云生《打牲乌拉志典全书打牲乌拉地方乡土志》，吉林文史出版社，1988年5月，87页。

② （清）赵云生监修《打牲乌拉志典全书打牲乌拉地方乡土志》，吉林文史出版社，1988年5月，85页。

③ （清）庆桂《国朝宫史续编》，北京古籍出版社，1994年7月，327页。

④ （清）赵云生《打牲乌拉志典全书打牲乌拉地方乡土志》，吉林文史出版社，1988年5月，87页。

⑤ （清）赵云生《打牲乌拉志典全书打牲乌拉地方乡土志》，吉林文史出版社，1988年5月，85页。

日的《打牲乌拉翼领为呈进贡品需用火车脚价银两的咨文》：

为咨请关领进送贡差需用火车脚费钱文事

印务处案呈，案查去岁十一月初一日，准督抚宪札开，户司案呈，光绪三十三年十一月十四日，接奉发交，以据乌拉四品翼领德克德恩呈称，奉天各驿现已裁撤，凡送贡品驰驿各差，改归火车行走，地方官应付所需车马各价以及廪给，均准核实开报请销，以免赔垫。惟现当应进贡差启程临尔，而应领车价口分应由何处请领，无所遵循，呈请详奉批饬兵司，会同职司查明路程，核实计算，妥议复夺，再行饬遵等因。

粘　　单

谨将恭送贡差应需火车脚价上下抬费及官弁盘费各数分晰列后；计开：

一、恭送头次鲜松子差，由莲花街雇行车至奉，又由奉至山海关，火车脚价差官一员，头目二名，应用盘费并上下抬费运脚，共需银元四十四元六角七分。

二、差旋由山海关至奉，应需火车脚价，又由奉至莲花街，雇行车并官弁盘费，共需银元十九元三角二分。

此次共需银元六十三元九角八分

一、恭送二次松子，差由莲花街至奉，雇行车脚价需银元七十五元。

二、由奉上火车至山海关，脚价需银元一百六十三元八角七分。

三、上下火车抬费，需银元四十六元。

四、骁骑校一员，委官一员，领催头目五名，由奉至山海关乘坐火车脚价，需银元五十二元四角四分。

五、由奉至山海关盘费，需银元八元八角。

六、差旋由山海关至奉火车脚价，需银元四十九元二角二分。

七、由奉至莲花街，雇行车，需银元三十六元。

八、差旋由山海关至莲花街，官弁盘费共需银元十五元。①

此次共需银元四百四十六元三角三分。仅是松子贡品所需费用如此之多，可见清末采集运送贡品负担之沉重。

---

①　吉林省档案馆、吉林省少数民族古籍整理办公室《吉林贡品》，天津古籍出版社，1992年10月，119页。

第二节 长白山松子民间贸易文化漫谈

长白山松子民间贸易历史悠久，大致分为三个阶段：唐宋时期是起始阶段，到了明代，松子的民间贸易繁荣起来，清代长白山封禁后，民间仍然私采贩卖，现在我们来分阶段逐一考察。

一 唐宋民间松子贸易概况

1. 唐和新罗的民间松子贸易

从文献记载看，长白山松子民间贸易最早始于经济繁荣的大唐盛世。唐初，朝鲜半岛上，高句丽、百济、新罗鼎立，三国都同唐朝往来。唐太宗晚年攻打高句丽，唐高宗显庆五年（660年）灭百济，总章元年（668年）灭高句丽。新罗统一后，与唐的友好关系进一步发展。新罗与唐贸易往来十分频繁。新罗来唐商人很多，北起登州、莱州（今山东掖县），南至楚州、扬州，都有他们的足迹。楚州有新罗会馆，山东半岛的赤山、登州、莱州有新罗坊、新罗所，专门接待新罗客商。当时来往于中朝、日本的船只多达数十艘。新罗商人运至唐朝的松子和牛黄、人参、海豹皮、朝霞、金、银等物，占唐朝进口物产的首位，丰富了中国人民的生活。

2. 唐和渤海国的民间松子贸易

唐朝时期的渤海国经济发达，被誉为"海东盛国"。渤海与唐朝内地贸易有两条通道：一条是陆路。"长岭，营州道也。"① 即从长岭府（今吉林桦甸苏密城）出发，到营州（今辽宁朝阳），再从营州进入山海关。另一条是水路，走鸭绿江。"从鸭绿江口舟行百余里，乃小舫（船）泝（溯）流东北三十里至泊汋（今蒲石河）口，得渤海之境。又泝流五百里，至丸都县城，又东北泝流二百里，至神州（今临江）。又陆行四百里，至显州（今吉林和龙西古城子）、天宝中王所都，又正北如东六百里，至

---

① 李治亭《东北通史》，中州古籍出版社，2003年1月，212页。

渤海王城（上京龙泉府）。"① 这就是说，从上京龙泉府即今黑龙江宁安渤海镇出发，向西南行至中京显德府，即今吉林和龙西古城子，再向西南走到西京鸭绿府即今吉林临江，以上是陆路，大约 1000 里；然后下船，走鸭绿江水路，向西南顺流行 200 里，到西京鸭绿府桓州，即今吉林集安，再向西南顺流行 500 里到泊汋河，即今蒲石河口，这就到了渤海国和唐朝直接管辖的辽东地区的边界了。小船向西南再顺流行 30 里，就可以换成大船，再向西南顺流 100 多里，就可以到达鸭绿江口了；再渡过黄海，就可以到达登州（今山东蓬莱）。登州经常停泊着渤海国的商业贸易船。后来，为了适应这种商业贸易不断增加的需要，唐朝在淄青平卢节度使治所青州（今山东益都）设置渤海馆，专门管理与渤海国的商业贸易。渤海国向唐朝输出的商品除了松子外，还有名马、羊、海貂皮、貂皮、白兔皮、熊皮、虎皮、海东青、人参、牛黄、白附子、白蜜、麝香、昆布等。渤海国从唐朝内地输入的商品主要有：帛、绢、棉、粟、金银器皿等。

渤海国的民间松子贸易的详细情况没有载入文献，加之渤海国的货币问题一直悬疑未决，我们很难对当时的松子贸易细节进行描述，但可以根据目前的研究进展情况揣测一二。渤海国作为大唐的附属国，处处受到大唐文化的影响，政治、经济、军事、建筑、文化、礼仪服饰、宗教信仰等全面唐化。从渤海国向内地输出的货物有金银佛像、铜镜等来看，渤海国具备铸币的条件和技术能力。贺开泰根据武德钱的读法和年号钱形成、发展过程，推测渤海国货币应是旋读、没有渤海国年号、仿唐等特征。他把在 1989 年秋天从宁安农民手中得到的一枚"开泰元宝"推测为渤海国货币。② 虽然该观点没有成为定论，但整个推理论证令人信服。

此外，赵承认为渤海货币是"乹元重宝背东国"。"乹元重宝背东国"分为铁钱、铜钱两种材质，铁钱存世相对多一些，铜钱极少，出土地点一般在我国东北及朝鲜半岛北部，目前存世只有 10 枚上下。目前中日韩各国泉谱及书籍均将此钱列为高丽钱币，唯一的理由和出处是上世纪三十年代的两本日本书籍，一本是日本的泉界会刊《桃山泉谈会志》，第 26 期刊登的，东京丽鲜斋收藏的一枚"乹元重宝"背东国铜质大洋，藏家认定为

---

① 李治亭《东北通史》，中州古籍出版社，2003 年 1 月，212 页。

② 贺开泰《试谈渤海国钱币》，《内蒙古金融研究》钱币文集（第七辑），2006 年 9 月。

高丽钱，但对东亚古泉收藏界影响不大。影响比较大的是1938年奥平昌洪所著《东亚钱志》，这本书出版之后，1940年丁福保的《历代古钱图说》也马上引用，是我国第一本引用此依据的泉谱，从此以后，东亚各国的泉谱及书籍均将"乹元重宝背东国"的铁钱铸造年代定为高丽成宗时代（981~996年），将"乹元重宝背东国"的铜钱铸造年代列为高丽穆宗时代（997~1008年）。赵承驳斥了《东亚钱志》认定"乹元重宝背东国"是高丽钱的观点，并推测它为渤海国货币。从渤海国的经济发达程度来说，人们用"开泰元宝"或"乹元重宝背东国"之类的钱币购买松子完全可能。

除了以货币购买松子之外，民间的松子贸易还存在以物易物的情况。渤海国的经济落后地区还没有实现封建制，而且那里正是盛产长白山土特产的地区。依赖于采集狩猎的粟末靺鞨拿着自己的劳动所得换回自己的生活必需品，这在当时完全是可能存在的事实。古代北方诸民族长期处于渔猎经济阶段，习惯以物易物，这种状况在渤海以后的辽、金、元等社会初期亦可看到。

3. 渤海国和日本的民间松子贸易

渤海国与日本的商业贸易，采取以下三种形式：第一种是"回易"，为纯官方的商业贸易，由渤海国使团与日本的内藏寮"回易货物"；第二种是市易，是纯民间的商业贸易；第三种是交关，是既包括官方、也包括民间的商业贸易，由日本人到渤海国使团下榻处交换货物。渤海国向日本输出的商品主要有松子和貂皮、虎皮、熊皮、豹皮、人参、蜂蜜、麝香、细布、靴子、玛瑙杯、玳瑁杯等。

渤海国和日本的经济文化交流频繁，渤海国使者从上京龙泉府即今黑龙江宁安渤海镇出发，沿着马连河南下，穿过哈尔巴岭，沿着嘎呀河到今吉林省图们市，再沿着图们江从西向东，就到达东京龙原府即今吉林珲春八连城了。再向南走约30里，到达长岭子山口。越过长岭子山，南面是一块近海平地，顺着海岸东行，便到达今俄罗斯的摩阔崴。渤海国使者从这个港口弃车登舟，立秋后到封冻前，利用大陆来的北风或西北风，配合自北而南的寒海流，扬帆起航，横渡浩瀚的日本海，在日本的出羽（今本州北部山形、秋田县）、能登（今石川县）、加贺（今新潟县）、越前（今福井县）等地靠岸。登陆以后，经过近江、山城（今滋贺县、京都府东南）到达首都平城京（今奈良）或平安京（今京都）。① 翌年立夏，借海上的南风或东南风，顺水归舟。

渤海国与日本的经济文化往来只有海路可行，交通不便。海上气象变幻莫测，险情时有发生。开元十五年（727 年），渤海第二代王大武艺派出宁远将军高仁等一行 24 人出使日本，满载土特产人参、松子、蜂蜜、貂皮、虎皮、熊皮、豹皮等。在海上遇到风暴，船漂至北海道即当年的虾夷岛，刚一靠岸，就被十分警觉的虾夷人发觉，误以为他们是海盗，群起攻之，高仁和 15 名将士误遭杀戮。②

4. 宋代的民间松子贸易

11～12 世纪，宋与高丽的民间松子贸易比唐和新罗时期有了很大发展。当时，宋朝商人进出高丽特别活跃，据《高丽史》统计，自 1012～1192 年的 181 年间，宋商人到高丽活动共有 117 次，其中能知道具体人数的有 77 次，每次数人到数百人不等，共计 4548 人。高丽为接待外国使节和商人在首都设立"客馆"，"曰清州、曰忠州、曰四店、曰利宾等，皆所以待中国之商旅。"③ 宋与高丽之间的交通也相当发达。最主要的航道有两条：即北路，由山东登州出航，渡黄海到达朝鲜大同江口，再往南航行，到达首都开京附近的礼成江口。南路，由浙江明州出航，往东北航行，到达朝鲜黑山岛，再往北航行，经过朝鲜半岛西南海岸各岛屿，到达礼成江口。其时，宋朝向高丽输出的商品主要有：续绢、锦罗、白绢、金银器、礼服、瓷器、宝玉、马匹、鞍具、药材、茶、酒、书籍、乐器、蜡烛、钱币等。还有香药、沈香、犀角、象牙等西南亚产品。高丽对宋朝输出的商品大约有：金、银、铜、人参、茯苓、松子、毛皮类、黄漆、硫黄、绫罗、苎布、麻布、马匹、鞍具、袍、褥、香油、金银铜器、螺钿器具、文席、扇子、白纸、毛笔、墨等。

宋辽时期的女真除了向辽朝贡松子，也"赍以金、帛、布、黄蜡、人参、松子、天南星、白附子、蜜等诸物于边境上买卖，讫，却归本国。契丹国商贾人等就入其国买卖，亦无阻碍，契丹亦不以为防备。"④ 女真族

---

① 李治亭《东北通史》，中州古籍出版社，2003 年 1 月，217 页。
② 傅朗云《东北亚丝绸之路历史纲要》，吉林文史出版社，1999 年 5 月，116 页。
③ 诗铧《宋代中国与朝鲜的贸易往来》，《国际贸易》，1985 年 05 期，54 页。
④ （宋）叶隆礼《契丹国志》卷二二，中华书局，2014 年 1 月，237 页。

建立金政权后，仍以"金、布帛、蜜蜡、松实等物品来易于辽者"。① 金在建国后的四十二年才开始铸造钱币，在自己铸币之前，交易方式是以物易物，这在《大金国志》有明确记载："无钱，以物博易"。② 即使在金实行统一的货币制度之后，仍然存在以物易物的情况。

二 明代民间松子贸易盛况

1. 中朝民间松子贸易概况

松子的民间贸易自唐朝开始后一直持续发展，到了明朝的女真则出现交易盛况。明代女真族与朝鲜、明朝之间的关系无论在政治、经济、军事、外交等各方面，都是十分微妙而复杂的。明朝初期女真族大多数居住在黑龙江、松花江流域，后因女真族内部阶级分化和生产力的不断发展，纷纷南迁，广布在我国东北地区和朝鲜北部的境城、庆源、会宁等广大地区。据《李朝实录》记载，女真族甫衣莫、奚滩、奥屯、夹温、朱胡、古伦等十一姓氏散居在我国东北地区的图们江、绥芬河流域和朝鲜北部的北青、洪原、威兴、端川等广大地区。这种地理上的优越条件，使女真族首先在政治、经济、文化等方面，与政治体制完备、经济发达的封建制国家朝鲜有着密切的联系。而朝鲜政府对迁居朝鲜境内的女真族实行了安抚政策，使他们相继顺事朝鲜。李豆兰初名豆兰帖木儿，女真金牌千户阿罗不花的儿子，袭世职为千户，明洪武四年（1371年）二月，归顺朝鲜。③ 明洪武二十四年（1391年）三月，朝鲜政府授斡都里，兀良哈诸酋长为万户、千户、百户等职，并赐给粮谷、衣物、马匹，"诸酋感泣，皆内徙为藩屏"④。朝鲜政府为了招抚女真人，予以粮种、食盐、衣物等生活用品和工具，女真人"被发之俗，尽袭冠带，……，习礼仪之教，与国人相婚，服役纳赋，无异于编户。且耻役于酋长，皆愿为国民"⑤。并在镜城设市，招引女真族与朝鲜人进行易货贸易。女真族多以自己所猎获的货物

---

① 《契丹国志》卷二二，转引自孙进己等《女真史》，吉林文史出版社，1987年7月，62页。

② 《大金国志》，转引自孙进己等《女真史》，吉林文史出版社，1987年7月，65页。

③ 吴晗《李朝实录中的中国史料》，中华书局，1980年3月，103页。

④ 吴晗《李朝实录中的中国史料》，中华书局，1980年3月，109页。

⑤ 吴晗《李朝实录中的中国史料》，中华书局，1980年3月，134页。

换取朝鲜人的食盐、铁器、耕牛等生产、生活用品。境内外女真族与朝鲜人之间往来自如，"交相婚嫁，生长子孙，以供赋役"。①

天聪元年（1627 年），后金与朝鲜正式订立"兄弟之盟"，双方约定："今后各遵约誓，各守封疆，毋争竞细故，非理征求！……两国君臣，各守信心，共享太平，皇天厚土，岳渎神祇，监听此誓!"② 但"兄弟之盟"下的朝鲜在商业贸易中很被动无奈，天聪二年（1628 年）二月二十一日，义州开市，这是后金与朝鲜建交后的第一次开市。开市的第一天，后金派遣英俄尔岱率领"空前绝后"一千余人的庞大采购团到义州，并派"守护军三百余"保护。朝鲜商贾来者不满三十人，后金对此极为不满。朝鲜视后金和明朝政治局势的发展来决定和后金的贸易状况，双方的贸易一直在曲折中进行。

后金与朝鲜建立邦交乃至开市，其主要目的便是能从朝鲜获得战争物资及生活必需品。在后金民生必需品中，除了布匹、纸张外，后金从朝鲜购买的民生必需品中多为"杂物"。从《朝鲜仁祖实录》及《承政院日记》的记载来看，自天聪元年（1627 年）至崇德元年（1636 年），后金所购"杂物"主要有："干柿、大枣、黄栗、油屯、弓子、楼枪"，"药材"，"霜花纸"，"白纸、羊皮"，"五色真丝、明其樱子"，"胡桃、银杏、大口鱼、文鱼、金蝮、榛子、松子"，"仙缎、天青缎、蟒龙缎"等物。女真族与朝鲜人之间的经贸活动，在女真族社会发展过程中，占据重要地位，有着其特殊的意义。

2. 辽东马市民间松子贸易盛况

因为中朝两国都盛产松子，明代松子在中朝边境的交易量很小，主要的销售地是在辽东马市。辽东马市是明朝政府对东北少数民族开设并直接管理的贸易市场，其主要贸易对象是东蒙古兀良哈部、海西女真部、建州女真部，以及通过海西人进行间接贸易的野人女真部。辽东马市具有政治、经济的双重职能。永乐四年（1406 年），明朝政府在广宁和开原同时为兀良哈人和海西人开设三处马市，其中开原两处，广宁一处。③ 这个时期的马市完全是由政府包买马匹的官营市场，明朝政府政治上的考虑和军

---

① 吴晗《李朝实录中的中国史料》，中华书局，1980 年 3 月，134 页。
② 吴晗《李朝实录中的中国史料》，中华书局，1980 年 3 月，3322 页。
③ 《明实录》永乐四年三月甲午（北京大学图书馆藏本）

事上的需要造成了永乐时期马市的繁荣。宣德（1426～1434 年）以后的一百多年中，马市贸易呈现了一个曲折发展的趋势，马市的经济作用日益增强。正统四年（1439 年），明朝政府在限制海西朝贡的同时，正式允许在开原马市进行普通贸易。① 天顺八年（1464 年），在限制建州人朝贡的同时，将抚顺关辟为马市。② 此时，马匹的交易量已远不能与永乐时期相比，女真人"持以入市者，惟榛松貂鼠，赢弱牛马而已"③。正统至弘治年间，马市上的贸易品种除马匹外，还有各种山货、兽皮、生活用品及牛羊家畜等。到了嘉靖时期，日用品、山货的品种有新的增加，农具则正式成为商品，马市已经失去了原有的特定含义。

长白山松子进入辽东马市交易是在天顺八年（1464 年）之后，努尔哈赤的青少年时期正值辽东马市松子民间贸易的兴盛期。努尔哈赤生于1559 年 2 月，十岁丧母，继母寡恩，年少倔强的努尔哈赤担起生活的重担，到莽莽林海采集松子等山货到辽东马市出售换取生活零用钱。当努尔哈赤 19 岁与佟佳氏成亲后，父亲和继母让他自立门户，他又重操就业，采松子和其他山货维持生活。努尔哈赤在万历十一年起兵，从《明代辽东残档选编》，我们可以看到在这一时期松子在辽东马市频繁交易的记载。

6 页　赏广顺关来往贸易夷人走回人物品银两清册　嘉靖二十八年（1549 年）松子一十二石五斗，抽银三钱七分五厘。（辽宁省档案馆：明档丙 069）

7 页　镇北广顺二进入夷人互市抽银册 嘉靖二十九年　松子八斗，抽银二分四厘。（辽宁省档案馆：明档丙 193）

52 页　广顺、镇北、新安等关进入夷人易换货物抽收及抚赏银两册　万历十二年（1584 年）三月二十八日　松子捌斗……水獭皮二张，抽银肆分。

53 页　广顺、镇北、新安等关进入夷人易换货物抽收及抚赏银两册　万历十二年三月二十八日　松子三斗，抽银九厘。

56 页　广顺、镇北、新安等关进入夷人易换货物抽收及抚赏银两册　万历十二年三月二十二日　松子一石五斗，抽银四分五厘。

---

① 《明实录》正统四年八月乙未（北京大学图书馆藏本）
② 《明实录》天顺八年四月乙未（北京大学图书馆藏本）
③ 《明实录》弘治十六年正月甲午（北京大学图书馆藏本）

57 页　广顺、镇北、新安等关进入夷人易换货物抽收及抚赏银两册

万历十二年三月初八日　松子一石二斗……蘑菇贰十贰斤半，抽银一分五厘。

59 页　广顺、镇北、新安等关进入夷人易换货物抽收及抚赏银两册

万历十二年三月初六日　松子五斗，抽银一分五厘。（以上都为辽宁省档案馆：明档乙 107）

建州左卫通至辽东马市的商道是从今朝鲜境内的居住地出发，由图们江西渡到南京（今延吉城子山山城）、古洞河或海兰江流域的弗出（今安图万宝古城或和龙东古城子）、富尔河流域的费尔呼（今敦化大蒲柴河才浪村建设林场古城），再沿辉发河流域的纳丹府城（今桦甸苏密城）、坊州城（今海龙山城镇）到开原。①

偏居一隅的毛怜卫的行走路线是从毛怜（旧开原南，今图们江北珲春境内）出发，途经旧开原（今双城子南部的山城）、沿西南方向行至古州（今牡丹江南，北接斡朵里），再向北行至潭州（今吉林省敦化市），然后西行至阿速纳合（位置不详，大致位于今吉林省敦化北）、善出（位置不详，大致位于今吉林省蛟河与敦化之间），沿西南方向至那木剌（约当今桦甸暖木桥子，或称暖木、暖木条等），到纳丹府、开原。②

海西西陆路是由肇州出发，向西经洮儿河、台州等站，终点是兀良哈，是明朝初年兀良哈三卫的朝贡道，也是商道。海西还可以南行经龙安站到达开原，这条路通常称开原北陆路。③

海西东水陆城站，水路从今吉林市阿什哈达出发，顺江而下，直抵奴儿干。陆路基本都在今黑龙江省境内，行经底失卜（今黑龙江省双城拉林河北岸的石家崴子古城）、阿木河站（今双城青岭乡的万斛古城）、尚京城（今阿城县白城与海沟镇）、扎剌奴城（今黑龙江省宾县西蜚克图附近）、伏答迷城（松花江南岸，乌尔河入松花江附近）、斡朵里站（今依兰西马大屯）、托温城满赤奚站（今汤原县香兰东北 6 里的固本纳城）、弗思木城古佛陵站（今桦川东北宛里城）、奥里迷站（今绥滨西 18 里的奥里迷古城）、弗踢奚城弗能都鲁兀站（今富锦）、考郎古站（今松花江

---

① 毕恭《辽东志》卷 9《外志》，辽海丛书本。
② 毕恭《辽东志》卷 9《外志》，辽海丛书本。
③ 李健才《明代东北》，辽宁人民出版社，1986 年 11 月，114 页。

和黑龙江合流处三江口上方松花江南岸突斯克地方的古城）、乞勒伊城乞
列迷站（今抚远西喜鲁林即秦得力古城）、莽古塔城药乞站（今黑龙江抚
远东黑瞎子岛上的木克得赫屯）、古伐替站（今俄罗斯哈巴罗夫斯克即伯
力东北黑龙江南岸的古发廷屯，即古发潭）、呼林站（今黑龙江下游左岸
俄罗斯格林河口即格林河的忽林屯）、黑勒里站（今黑龙江右岸俄罗斯境
内特林南赫勒里河口附近）、满泾站（今俄罗斯境内）等①。海西东水陆
城站是明朝经略东北的最长的也是最重要的交通干线，是松花江、黑龙江
下游等地的海西女真以及"野人"女真进京的商道。②

　　女真在辽东马市销售松子的陆路交通运输工具是牲畜、车、爬犁、
船、背筐等。早在大金国时期，畜力和车就是女真的主要陆路交通工具。
女真地产名马，其人"善骑，上下悬壁如飞"③。马是女真人最喜爱的骑
乘工具，牛、骡也是常用的陆路交通工具，女真人"以牛负物，或鞍乘
之"④。骡在交通运输中的作用丝毫不逊于马。"夏雨时道路泥泞，沟水盈
涨，大车重载殊不易行，因一律改作骡。作一木架如马鞍，然惟略大，所
有货物捆载架上，使骡负之以行，名曰驮子，悉走山道，以免沟水阻隔。
冬则地封江冻，一望平坦，虽新筑马路亦不能及，则又舍驮子而用车辆或
爬犁矣。"⑤"爬犁形状与雪橇大同小异，有大型小型之别。大型以坚固树
枝二根火熨稍曲，每距离一二尺排立小柱，横以拳木，加以松板，可坐客
三、四人，载货数百斛，若得良马穷一日之力能行二三百里。"⑥

　　走水路去辽东马市的主要是海西女真。《辽东志》卷9的《外志》记
载："建州，东濒松花江，风土稍类开原，江上有河，曰稳秃，深山多产
松木。国朝奴儿干，于此造船，乘流至海西，装载赏赉，浮江而下，直抵
其地。有敕令兀者都指挥琐胜哥督守"。⑦元、明时代的建州在今吉林市，
东临松花江，是明代的造船厂，从辽东到松花江（今吉林市）这条路上往
来频繁。据《明世宗实录》载："女直左都督速黑忒，……居松花江，据

---

① 李健才《明代东北》，辽宁人民出版社，1986年11月，第122－134页。
② 李健才《明代东北》，辽宁人民出版社，1986年11月，第122－134页。
③ 傅朗云《金史辑佚》，吉林文史出版社，1990年12月，264页。
④ 傅朗云《金史辑佚》，吉林文史出版社，1990年12月，264页。
⑤ 李镇华《通化县志》卷三（下），通化县公署出版，1912年7月，6页。
⑥ 李镇华《通化县志》卷三（下），通化县公署出版，1912年7月，8页。
⑦ 李健才《明代东北》，辽宁人民出版社，1986年11月，31页。

开原四百余里，为迤北江上诸夷入贡必由之路，人马强盛，诸部畏之。"①
居松花江是指今吉林市松花江。现在的吉林市是海西女真到开原马市进行
贸易的必由之路。

　　明代居于松花江流域的女真水上交通乘坐的船独具特色，称作 weihu，
字形为左舟右威和左舟右虎，亦作威呼、威弧、威忽，满语汉译为独木
船。《寰宇通志》记载："……可木（今黑龙江省同江县的可木地方）以
下沿江，皆榛莽。人无常处，以桦皮为屋，行则驼载，止则张架以居，少
事耕种，养马弋猎为生，以独木刳舟。其阿速江至散鲁江为迤西，颇类可
木，乘五板船疾行江中。"②《清稗类钞·舟车类》对威呼做了具体描述，
"以巨木刳作小舟，使之两端锐削，底圆弦平。大者可容五、六人，小者
二、三人。刳木为桨，一人持之，左右运棹，其疾如飞。入山猎捕者，水
则乘以渡，陆则负以行，殊便利也。"③

　　装松子的工具是背筐，背筐的主要编制材料是桦树皮和椴树皮，因为
长白山区盛产桦树和椴树，原材料取之不尽。使用桦树皮时，需先用水煮
或用火烤，使桦树皮遇热而变软，再压平，即可剪裁，用于编筐。椴树皮
分为多层儿，外面一层为老皮，黑而糙，不可用。内里的皮黄白色、细
密、有韧性，是编筐的材料。将椴树皮阴干保存，待编筐时需用水浸泡，
再行编结。明代李贡曾描绘万历年间边关马市贸易的繁荣情况："累累椎
髻捆载多，拗辘车声急如传，胡儿胡妇亦提携，异装异服徒惊眴，……夷
货既入华货随。译使相通作行眩。华得夷货更生殖，夷得华货即欢忭。"④

　　松子和其他长白山土特产成为努尔哈赤领导的建州女真发展壮大的经
济基础。出于政治、经济目的设置的辽东马市客观上为女真的经济发展插
上了腾飞的翅膀，女真"耕田、围猎、坐收木耳、松子、山泽之息，为利
大矣。"⑤

①　《明世宗实录》卷 123，嘉靖七年三月甲辰（北京大学图书馆藏本）。
②　（明）陈循《寰宇通志》卷 116，台北广文书局，1960 年。
③　（清）徐珂《清稗类钞》，中华书局，2010 年 2 月，6076 页。
④　（明）李辅、陈绛《全辽志》卷六，辽海丛书本。
⑤　彭孙贻《山中闻见录》，吉林文史出版社，1995 年 4 月，第 6 页。

三 长白山封禁时期松子的私采贩卖

清朝长白山松子的民间贸易仍然持续发展，即使长白山封禁后，松子仍然是民间贸易中的一种重要商品。据史料记载：

> 康熙二十九年十二月初九日，内务府奏，本年松子未产，陈松子亦无余存，可否将松子一斗折银若干，著交广储司购备呈进。臣等恭查康熙二十五、六年，乌拉呈进新松子十五石，二十七年因新松子未产，准以陈子呈进。臣等查询陈子由何而来，据称由本处街市采买，而卖松子之人从何处采得，据称由盛京山海边来的，此外再无产生之处。视其市上所卖松子，该乌拉非系本年未产，究系采子之丁等，并不尽心采取，一味爱财偷卖，将此应交松子十五石，仍著乌拉总管满达尔汉迅速呈进。虽松子未收，尚有贩卖者，著满达尔汉等，将十五石松子准由该处买足呈进。①

由这段文字我们看到，在长白山封禁时期，松子仍然存在私采贩卖的情况，就连打牲乌拉在松子欠收的年头也要从民间购买呈进。但在封禁时期，松子的价格不像人参的价格那么昂贵。"打松子者，入阿机中伐木取之。木大塔多者，取未尽，辄满车，往时不甚贵。近取者，多百里内伐松木且尽，非裹粮行数日不可得，价乃数倍於前。己巳庚午间，银六钱买一大斗，然食者少，不甚买也。"②

长白山松子的民间贸易史与满族及其先民的漫长发展史紧密联系在一起，透过松子民间贸易史，我们看到的是一个东北少数民族崛起壮大的艰辛历程，长白山松子正是在东北少数民族与汉族悠久的政治、经济、军事、文化的长期交往中成为文化符号，具有独特的历史文化研究价值。

---

① （清）赵云生监修《打牲乌拉志典全书打牲乌拉地方乡土志》，吉林文史出版社，1988年5月，86页。

② 杨宾《柳边纪略》，吉林文史出版社，1993年12月，第50页。

第二章

DIERZHANG

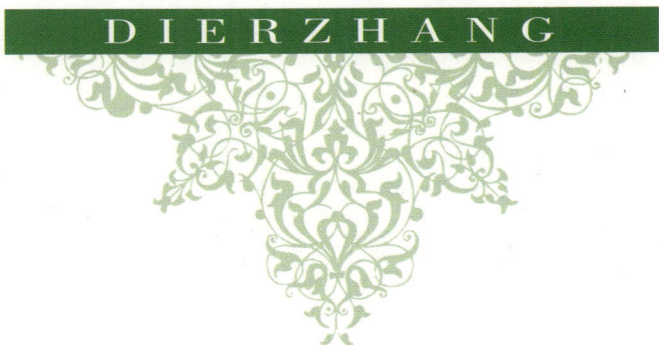

长白山松子的生态概况

第一节　天然红松的生态概况

　　松树属于松科松属的裸子植物门，其树冠看起来蓬松不紧凑，"松"字正是其树冠特征的形象描述。松树长势苍劲挺拔，树龄能达到几百年，引发了人们的美好联想，把高洁、长寿、坚强不屈等象征意义赋予它。松树一直是古今文人墨客的吟诵对象，晋朝的阮籍、谢道韫、陶渊明，南朝的范云，唐朝的李白、杜甫、白居易、柳宗元等，宋朝的吴芾，现当代的

图1　寒松傲雪（周繇摄）

毛泽东、陈毅等都留下了脍炙人口的吟松佳作。如南朝范云的《咏寒松诗》："修条拂层汉，密叶障天浔。凌风知劲节，负雪见贞心"。表现了作者对寒松傲然不屈的气节和高洁的赞美。

松树广布于世界的大部分地区，长白山区的松树种类有红松、美人松、落叶松、樟子松等等，但只有红松的果实可以食用。我们通常把红松的果实称作松塔，也称作松实，松子长在松塔里。"红松，拉丁名 Pinus Koraiensis，异名为果松、海松、朝鲜松，系松科松属的常绿大乔木，地质时期第三世纪孑遗种。红松生长在北纬 $40°45' \sim 49°20'$，东经 $124°45' \sim 134°$ 之间"。[①]

图 2　原始红松母树林（露水河林业局提供）

红松幼树树皮灰红褐色，皮沟不深，近平滑，鳞状开裂，内皮浅驼色，裂缝呈红褐色，成树树干上部常分权。心边材区分明显，边材浅驼色带黄白，常见青皮；心材黄褐色微带肉红，故有红松之称。红松树皮鳞状开裂纹大的俗称为粗皮红松，鳞状开裂纹小的俗称为细皮红松。

---

① 王天佐《吉林省志·林业志》，吉林人民出版社，1994 年 5 月，第 59 页。

图3　粗皮红松树干（周鑫摄）　　　　　　图4　细皮红松树干（周鑫摄）

　　红松树种喜光性强，随树龄增长需光量逐渐增大，要求温和凉爽的气候，在土壤 PH 值 5.5 ~ 6.5 的山坡地带生长良好。一般树龄可达到 500 年左右，树径可达 1 米，树干通直滚圆。枝近平展，树冠圆锥形，冬芽淡红褐色，圆柱状卵形。1993 年初在吉林省露水河林业局发现一棵古红松，树龄 480 年，胸径 124 厘米，树高 35 米。这棵红松被命名为"长白山红松王"，是吉林省重点保护古树。

　　2003 年 5 月，又一棵特大红松在吉林省长白山林区被发现，该树比"长白山红松王"的胸径长 6 厘米，生长在延边朝鲜族自治州白河林业局黄松蒲林场，树冠丰满，枝叶繁茂，根部结实无空洞，树皮厚重色泽健康，综合状态良好，胸径 130 厘米，根径 160 厘米，树高 30 余米，周围伴生着两棵红松和沙松。这一发现对森林资源研究、营林学、长白山植物学及生态旅游等均有重要意义。

　　红松树叶是 5 针一束，长 6 ~ 12 厘米，粗硬，树脂道 3 个，叶鞘早落。因为红松的叶子呈现针状，比其他松树品种的叶子较长，像动物颈上生长的又长又密的鬃毛，所以把某些松树又称五鬣松主要是针对红松而言。

图5　露水河林业局林下复合经营处提供

图6　红松针叶如鬃项（周繇摄）

唐人把"鬛"误读为"粒",所以又把松树称"五粒松",又称松子为"五粒子"。唐朝李贺有《五粒小松歌》:"蛇子蛇孙鳞蜿蜿,新香几粒洪崖饭。绿波浸叶满浓光,细束龙髯铰刀剪。主人壁上铺州图,主人堂前多俗儒。月明白露秋泪滴,石笋溪云肯寄书。"①吴曾《能改斋漫录卷七·事实》认为五粒松当作五鬛松,"故友姚宽令威言名山记云:'松有两鬛、三鬛、五鬛者,言如马鬛形也。'李贺有五粒小松歌:'新香几粒洪崖饭。'未详其意。余按,药性论载萧炳云:'松有五叶者,一丛五叶如钗,名五粒松。道家服食绝粒。'又按,本草图经云:'方书言松为五粒,字当读为鬛,音之误也。言每五鬛为一药,或有两鬛、七鬛者。'今据图经,粒字当作鬛,讹为米粒之粒。然五代史郑遨传云:'遨闻华山有五粒松,脂沦入地,千岁化为药,能去三尸。因徙居华阴,欲求之。'此书云五粒松脂,以是知其讹有自矣。"②宋朝李复著有《和林次中五鬛松》:"仟人五色鼎中丹,丹养松根叶不添。云散细风梳碧缕,龙离远峤奋苍髯。雨衣铁涩封霜甲,露点珠明滴翠纤。采酿春醪能愈疾,欲求方法检书签。"

松树叶子中的叶绿体在日光照射下,吸收和利用光能进行光合作用,在叶绿素和酶的作用下,把从周围环境中所获得的二氧化碳和水合成富于能量的有机化合物即糖和淀粉等,同时放出氧气。松树通过光合作用形成糖类,再经过复杂的生物化学反应,通过一系列中间产物,在木质部的分泌细胞中形成松脂。从化学组成来看,松脂主要是固体树脂酸溶解在萜烯类中所形成的溶液。松脂被加工后,挥发性的萜烯类物质称为松节油,不挥发性的树脂酸熔合物称为松香。松脂刚从松树树干的树脂道流出时,无色透明,其萜烯含量可达36%。在与空气接触后,萜烯挥发很快,同时树脂酸呈结晶状析出,松脂本身逐渐变得浓稠,呈蜂蜜状的半流体。

① (清)彭定求等编《全唐诗》卷五百三十,中华书局,1960年4月,4432页。
② (宋)吴曾《能改斋漫录》卷七,中华书局,1960年11月,203页。

图7　红松树脂（周繇摄）

　　松脂是包括松针、树皮、木片、昆虫和灰尘的各种机械混合物，在古人原始的战争中把它用来作为"护身服"。在满族说部《东海窝集传》第十五回里，他斯哈的母亲为了使他能够抵挡住兵刃，每个月都在他身上涂一层松油，一来二去，身上的松油没有一寸厚，也有几分厚了。加上他每天在山上又奔又跳，又滚又爬，身上的松油子经过几十年涂抹，已经成为松油盔甲，再加上一身的力气，手里拿着一把大石锤，不用说石头刀，就是再锋利的兵器也伤不着他。[①] 松脂也是野猪的护身符，明代《水东日记》卷二十八记载："……又闻野豕力雄甚，牙一触马腹即溃。其尤老者，恒身渍松脂，眠以沙石，为自卫之计，枪不能入也。中官海寿，射生有名，无不应弦倒。一日，得老豕，矢着辄火进，数矢不入。一老胡教之，云令数卒随之，作呵喝声，豕必昂首听，颌下着矢，彼必倒地，尾后更着矢，斯仆矣。已而，果如其言。"[②] 野猪体力雄壮，长着锋利的獠牙，行动敏捷，经常到红松林觅食红松的果实，红松林是野猪经常活动的良好场

---

　　① 傅英仁讲述，宋和平、王松林整理，吉林人民出版社，2007年12月，75页。
　　② （明）叶盛《水东日记》卷二十八，中华书局，1980年10月，278页。

所。野猪有时在红松树干上磨擦身体，周身布满松脂，尤其是老野猪，全身渍满厚厚的松脂，加之多年在沙石中滚浴，"自制"了坚硬的"防弹衣"，刀枪不入，箭头射到身上也是迸出火花落到地上。有经验的老猎人都是把箭射向野猪的下颌，下颌是野猪的致命之处。

松脂还能够帮助冬眠的熊润肠通便，有人见过母熊出蛰后，带着幼仔一起来舔食松树油脂，完成了通润肠道这个必要的过程，熊的整个消化道功能即可恢复正常。然后它再去采挖山胡萝卜、桔梗、毛卷莲、多裂委陵菜和百合属等新鲜多汁的植物块茎大吃一顿。

松脂的用途是经加工除去杂质，并用蒸馏的方法，生产出合格的松香、松节油产品，这两种产品是重要的工业原料。松香也是古人的诗歌意象之一，如陆游的《游凤凰山》：

> 穷日文书有底忙，幅巾萧散集山堂。
> 一樽病起初浮白，连焙春迟未过黄。
> 坐上清风随麈柄，归途微雨发松香。
> 临溪更觅投竿地，我欲时来小作狂。

红松需生长约 25 年开始结果，花期在 5～6 月，长白山地区的红松花期早于小兴安岭。雄球花椭圆状圆柱形，红黄色，长 7～10 毫米，多数密集于新枝下部成穗状；雌球花绿褐色，圆柱状卵圆形，直立，单生或数个集生于新枝近顶端，具粗长的梗。在花期就可以预知当年的松子是否丰收，逢大收的年头，开花时节，清晨，露水河镇的街道上布满一层红松花粉，一片金黄。人们走在铺满花粉的街道上，憧憬着松果挂满枝头的丰收景象。

图8　红松雄球花序（周繇摄）

图9　红松雌球花（周繇摄）

唐代白居易喜欢饮松花酒，写有《枕上行》：

> 风疾侵凌临老头，血凝筋滞不调柔。
> 甘从此后支离卧，赖是从前烂漫游。
> 迴思往事纷如梦，转觉余生杳若浮。
> 浩气自能充静室，惊飚何必荡虚舟。
> 腹空先进松花酒，膝冷重装桂布裘。
> 若问乐天忧病否，乐天知命了无忧。

宋代著名词人苏东坡亦著有《松花诗》："一斤松花不可少，八两蒲黄切莫炒，槐花杏花各五钱，两斤白蜜一起捣，吃也好，浴也好，红白容颜直到老。"松花粉含有丰富的氨基酸和全部天然维生素以及多种酶，能增强皮肤代谢。松花粉所含微量元素、黄酮类、精氨酸、维生素C、胡萝卜素及硒等，均有清除体内自由基作用，可提高机体抗氧化酶类的活性，抑制脂质过氧化反应，使人返老还童。松花粉营养平衡，富纤维而低热量，所含脂肪酸中72.5%为不饱和脂肪酸，与维生素E协同作用，可双向调节人体胆固醇。唐代张沁的《妆楼记》及刘恂的《岭表录异》中写到：晋代白州双角山下，有一口美人井，凡汲饮此井水者，家中诞女多俊美，其原因是井旁常年有松花开放，花粉落入井中，人们喝过有花粉的井水产生功效，故美女颇多。

红松球果刚长出时是米黄色，当年只能长到鹌鹑蛋那么大，在第二年9～10月成熟，俗称松塔。松塔的形状有圆锥状卵圆形、圆锥状长卵圆形或卵状矩圆形，长9～14厘米，稀更长，径6～8厘米，梗长1～1.5厘米。

图10 红松幼雌球果（周鎏摄）

图11 成熟的红松塔（露水河王瑞君提供）

当代著名诗人顾城曾这样描述松塔，"松枝上，露滴晶光闪亮，好像绿漆的宝塔，挂满银铃铛"。松塔也给著名诗人臧棣带来创作灵感：

咏物诗

臧棣

窗台上摆放着三颗松塔。

每颗松塔的大小

几乎完全相同，

不过，颜色却有深有浅。

每颗松塔都比我握紧的拳头

要大上不止一轮。

但我并不感到难堪，我已看出

颜色深的松塔是

今年才从树上掉下的，

颜色浅的，我不便作出判断，

但我知道，它还没有浅过时间之灰。

我也知道松鼠

是如何从那浅色中获得启发

而制作它们的小皮衣的。

浅，曾经是秘诀，现在仍然是。

每颗松塔都有自己的来历，

不过，其中也有一小部分

属于来历不明。诗，也是如此。

并且，诗，不会窒息于这样的悖论。

而我正写着的诗，暗恋上

松塔那层次分明的结构——

它要求带它去看我拣拾松塔的地方，

它要求回到红松的树巅。

红松种子成熟后种鳞不张开，或稍微张开而露出种子，但种子不脱落；红松子是鳞菱形，上部渐窄而开展，先端钝，向外反曲，鳞盾黄褐色或微带灰绿色，三角形或斜方状三角形，下部底边截形或微成宽楔形，表面有皱纹，鳞脐不显著；种子大，着生于种鳞腹（上）面下部的凹槽中，无翅或顶端及上部两侧微具棱脊，暗紫褐色或褐色，倒卵状三角形，微扁，长 1.2~1.6 厘米，径 7~10 毫米。

图12　红松种子（周鑫摄）

有的人认为一个鳞瓣里生长一粒种，有的人认为一个鳞瓣里生长两粒种，生长一粒还是两粒种跟红松皮的粗细有关。红松子的产量很低，民间流传着三年一小收，五年一大收的说法。因为红松第一年开花，雄花有花粉，雌花可以受粉结果。花粉在 5 月份成熟，可以给雌花授粉。雌花在需要受粉时大孢子叶球的中轴可以伸长，保证花粉进去。但大孢子叶球的中轴伸出的时间很短，如果赶上天气不好，雌花就没有机会受粉结果。另外，当雄花的花粉进入雌花的大孢子中轴后，雌花还没有达到受粉的成熟程度，到第二年才能发育成熟，雄花花粉需要很有耐心地在大孢子叶球的中轴里等到第二年才能给雌花授粉。由于每年的天气状况不同，不能保证每年雌花都正常受粉，赶上天气不好松子就绝收；如果赶上一般的天气状况，松子就歉收；如果赶上风调雨顺，雌花大量受粉成功，松子就大收。

从《本草纲目》的记载看红松全身都是宝，松脂又称松香，苦、甘、温、无毒；松节和松叶，苦、温、无毒；松花：甘、温、无毒；松子"味甘美，大温，无毒。主诸风，温肠胃，久食轻身，延年，不老。"① 松脂可治疗关节酸痛、肝虚目泪、风虫牙痛、龋齿有孔、久聋不听、妇女白带、阴囊湿痒、疥癣湿疮、一切肿毒。松节可治疗关节风痛、转筋挛急、风热牙痛、反胃吐食、跌扑伤损。松叶可预防瘟疫，可治疗中风口斜、关节疼痛、脚气风疮、风牙肿痛、大风恶疮、阴囊湿痒。② 松子可以治疗肺燥咳嗽、小儿寒嗽、大便虚秘。从营养角度而言，松子不饱和脂肪含量高达 93.20%，不仅有较高的营养价值，而且具有一定的健脑、降血脂等药用功效。亚油酸、亚麻酸是人体内合成前列腺素和 PGE 的必需物质，而 PGE 具有活血栓、降血压、防止血小板聚焦、加速胆固醇排泄、促进卵磷脂合成、抗衰老等特殊功效。

第二节　人工红松的生态概况

一　红松的人工培育

松树的人工栽植历史悠久，北宋著名大文豪苏轼少年时颇知种松之法，曾手植数万株，皆成栋梁之才。苏轼还把他的种松心得形成文字流传后世。

十月以后，冬至以前，松实结熟而未落，折取，并萼收之竹器中，悬之风道。未熟则不生，过熟则随风飞去。至春初，敲取其实，以大铁锤入荒茅地中数寸，置数粒其中，得春雨自生。自采实至种，皆以不犯手气为佳。松性至坚悍，然始生脆弱，多畏日与牛羊，故须荒茅地，以茅阴障日。若白地，当杂大麦数十粒种之，赖麦阴乃活。须护以棘，日使人行视，三五年乃成。五年之后，乃可洗其下枝使高。七年之后，乃可去其细密者使大。③

红松人工栽植起步较晚，但也有一个多世纪的历史，成片营造红松林

---

① （唐）李珣《海药本草》，中医中药论坛 http：//bbs. zhong－yao. net/。

② （明）李时珍《本草纲目》，人民卫生出版社，2000 年 4 月，1918 页。

③ （宋）苏轼著、李之亮笺注《苏轼文集编年笺注》，巴蜀书社，2011 年 10 月，310 页。

始于 20 世纪 30 年代。1931～1937 年，在辽宁省草河口西沟的荒沟等地人工栽植 22 公顷红松林，这是我国第一块人工营造的成片红松林。该林分的初植密度为每公顷 3 600 株，现实林分密度为每公顷 288 株，平均直径 38 厘米，平均树高 25 米，现存林木蓄积量达 400 多立方米，总蓄积量达 650 立方米。1949 年 4 月，为了庆祝东北解放，当地农民与本溪林务所共同营造了我国解放区第一块红松人工林，面积约为 7 公顷。7 年后，被本溪市政府命名为"解放林"。该林分的初植密度为每公顷 4 400 株，现实林分密度为每公顷 490 株，平均直径 31 厘米，平均树高 22 米，现存林木蓄积量达 380 多立方米，总蓄积量达 530 立方米。

　　人工栽植红松一般采用四年生红松苗（播种 2 年，再起苗后换床二年），上山造林栽植前实行穴状或台田整地，按 1.5×1.5m 或 1.5×2.0m 株行距栽植，初植密度宜大，可采用林冠下混交造林，待红松长到 1.0 至 1.5m 高时，逐步去掉影响红松生长的阔叶树种，形成针阔混交林，栽植三年内进行抚育，割除影响红松生长的杂草，灌木，防治松毛虫危害，主要采取绑扎毒条的方法进行防治。用种子繁殖，对其种子要在播种前进行催芽处理后育苗。造林时应采用 4 年生苗木，选择土层深厚、排水良好的山坡中下腹为宜。

　　为了提高红松子的经济效益，对进入结实期的红松人工林实施截头技术，可大幅度提高结实量。对 30 年生左右的红松人工林分，采用截头技术可有效提高林木结实量，平均增产幅度 75.47%。在操作过程中对林分内已经分叉的林木及下层林木不进行截头。采用人工上树，系好安全带，用高枝剪剪断周围几米内用不同方法嫁接的树梢。未进入结实期的林分暂不要截头。截头目的是增加种子产量，但也要考虑木材产量和造材需要。最好选择 30 年生以上的林分，截头部位以下至少有 10 米高的树干，可满足 8 米、6 米、4 米的造材需要。

　　吉林省最大的人工红松林木良种基地在通化县三棚林场。[①] 三棚林场于 1958 年建场，1989 年被省林业厅命名为"吉林省红松母树林基地"，2004 年被国家林业局命名为"全国质量信得过特色种苗基地"，2009 年通过省林木良种审定，2011 年初晋升为"吉林省重点红松林木良种基地"，

----

① 通化县三棚林场为本书提供很多人工红松的培植、管理资料，深表谢意！

2011 年末晋升为"国家重点红松林木良种基地"。五十年来，三棚林场红松母树林基地总面积已达到 1 104.2 公顷。其中，现有 53 年林龄红松林已进入盛果初期，面积 307.6 公顷；20～35 年林龄的红松即将进入盛果期，面积 101.6 公顷；尚未结实红松幼龄林面积 434 公顷；红松未成林造林地面积 261 公顷。

图 13　通化县三棚林场红松林木良种基地石碑

　　为了壮大红松母树林产业，抓好特色种苗基地建设，自 1997 年以来，三棚林场在场领导班子带领下，以国家保护和治理生态环境的重大战略决策为指针，以林业产业结构调整为主线，不断加大红松母树林基地的培育、保护、管理、开发力度，把林场建设成万亩红松母树林产业基地，使林场走上了一条可持续发展的新路子。

（一）加大资源培育力度，努力实现母树林基地可持续发展。

可持续发展是当今人类社会崭新的发展理念，是世界各国林业努力追求的发展方向、发展模式和发展目标，森林资源是林业可持续发展的核心问题。没有优质高效的森林资源，林业可持续发展就成为"空中楼阁"；而没有优良的种苗，优质高效的森林资源就缺乏保障。因而，从某种意义上讲，林木种苗与林业可持续发展息息相关，林木种苗工作大有可为。牢固树立"前人栽树，后人乘凉"的可持续发展思想。

为了加大红松母树林的培育力度，三棚林场以科学发展观为指导，经过不断的实验和探索，成功地走出了一条快速发展的新路子。

首先，优化改建现有红松母树林资源。对323公顷已结实的红松母树林实施疏伐改建工程。三棚林场将原红松用材林先后于1991年、1993年、1997年、2005年、2008年、2011年共进行了六次疏伐改建，向培育标准红松母树林方向发展，现有的红松母树林已基本达到母树林基地建设标准。

其次，积极培育后备红松母树林资源。在巩固红松母树林建设的同时，十分注重发展红松母树林后备资源。林场每年营造红松林35公顷，面积不断扩大、递增，从根本上保证了后备资源的延续性。加强红松幼林抚育管理，加速红松母树林培育步伐。从2000年开始，三棚林场对393公顷的红松幼林地进行全面抚育，清除灌木和杂草，促进幼树生长。并对434公顷的幼龄林进行透光疏伐，促进了红松幼林的生长。

第三，搞好国家级红松林木良种基地规划，应用科技创新发展红松母树林资源。

1. 创新红松大苗移植技术，加速红松母树林资源培育。移植对象是在春天树苗能挖出冻坨前，将4～5年红松造林地内的大苗带土挖出，移至当年造林地块内，移植大苗成林快、结实早、节省费用，可提前5～10年进入结实期，现在三棚林场红松大苗移植面积已达73公顷，近8万株，成活率在98%以上。

2. 使用红松嫁接技术建立红松1.5代种子园，加快良种培育进程。三棚林场选择优质种穗，与幼龄红松嫁接3000株，面积2.0公顷，嫁接成活后的红松 10 年左右就能结果，比自然成长的提前 10~15 年，使红松种子园早创效益。

3. "红松果材林种实高产经营技术"科技成果推广示范，应用植物生长调节剂促进红松母树开花结实技术，施肥促进红松母树开花结实技术，切根促进红松母树开花结实技术，采用这 3 个方面的红松结实促进技术经营红松果材林，单位面积可提高经济效益 71%。

4. 搞好基地发展规划，确定基地的技术发展方向。通化县三棚林场红松母树林近几年的种子产量已达到年均 20 万公斤，但是大多数的红松种子达不到良种标准，良种产量远远不能满足林业生产的需要，采用下列方法提高良种多量一是通过规划、扩建与加强管理，加大经费投入力度，尤其是日常生产经费的投入，用于开展诸如施肥、灌水、抚育、病虫害防治、花粉管理等促进母树结实的技术性生产经营活动，使母树的生长发育始终处于最佳的环境条件中，提高母树特别是优树的结实能力，克服大小年现象，促进稳产、高产；二是通过建立 1.5 代种子园、优树收集区、子代测定林等方式，全面提升良种产量，从而在整体水平上提升基地的良种生产能力，满足生态工程建设所需良种的供应。上述措施顺利实施，为发展红松母树林资源，实现种苗基地可持续发展奠定了坚实的基础。

图 14　三棚林场对红松实施丰产结实技术

（二）舍得投资强化硬件建设

几年来，三棚林场共投资 100 多万元，进行管护基础建设。其中投资 16 万元购买森林消防车 1 辆、运兵车 1 辆、风力灭火机 10 台、扑火工具 200 余件；投资 7.5 万元修建母树林防火道 7.5 公里；投资 70 多万元修建林区道路 10 公里，水泥路 5 公里，水泥桥 1 座，涵洞 25 个；投资 28 万元修建防火瞭望台 1 处；投资 1 万元修建母树林道路兼花粉隔离带 5 公里；投资 7.4 万元建母树林管护房 10 处，面积达 500 多平方米；投资 5.2 万元建母树林纪念碑 1 座。

（三）加强种子采收后加工管理

为了搞好种子采收和加工，林场投资 50 万元购买了种子脱粒机 5 台、先进的检验设备 1 套、修建了种子储藏库 1 000 平方米、建种子晾晒场 2 000 平方米，强化了基础设施。松塔采摘运到场部院内，集中看护，并由专人负责脱粒、晾晒、分级，精挑细选，确保种子含水量、纯净度达到优良种子标准。对省林木种苗站调拨的种子，都是专门加工、选种，清除杂质和劣种，确保使用优质种子育苗。承包经营，集中销售这种做法，因为信誉好、数量足、质量优，在价格方面不会因信誉、数额小而影响销售价格。

（四）加大母树林病虫害防治力度

自 2009 年起林场对红松母林采用"漏斗式"性诱捕剂防治红松切梢小蠹。目前三棚林场所营造和改建的红松良种林都是人工红松纯林，由于树种单一，林分的总体防病能力差，遭受病虫危害的几率较阔叶林大得多，如果外界条件适宜，病虫极易蔓延、扩散流行，暴发成灾，甚至对红松良种基地产生毁灭性的灾难，因而红松林木良种基地的病虫害防治工作受到高度重视。三棚林场在提高红松林病虫害测报技术及水平的同时，加强了对红松病虫害的控制管理。据调查发现，红松主要病虫害有 5 种，其中红松的主要虫害为红松切梢小蠹，2002 年曾经大面积发生，经吉林省林科院的高昌启院长现场技术指导，采用化学药品喷洒，虫情得到了控制。2009 年吉林省林科院森林病虫害防治室，从加拿大引进了"性诱捕剂"生物防治技术，防治红松切稍小蠹虫，该项工作投资少、见效快，对生态环境无污染，红松母树林疏代后集中清理一次林区内枯枝、杂草、树皮等因子，清除病虫害的发生源。疏伐作业后将伐根树皮剥去，将剩余枝丫用火烧除或集至红松林 500 米以外，以防红松切稍小蠹虫滋生侵害红松母树林。生物防治、物理防治符合现代防治科技的大趋势，在实际工作中取得了良好的防治效果。

图 15　用"性诱捕剂"防治病虫害

（五）搞好红松果材林种实高产经营技术推广示范

2010 年、2011 年三棚林场与吉林省林科院联合推广"红松果材林种实高产经营技术"项目，该项目为吉林省林业产业发展专项资金扶持项目，省财政拨款 32 万元。该项目以解决红松结实"丰歉"年问题与提高红松结实量为目的，应用 AFLP 分子标记技术进行高结实量；应用植物生长调节剂、施肥和切根修剪技术，探讨提高目的产量的有效途径，应用性强，理论与实践应用意义重大。经 2011 年实践证明该项技术，使红松结实量显著增加，施肥地块平均增产达到 25%。

二 红松的嫁接方法

1. 砧木培育①

人工嫁接红松林地应选择排水良好的全向阳坡或半阳坡，坡度在 15 度以下，坡位为山坡中、下部，土壤为暗棕壤，有效土层厚度≥40 厘米。整地采取穴状整地，整地规格 50 厘米×50 厘米，深度 25 厘米，整地穴面要全面翻垦，不得漏翻，打碎土块，拣出树根、石块等，穴面形成丘状，整地穴数每公顷 450～625 穴。关于红松嫁接砧木早期的观点认为选择樟子松、红松。樟子松根系发达，耐干旱、耐瘠薄、生长速度快，嫁接后亲和力强；红松砧木为本砧嫁接，不会出现任何排斥现象。利用这二种砧木与红松嫁接，能提高成活率、抗逆行、早结实。砧木定植时间为 5 月初，土壤解冻 30 厘米，定植时苗木放在坑中央，培土，踏实。樟子松、红松砧木定植后，为了保证正常生长，加强抚育管理。樟子松砧木抚育 2 年 5 次，即 3、2 次，红松砧木抚育 3 年 7 次，即 3、2、2 次。当年造林的樟子松砧木，5 月末扩穴抚育 1 次，规格 50 厘米×50 厘米，同时扶正、踏实，6 月中旬割灌抚育 1 次，7 月下旬割灌抚育 1 次。割灌方法：樟子松砧木全面割除杂草灌木；红松砧木，5 月末扩穴抚育 1 次，抚育规格与樟

---

① 抚松县露水河林业局提供很多红松嫁接资料，在此表示感谢！

子松砧木相同，6 月中旬割灌抚育 1 次，7 月下旬割灌抚育 1 次。割灌方法，以红松为中心，带状割除 1 米宽内杂草和灌木。第二年，樟子松砧木，5 月中旬扩穴抚育 1 次，7 月上旬割灌抚育 1 次。抚育方法、规格与第一年相同。红松 2 ~ 3 年，5 月中旬扩穴 1 次，7 月下旬割灌抚育 1 次，抚育方法、规格与第一年相同。

2. 丰产母树的选择

选择红松子丰产母树，在 30 年以上的红松人工林或天然红松母树林内进行。红松人工林 30 年已进入结实年龄，枝条生长旺盛、粗细适中，采条方便，嫁接容易成活，嫁接成活的红松寿命长；天然红松母树林，能够反映出结实遗传特性。选择标准：红松人工林选择针叶长、颜色深绿、枝条纤细，林分开雌花率 40% 以上，雌花数量 ≥35 个/株的红松单株；天然红松母树林选择结实多、球果长、松子粒大的红松单株。一般连续观测5 ~ 6 年，确定出采集接穗的松子丰产母树。

3. 接穗、采集和保存

红松接穗采集时间，一般在 2 月份进行。采集接穗时，选择红松树冠中上部 1 年生新梢，采集后打好捆。采集后的接穗及时放在低温下保存，一般保存在零度以下的地方，一层接穗放一层雪或冰，可摆放 4 ~ 5 层接穗。雪和冰能够保证接穗正常含水率，又降低温度。每周检查一次接穗，避免接穗出现异常情况，有条件可放入冷库内冷冻，效果更好。

4. 嫁接方法

嫁接方法分低接与高接，低接是砧木嫁接部位在 40 ~ 60 厘米左右，优点是嫁接操做方便；高接是砧木嫁接部位在 2 米左右，优点是砧木能为成活红松幼树提供更多的营养，幼树生长快，但操作相对困难。当培育的红松砧木高度达到 40 ~ 60 厘米左右，可进行低接。

图16 红松低接1 修理砧木（露水河林业局种子园提供）

图17 红松低接2 修理松穗（露水河林业局种子园提供）

图18　红松低接3 嫁接绑扎（露水河林业局种子园提供）

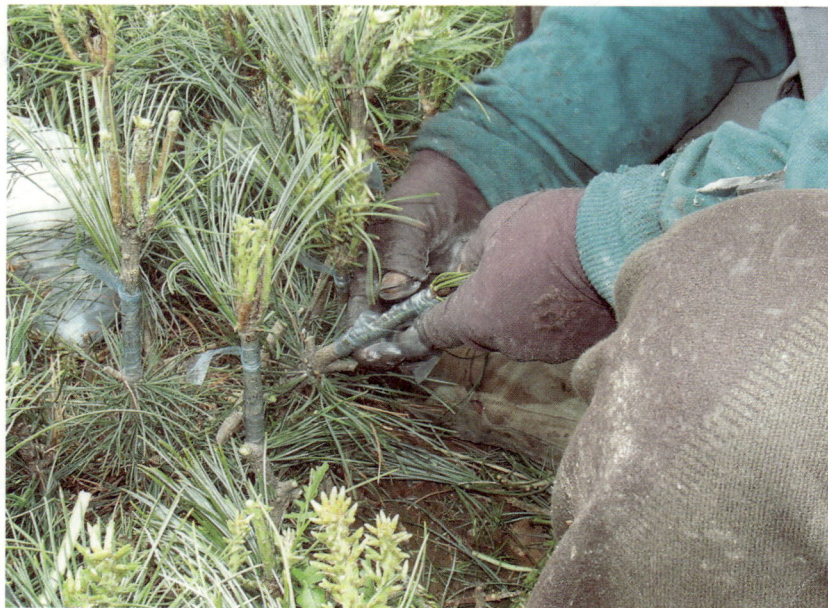

图19　红松低接4 嫁接绑扎红松（露水河林业局种子园提供）

如果需要高接继续培育嫁接砧木，高度达到 2 米左右进行嫁接。嫁接时间一般 5 月上旬至 5 月中旬，采取髓心形成层贴接的方式嫁接。首先选择接穗粗度与砧木嫁接部位粗度比例为 2 : 3，顶芽饱满的接穗。嫁接时把接穗修剪长度为 7 ~ 8 厘米，顶芽下部留 6 ~ 8 束针叶，在针叶下方嫁接刀沿着 60°角圆滑切向髓心，沿着髓心劈开，一刀完成，使切面平滑。砧木在离顶芽 1 厘米左右，摘除嫁接部位的全部针叶，沿着形成层削去一条树皮，切口长度略长于接穗切口，深度以露出乳白色形成层，不伤木质部，下部留 0.3 厘米长的树皮。把削好的接穗与砧木上的切口左或右对齐，接穗下部插入砧木 0.3 厘米的树皮内，上部略长于接穗切口，用带弹性塑料条从砧木切口以下 0.5 厘米处开始向上缠扎，松紧适度、绑扎严实，一剪在砧木上接口下边 0.5 厘米处，剪掉砧木顶梢，第二剪在第一剪下方 0.5 厘米处入剪，深度为总粗度的三分之二，并不剪掉，形成盖，防止砧木流脂。当年樟子松砧木、红松砧木嫁接成活率分别能达到 91.0%、78.0%，三年保存率分别能达到 87.4%、85.2%，幼树生长良好。

图 20　红松高接 1 砧木修剪（露水河林业局种子园提供）

图21　红松高接2 切剪生长点（露水河林业局种子园提供）

图22　红松高接3 准备嫁接（露水河林业局种子园提供）

图23　红松高接4 清除接口附近的松针（露水河林业局种子园提供）

图24　红松高接5 完成嫁接的枝条（露水河林业局种子园提供）

5. 红松嫁接幼树管理

红松接穗与红松本砧嫁接，成活后的幼树1～3年红松生长慢，生长量小，为保证嫁接成活与接穗生长，保留砧木2～3轮侧枝是必要的，嫁接后应及时修剪保留侧枝，使其既供应养分，又不与接穗争夺营养空间。嫁接当年修剪1次，时间在7月上旬速生期，剪去砧木最上一轮侧枝的顶梢以及生长过旺的侧梢。嫁接2~3年，每年修剪1~2次，时间在6月中旬~7月上旬，剪掉最上一轮侧枝新发的顶梢和生长过旺的侧梢，修剪强度适中，不能太小，也不能过大，太小不起作用，太大砧木会受到伤害，光合作用弱，影响嫁接幼树生长。禁止大强度修剪砧木侧枝或修除全部侧枝，强度过大导致嫁接红松幼树生长缓慢，甚至能引起部分嫁接幼树在第二年出现死亡，以至于以后几年出现接口以上逐渐增粗，接口以下逐渐变细的不平衡状态，幼树生长不良，影响开花结实。

低接成活的红松幼林，幼树较小，杂草灌木生长快，需要加强幼林抚育管理。抚育管理3年7次，分别为3、2、2，当年5月中旬扩穴1次，6月中旬割灌抚育1次，7月下旬割灌抚育1次，2~3年5月中旬扩穴1次、7月下旬割灌1次。扩穴标准50厘米×50厘米，割灌标准，以嫁接红松幼树为中心带状割出1米宽内杂草和灌木。

第三节　其他地区松子的生态概况

国内松树的种子可以食用的，除了东北小兴安岭、长白山和西伯利亚的红松子以外，主要还有大、小兴安岭的偃松子和西北地区的华松子。

一　偃松子

偃松子是偃松的种子，产于我国东北大兴安岭白哈喇山、英吉里山上部海拔1 200米以上，小兴安岭海拔1 000米以上，吉林老爷岭上部海拔1 200米以上，长白山上部海拔1 800米以上。在土层浅薄、气候寒冷的高山上部之阴湿地带与西伯利亚刺柏混生，或在落叶松或黄花落叶松林下形成茂密的矮林。俄罗斯、朝鲜、日本也有分布。

偃松高达3~6米，树干通常伏卧状，基部多分枝，匐伏的大枝可长达10米或更长，生于山顶则近直立丛生状；树皮灰褐色，裂成片状脱落；一年生枝褐色，密被柔毛，二、三年生枝暗红褐色；冬芽红褐色，圆锥状卵圆形，先端尖，微被树脂。针叶5针一束，较细短，硬直而微弯，长4

~6厘米，稀长至8.3厘米，径约1毫米，边缘锯齿不明显或近全缘，背面无气孔线，腹面每侧具3~6条灰白色气孔线；横切面近梯形，皮下层细胞单层，稀有1~3个细胞宽的第二层皮下层，树脂道通常2个，生于背面，很少1个，腹面无树脂道；叶鞘早落。宋代释道章曾赋偃松一首：得地久蟠踞，参天多晦冥。月通深夜白，雪压岁寒青。独拥虬腰大，疑闻雨甲腥。深根动坤轴，萧瑟拄疏星。

图25　偃松植株1（周繇摄）

图26　偃松植株2（周繇摄）

偃松雄球花椭圆形，黄色，长约1厘米；雌球花及小球果单生或2~3个集生，卵圆形，紫色或红紫色。球果直立，圆锥状卵圆形或卵圆形，成熟时淡紫褐色或红褐色，长3~4.5厘米，径2.5~3厘米；成熟后种鳞不张开或微张开；种鳞近宽菱形或斜方状宽倒卵形，鳞盾宽三角形，上部圆，背部厚隆起，边缘微向外反曲，下部底边近截形，鳞脐明显，紫黑色，先端具突尖，微反曲；种子生于种鳞腹面下部的凹槽中，不脱落，暗褐色，三角形倒卵圆形，微扁，长 7～10 毫米，径 5～7 毫米，无翅，仅周围有微隆起的棱脊。花期 6～7 月，球果第二年 9 月成熟。

图 27　偃松雄花（周繇摄）

图 28　偃松雌花（周繇摄）

图 29 偃松种子（周鹣摄）

二 华松子

华松子是华山松的种子，华山松属于松科（Pinaceae），学名 Pinus armandi Franch，别名白松（河南）、五须松（四川）、吃松、果松（云南）、马袋松、葫芦松（陕西）。华山松是我国西部地区的重要用材树种。分布范围较广，更新繁殖容易，生长比较迅速，产材性质优良，种子可供食用，经济价值较高。

1. 形态特征

华山松是常绿乔木，高达 35 米，胸径 1 米，幼树皮平滑而薄，灰绿色，老树皮则开裂成方块状，不剥落。小枝绿色，无毛。针叶五针一束，长 8～18 厘米，树脂管 3，背面两个边生，腹面一个中生。球果圆锥状长卵形，长 10～22 厘米，成熟时种鳞张开，黄褐色，种鳞无毛，鳞脐小。种子扁卵形，淡褐色至黑色，有纵脊，长 1～1.5 厘米，无翅，或两侧及顶端具棱脊。

图30　华山松雌花（陕西化龙山自然保护区刘平提供）

图31　华山松雄花（陕西化龙山自然保护区刘平提供）

图 32　华山松枝条（陕西化龙山自然保护区刘平提供）

2. 分布

华山松的水平分布较广，约在北纬 23°30′~35°30″，东经 88°50′~113°之间。在这个范围内大多分布在海拔较高地段，其垂直分布范围有向西南方向逐渐增高的趋势。华山松的主要分布地区及其垂直分布范围如下：晋南中条山（最北到太岳山的沁源），海拔 1 200~1 800 米；陇东与陕西的关山地区及宁夏南部的六盘山地区，甘南白龙江流域、洮河流域、大夏河流域及青海东部局部地区，海拔 1 300~2 700 米；陕南秦岭、巴山，豫西嵩山、伏牛山，海拔 1 500~2 300 米；鄂西、湘西及川东，海拔 1 000~2 000 米；川北松潘一带，川西大渡河流域及西南安宁河、雅砻江流域，海拔 1 600~3 300 米；贵州省中部及西部，海拔 1 000~2 500 米；云南省中部、北部、西北部（文山、蒙自、普洱、镇远一线以北）海拔 1 400~3 300 米；其中以 1 800~2 800 米地带分布比较集中，生长也较好。西藏的雅鲁藏布江流域东部也有分布。华山松在自然分布区之外，已有不少地区引种成功，如北京市八达岭（海拔 800 米以上），山东省泰山（海拔 700 米以上），陕西省渭北黄土高原的耀县、白水、旬邑等地（海拔 1 000 米左右），江西省庐山（海拔 1 000 米以上）等。此外，辽宁省东部山区及华东、华中一些高山地区也正在试验引种。

3. 生物学特性

3.1　华山松是较喜光树种。幼苗耐一定庇荫，能在林冠下更新，在气候不过于干燥时，也能在全光下生长。幼树随年龄增大而对光照要求增强。据调查，5年生以前可耐40%的上方遮荫，而侧方遮荫则有利于高生长及干形发育。6～10年生后在上方遮荫下，生长几乎停滞，连年高生长量仅为全光下的七分之一。

3.2　华山松喜欢温和、凉爽、湿润的气候，高温及干燥是限制其分布的主导因素。分布区的年平均气温一般在15度以下，年降水量600～1500毫米，年平均相对湿度大于70%。不同的水热状况对华山松的生长有很大影响。在比较干燥的六盘山中的华山松，就远不如在比较湿润的秦岭中的生长优良。在滇中安宁县，海拔2100米以上比较温凉湿润的地带华山松生长较好，15～21年生人工林的材积年平均生长量每公顷6～11立方米；而在（海拔1900～2000米）比较干热的地带，同龄人工林的材积年平均生长量仅为前者的40%左右。滇中宜良县禄丰村林场在海拔1870米、2040米及2280米的地方营造的华山松林，4年生平均高分别为57、65及130厘米，差异是很显著的，较耐寒。在其分布区南部，零下7～10度的低温对华山松生长没有不良影响；在其分布区北部，甚至可耐零下三十一度的绝对低温。但在某些地区（如滇东北的小草坝林场，海拔1800米以上），冬季凌害（冰挂）严重，引起华山松大量顶枝折断，在一定程度上影响了它的发展。

3.3　能适应多种土壤，在山地褐土、森林棕壤、山地红黄壤、红色石灰土及草甸土上均能生长，其中以在深厚、湿润、疏松、微酸性的森林棕壤及草甸土上生长最好。在干燥、瘠薄的石质土及排水不良的潜育土上生育不良，更不能耐盐碱。华山松对土壤水分条件的要求比较严格，特别是在共分布带的下限及比较干热的地区，必须有充足的土壤水分供应才能使它正常生长，所以在这些地区，华山松往往只分布在阴坡、半阴坡的下部及山洼地段。

3.4　华山松是针叶树种中生长比较迅速的一个树种。在北方可与油松相比，10年生以后的生长速度还可超出油松，在南方则可与云南松相比，在适生条件下其生长速度也往往超出云南松，特别是它的材积生长优势更为显著。

第三章

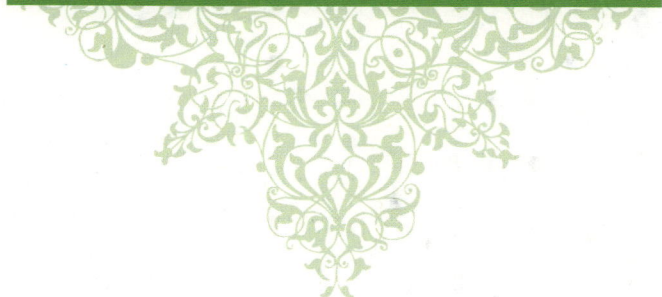

DISANZHANG

长白山松子采集习俗

第一节　长白山松子采集习俗的形成

　　和其他地区的松子相比，长白山松子因为体硕子实味美而受到青睐。从生长环境来看，他们并没有太大的区别，尤其是华山松，生物学特征和长白山松子极为相似，但长白山松子采集形成了历史悠久、内容丰富的采集习俗，其他地区的松子采集并没有形成一套采集者必须遵守的行为规范和仪式制度，这需要我们加以探讨。

　　华山松主要产于西部地区，西部地区是华夏文明的发源地，华夏文明在萌芽、成熟及发展时期始终有民间信仰伴随，但华山松子在历史悠久的采集劳动中却没有产生民俗信仰，究其原因，是因为西部地区在上古时期就已经产生了发达的农业文明，不依赖于采集经济。关于农业文明的起源在上古时期就产生了神话传说，第一位农神是早期神话中的人物炎帝，后世尊称他为神农氏。《周易·系辞下传》曰："包牺氏没，神农氏作，斲木为耜，揉木为耒，耒耨之利以教天下。"[1] 从文献记载看是神农氏发明了农业工具，相关记载也出现在《白虎通》中，"古之人，皆食禽兽肉，至于神农，人民众多，禽兽不足，于是神农因天之时，分地之利，制耒耜，教民农作。"神农氏还"教耕五谷，以致民利。"神农氏时代人们的生活是"卧则居居，起则于于，民知其母，不知其父，与麋鹿共处，耕而食，织而衣，无有相害之心，此至德之隆也。"

　　在神农氏之后又产生了一位传说中的农神，就是后稷。《诗·大雅·生民》："厥初生民，时惟姜嫄。"《史记·周本纪》："周后稷，名弃。其

---

　　[1]　杨国荣《大学哲学》，华东师范大学出版社，2013 年 2 月，29 页。

母有邰氏女，曰姜嫄。姜嫄为帝喾元妃。姜嫄出野，见巨人迹，心忻然说，欲践之，践之而身动如孕者。"传说距现在约四千多年前，周人的始祖后稷原名叫弃，他的母亲是炎帝后裔有邰氏的女儿姜嫄。一天，姜嫄外出散步，看见路上有巨人的脚印，心里高兴就去踩了巨人的脚印，马上感到有一股奇异的力量振动了她的身体。因踩巨人足迹而生子，被认为是不祥之物，孩子三弃不死，便起名叫弃。弃从小就喜欢农艺，长大后遍尝百草，掌握了农业知识，辛勤地教导人民耕田、种地，发展农业。后稷死后，人们世世代代祭祀他，都称他为农神。

生活于东北苦寒之地的满族先民与早期人类社会的西部居民相比，农耕文明落后，长期依赖于采集渔猎经济，以制造渔猎工具见长。《国语》卷五里记载了这样一个故事，"仲尼在陈，有隼陈侯之庭而死，矢贯之，石其长有咫。陈惠公使人以隼如仲尼之馆，问之。仲尼曰：'之来也，远矣！此肃慎矢也。'"[1] 这段文字是说春秋时期，孔子来到了陈国。有一天，一只身上扎着箭的隼（鹰）从树上掉到国君的院子里，臣将们都没见过这么锋利劲拔的箭矢，便派人到孔子下榻的驿馆去请教，孔子仔细端详了一番说，这隼来自北方，这箭叫矢石，是北方大荒之国肃慎人所造。

采集与渔猎是满族先民的生存之本，这一时期正是原始宗教萨满信仰已经产生并异常兴盛时期。对采集渔猎的过分倚重使满族先民借助于各种神灵庇佑他们能够顺利进行采集渔猎劳动，萨满教的万物有灵观念不知不觉地渗透到了满族先民的采集渔猎劳动中。在人类社会的童年时期，长白山松子采集就已经形成了内容丰富的民俗文化，在采集松子劳动中，满族先民信奉万物有灵的萨满教，形成了保证采集松子劳动顺利进行的行为规范和仪式制度。

第二节　明末清初满族采集松子习俗

长白山松子采集习俗历史悠久，但在明末清初，主要是在明嘉靖

---

[1] 魏国忠、郭素美《黑龙江古代民族史料汇编》，黑龙江省社会科学院历史研究所，1983年8月，49页。

（1522 年）到满族入关（1644 年）之前，迎来松子采集习俗发展史上的第一个兴盛期。这一时期的松子采集完全保留了满族的采集方式和习俗信仰，在满族入关之后，随着社会的变革以及人口的迁徙，松子的采集组织、采集方法和习俗信仰在传承中都发生变异，我们有必要分阶段研究。现在我们首先探讨明末清初的满族采集松子习俗，笔者不胜揣陋，敬请方家批评指正。

一　松子采集习俗的发展背景

松子是名贵树种红松的种子，"红松，拉丁名 Pinus Koraiensis ，异名为果松、海松，系松科松属的常绿大乔木，地质时期第三世纪孑遗种。红松生长在北纬 40°45′~49°20′，东经 124°45′~134°之间"。① 中国东北地区是红松自然分布的中心地带，尤其是长白山红松最为珍贵。长白山松子是一种纯绿色天然保健品，富含脂肪、蛋白质、碳水化合物等，具有很高的营养价值。最初它只是被长白山世居的满族先民视为大自然恩赐的一种食物来源，用来裹腹，后来，人们逐渐认识到它"味甘美，大温，无毒。主诸风，温肠胃，久食轻身，延年，不老。"② 唐圣历年间（698 年），满族的先祖粟末靺鞨建立渤海国，"开始把它作为方物朝贡"③。

明朝末期，松子不仅是女真人献给明政府的一种重要贡品，也是女真人在京城和辽东马市销售的商品，是松子大量地进入商品流通领域需求量大增的时期。辽东马市是松子大量交易的另一处中心。1406 年 3 月，明政府正式设辽东开原、广宁马市二所，1464 年（天顺 8 年），又增设抚顺马市，方便了女真族、汉族、蒙古族互通有无，发展贸易。辽东马市最初只是为了购置军用马匹而设，实际上，是官办的买马市场，后来产品交易的范围逐渐扩大。从"马市抽分档册"中可以看到，嘉靖、万历年间，蒙古族出售的是马、牛、皮张等畜产品，女真族出售的是貂皮、人参、松子、木耳等狩猎和采集品。明朝后期，马市交易的次数越来越频繁，每次入市的人数也越来越多，例如嘉靖 28 年，开原的关市交易大约每隔三、四天

① 王天佐《吉林省志·林业志》，吉林人民出版社，1994 年 5 月，第 59 页。
② （唐）李珣《海药本草》，中医中药论坛 http://bbs.zhong-yao.net/。
③ 金毓黻《渤海国志长编》卷 17《食货志》千华山馆，1933 年，24 页下。

一次，最多时一次入市人数是 709 人。据嘉靖 28～29 年的 "马市抽分档册" 统计，从开原的广顺关与镇北关入市的海西女真部落，在 17 起交易中，他们出售的松榛是 325 斗。到万历初年，则是隔一、二天就有一次，有时三、四天连续互市，有时一次竟达 2 237 人。据万历十一年 7 月至十二年 8 月的一份 "马市抽分档册" 的记载，这八个月中，海西女真人从广顺关与镇北关入市交易共 26 次，在这 26 次交易中，海西女真人共售出松榛 88 斗。[①]松子与其他方物的销售成为女真族的一个重要经济来源，努尔哈赤就是靠 "独擅人参、松子、东珠、貂皮之利，日益富强，威制群雄"。[②]

明末政府对东北少数民族的贸易政策促进了女真族的经济发展，明末清初是松子做为商品大量交易并被大量采集的时期，松子采集在经济发展中占据相当重要的地位。这时期尽管女真族地区有许多汉人和朝鲜人，但建州女真和海西女真都是自身从事采集劳动，役使汉人或朝鲜人从事农业生产。松子的大量交易、采集业的兴盛，促使满族采集松子习俗得到充分发展。

二 松子的采集组织和采集方法

松子长于松塔之内，状若塔，下丰上锐，层瓣鳞砌。每瓣内各藏一或两粒种子，熟则瓣开子落。每个松塔内可藏百粒子，子呈茶褐色，历年在白露过后就可以采塔，三年一小收，五年一大收。采塔者有时早去晚归，有时露宿山林。传说努尔哈赤青少年时在采塔的季节里，常 "同伙伴们一起，进入莽莽林海，搭棚栖居，每棚住三、四人，白天采集，夜晚棚宿，挖人参、采松子、捡榛子、拾蘑菇，赶抚顺马市贸易，用赚来的钱维持或补贴生活。"[③] 民间也流传着努尔哈赤进山挖参迷路，饿得头重脚轻眼冒金星之时，吃松子救命的故事。民间口述资料是满族采集松子习俗的侧面反映。

1. 松子的采集组织

明末清初，松子的采集组织有三种，分别是塔坦、牛录和打牲乌拉

---

① 杨余练《明代后期的辽东马市与女真族的兴起》，《民族研究》，1980 年 05 期，第 27 页。
② 彭孙贻《山中闻见录》，载入《先清史料》，吉林文史出版社，1995 年 4 月，第 6 页。
③ 阎崇年《努尔哈赤传》，北京出版社，1983 年 6 月，第 18 页。

府。塔坦的最初意义是"野外住宿的简陋住所"。女真人在采集松子时"并有室庐或桦皮为帷,止则张之"①。《说文》对"庐"的解释是"寄也。秋冬去搭建,春夏居"。"庐"原指农时寄居田野的棚舍,后来泛指简陋的住所。满语把野外居住的简陋住所称为"塔坦",《清文鉴·毡屋帐房类》释"塔坦"为"走在野外人的住所"② 可以为证。在《清文鉴》中还有"陶包"一词,其意为"窝铺",一般与塔坦连用,说"陶包塔坦"。《清文鉴》记述了"陶包"是"用柳杆在地面围成圆形,上面扎结在一起可以居住"。"陶包塔坦"常常遮盖桦皮,又叫"桦皮帐幕",是常见的野外住所之一。《清文鉴》中还记有"圆毡房"、"方毡房"等居住场所的名称,可见,女真人采集时常在野外搭建简陋的住所,"塔坦"的具体形状也常因地理条件而异。

由于女真人采集业的兴盛,"塔坦"从"野外住所"的本义很快发展出"生产组织"的引申义。这种生产组织最初是根据采集狩猎的需要临时组成的,是由血缘关系维系的。三、四个成年男子组成一个塔坦,每个塔坦有一个首领,叫塔坦达,也称作塔坦长。若干个塔坦又组成牛录,牛录的首领称作额真。牛录最初也是以血缘关系为纽带,但后来因为战争的需要,努尔哈赤对它进行了改革,使它打破血族亲缘关系转变为地域性组织。尽管牛录由一种采集组织发展为兵制,并为创建八旗制度奠定了基础,但牛录做为采集组织的性质在清入关前一直没有改变,"到了一定季节,盛京内务府所属牛录要派人采松子、采蜂蜜、采人参……"。③ 在清入关之后,直到康熙二十四年(1685年),盛京内务府所属牛录才完成采集松子的使命,改由吉林打牲乌拉总管衙门统派牲丁采集松子。④

明末清初的松子采集组织除了塔坦、牛录,还有打牲乌拉府。乌拉本是明末海西女真的扈伦四部之一,又写作乌喇或兀剌,因居乌喇河(今松花江)畔而得名,乌拉部的都城称作乌拉城。1613年,努尔哈赤率领建州女真攻破乌拉城,努尔哈赤消灭乌拉部之后,在乌拉城设打牲乌拉府,

---

① 彭孙贻《山中闻见录》,吉林文史出版社,1995年4月,113页。
② 故宫博物院藏《五体清文鑑》(中册),民族出版社,1957年10月,3389页。
③ 沈阳市民族志编撰办公室《沈阳满族志》,辽宁民族出版社,1991年8月,第181页。
④ (清)赵云生监修《打牲乌拉志典全书打牲乌拉地方乡土志》,吉林文史出版社,1988年5月,85页。

为清朝皇室贵族置办东北地区的各种特产，比如各种上乘貂皮、东珠、松子、人参药材、各种珍馐鱼肉、上等猎鹰。清崇德年间在打牲乌拉府设置"梅勒章京"一职，负责管理属下旗人。"梅勒章京"亦称"梅楞章京"和"梅勒额真"，是满语官名，顺治十七年后改称副都统。直到顺治十四年（1657年），打牲乌拉府才成为直属内务府的行政机构，称作打牲乌拉总管衙门。

2. 松子的采集方法

红松树干通直滚圆，树龄长者可达 600～700 年，高可达 35～50 米，胸径则在 1 米左右，[①] 松子的生长环境给采集带来困难，只能采用原始的采集方式直接爬树把松塔摇晃下来，或者用原始的攀树和采塔工具进行采集。此时的攀树工具还是骨器，而非铁制品。女真虽然已经掌握了一定的冶炼技术，但他们把用貂皮、人参等土特产换回的有限的铁器主要用于制作兵器。朝鲜《李朝实录》成宗朝六年七月辛酉条载："野人箭链，昔皆用骨，今则皆以铁为之。良由我国人用铁换皮之故也。"攀树的工具是"骨板子"，也叫"树骨头"，在一块木板的下面钉上一块块猪或牛的肩胛骨，木板钻上四个孔，拴上四根绳子，把"骨板子"绑在脚上，用来攀树。"骨板子"并不是专门的攀树工具，本是满族先民防滑的行走工具。满族先民冬季穿靰鞡在冰雪上行走不便，就发明了骨板子。红松树干难以攀援，满族先民就把"骨板子"用做攀树工具。

采塔工具是木棍子，木棍子是人类社会征服自然同自然作斗争的原始武器。当人类进化到能够直立行走之时，首先充当人类自卫武器的是木棍子，首先充当人类劳动工具的也是木棍子。松子有"铁杆庄稼"之称，在现在的旱荒年头它可以顶替粮食，在人类社会的童年时期，它是人类用来裹腹的重要野果。也许有人说，人类社会早期松子遍地，不需要上树采摘，但即使是拾取地面的松塔，也离不开用木棍子防御猛兽的进攻，何况松塔布满油脂，无法用手直接抓取，需要用带有枝桠的木棍子杈到背筐或兽皮袋里。除了用棍子打松塔，还用钩子钩松塔。钩子最初是用带着树桠的棍子做成的，采松子用的木棍子原料有沙松、蜡木、小桦树、小落叶松等。

---

① 周繇《中国长白山植物资源志》，中国林业出版社，2010 年 1 月，44 页。

松子的生长环境也迫使人们采用涸泽而渔的采集方式采塔，"打松子者，入阿机中伐木取之。木大塔多者，取未尽，辄满车。"① "阿机"就是"窝集"，在满语中就是"密林"的意思。有的人把整棵树伐倒采塔，有的人爬上主干砍伐枝干。在一个较长的历史时期里，人们认为森林资源丰富，对伐木采集松子的破坏性行为颇不以为意，造成对生态环境的严重破坏，以至"百里内伐松木且尽，非裹粮行数日不可得。"这一时期的松子采集习俗表现出明显的反生态习俗特征，② 后来清政府对此高度重视，乾隆在 1754 年颁布诏令"朕闻东三省每年所取松子、松塔，非将松树伐倒不能采取；若如此，竟将大树伐倒，不惟逾伐逾稀，尚与情理不合，实属可悯。将此著东三省将军总管，嗣后无论旗民采捕松子、蜂蜜，务须设法上树，由枝取下，不准乱行伐树，从此一体严禁。"③

满族先民采集松子的劳动过程形成实践记忆，世世代代的松子采集者手握原始的采集工具，不畏艰险地攀到几十米高的红松树上，双手挥动工具。在高大的红松树上采塔的人像身怀绝世轻功，常常从这棵树"飞"到另一棵树上，这叫"窜枝"，也叫"窜树"。他们在几十米高的树头上，把另一棵树头用钩子钩过来，抓住树头飞过去。如果树木茂密，就抓住另一棵红松的树枝荡过去。松子采集者在深山林海的上空劳作，在密林中飞跃，他们年年岁岁永无休止地飞跃下去。

三　满族采集松子的习俗信仰

民间信仰"是在长期的历史发展过程中，在民众中自发产生的一套神灵观念、行为习惯和相应的仪式制度"。④ 长白山区自古山深林密，物产丰饶，远古时期，满族及其先民靠山吃山，靠水吃水，通过攫取自然资源来生存和发展，对神秘的大自然具有很大的依赖性。他们在采集活动中，

---

① （清）杨宾《柳边纪略》，吉林文史出版社，1993 年 12 月，第 50 页。

② 钟伯清认为反生态民俗"是对自然生态的和谐、均衡关系造成扰动，直接或间接地导致水土流失、环境污染、生物多样性遭到破坏、生态系统自我调节能力降低或丧失等不良后果的民俗"。（《反生态民俗——生态民俗的另一个角度》，《黑龙江民族丛刊》，2005 年第 1 期，68 页。

③ （清）赵云生监修《打牲乌拉志典全书打牲乌拉地方乡土志》，吉林文史出版社，1988 年 5 月，第 86 页。

④ 钟敬文《民俗学概论》，上海文艺出版社，1998 年 12 月，第 187 页。

感谢大自然的恩赐，同时也萌生了对大自然的崇拜畏惧心理，认为自然界的一切事物都存在神灵，神灵能够为他们禳灾降福。满族及其先民一直流传着萨满信仰的习俗，萨满信仰的三个重要组成部分是自然崇拜、祖先崇拜、图腾崇拜，萨满信仰代代传承，明末清初，松子采集习俗信仰处处表现出萨满教的多神信仰观念。

采集松子进山之前男性为保存体力有半个月的时间不再接触女性，进山前一定净身，以表虔诚之意。在深山密林里采集松子人身安全最重要，进山后朝哪个方向行走才能吉顺，选择哪里做采集目的地都通过占卜决定。占卜的工具通常是鱼、羊、野猪、鹿、狼、狍等的肩胛骨和牙齿，在万物有灵的观念中，骨骼和牙齿被认为是灵魂最喜依附的地方。[①] 把肩胛骨烧灼进行占卜，烧灼点看做是所处地，肩胛骨的突起部分象征陆地或山，平阔部分则表示江、河、湖、海。肩胛骨经烧灼出现龟裂的纹理，条纹由烧灼点指向陆地或山，则为大吉，以此决定行走的方向和目的地。用鱼牙占卜采用抛物法，鱼牙落下时指向哪个方向就朝哪个方向行走。采集者到达目的地后先点起篝火，向篝火里敬酒，之后选择朝阳邻河的地方搭窝棚，同时搭小庙。一般情况下为祭祀方便把小庙搭在窝棚里，小庙在窝棚的西面，门的侧面，如果采回松子要先敬山神。采松子出发前，选择头一天晚上星星出齐之后面向北斗，或早晨太阳出来之后面向太阳，大家在窝棚外由塔坦达或牛录额真领着叩头祷告，"我们今天来了几个人，向山神讨要松子，就要进山了，现在我们的一切都交给山神了，请您让我们采到松子，让我们把口袋装得满满的，回来后我们先敬给您"。然后头人占卜，按照占卜的方向去采集松子。这时的占卜工具不是用从家里带来的备用卜器，而是在进山的路上遇到哪个动物，就用哪个动物的骨头占卜。[②] 这样做是觉得这个动物是神灵所赐，有灵气，能够给他一定的暗示和指引，而且还能够对他们起到保护作用，这是受萨满教灵魂观念的影响。第二天，采集松子出发前仍要敬神祷告，"我们人挺多，任务挺重，还要再来一次，叨扰山神爷了，要您保佑我们别磕着，别刮着，别摔着，让我们上树如狸猫，下树如猛虎。"

---

① 富育光《萨满教与神话》，辽宁大学出版社，1990 年 10 月，157 页。
② 富育光《萨满教的骨卜》，载入《中国古代北方民族文化史论文集，黑龙江教育出版社，1989 年，1 月，218 页。

在整个采集过程中，篝火一直燃烧不灭。满族及其先民很古以来一直流传着敬火、拜火的古礼，这起源于朴素的萨满教自然崇拜观念。人们认为自然宇宙分为三层，最上层为天界，又称光明界和火界，为天神和日月、星辰、风、雷、雨、雪等神所居，除此还有动物神、植物神以及氏族祖先英雄神。萨满教徒所举行的每个仪式都必须有火，火生万物，神火可以荡涤一切尘垢，驱赶邪恶神灵。萨满信仰中早期的火神形象变幻不一，他们认为火是最不可捉摸、不可思议的东西，所以萨满神词中有"火是笑着来，火是蹦着来，火是树上来，火是雨里来"的赞词。[①] 世纪更迭，满族先民的崇火意识能世代流传，与北方远古人类开拓并繁育于荒寒漠北的艰苦地域条件有直接关系。

明末清初的长白山区松子采集业随着女真—满族的崛起而进入兴盛期，促进了松子采集习俗的传承发展。满族先民在采集松子的实践中，"创造、传承和享用的日常生活方式和文化传统"[②] 为长白山松子采集习俗文化奠定了基础，满族先民采集松子形成的社会记忆在时间的长河里流动，被人们在实践中反复操演、延续。

第三节　清代长白山松子采集习俗的传承与变异

1616 年努尔哈赤建立后金政权，定都赫图阿拉（今辽宁新宾县西老城村），1636 年改国号为清，1644 年入关。清入关前，伴随着女真族的经济发展，满族采集松子习俗得到充分发展。清入关后，松子采集组织和采集方法在传承中发生变异，尤其是松子采集习俗信仰，入关前是信奉万物有灵的萨满教，入关后先是信奉山神，后来和老把头并祀。朝代的更迭，社会的变革，以及人口的迁徙必然导致松子采集习俗信仰呈现满汉融合的发展态势，松子采集者在重新构建社会记忆时表现出选择性和对地域文化的认同。

---

① 富育光《满族火祭习俗与神话》，载入富育光《民俗文化论集》，吉林大学出版社，2005 年 3 月，第 299 页。

② 卞利《从民俗、民俗学到非物质文化遗产保护》，《民俗研究》，2011 年第 4 期，第 63 页。

一 松子采集组织的发展变化

满清在入关前后，采集松子的目的有所变化。在入关之前，女真人采集松子的目的有两个：一是为了向明政府纳贡，二是为了在京城街市、辽东马市和中朝边境销售，"坐收木耳、松子、山泽之息"[①]。随着大清政权的稳固，松子采集的目的转向满足清朝宫廷与贵族之家的祭祀和日常生活之用。采集组织随着松子采集目的的变化，由塔坦发展到牛录，由打牲乌拉府发展到打牲乌拉总管衙门。后来在乾隆五年（1740年），清政府又设立了辅佐打牲乌拉总管衙门完成采捕任务的乌拉协领衙门。

1. 塔坦—牛录

"塔坦"的意义在满语中本是"走在野外人的住所"[②]。社会的发展是词汇意义衍生的重要因素，明末清初，兴盛的采集业使"塔坦"很快衍生出"生产组织"之义。塔坦是以血缘关系为纽带的临时性生产组织，若干个塔坦组成牛录。塔坦、牛录都是女真社会部落时代自然产生的临时性生产组织。牛录最初也是以血缘关系为纽带，但在努尔哈赤起兵后创建牛录制度时，对它进行了改革：一是打破固有的地域界限，逐渐迁居建州本部，在新地区组建牛录；二是打破血族亲缘关系，加速了以血缘关系为纽带的社会组织向地域性组织转化；三是牛录由临时性的生产组织转变成军事、行政职能较强的固定性、政治性的社会组织单位。[③] 1621年，清都城由赫图阿拉迁到辽阳，1625年又迁到盛京（今沈阳），盛京的内务府每年秋季都派牛录丁采集松子。[④] 在满清入关前后，牛录作为松子的采集组织一直存在，只是由于辽东松子数量日渐减少，而吉林地区却很丰富，于是在康熙二十四年（1685年），改由打牲乌拉总管衙门办理。牛录做为松子采集组织的时间约从1587年到1685年，近一个世纪的历史。

2. 打牲乌拉府—打牲乌拉总管衙门

由打牲乌拉府到打牲乌拉总管衙门是松子采集组织在入关前后最重要

① 彭孙贻《山中闻见录》，吉林文史出版社，1995年，120页。
② 故宫博物院藏《五体清文鑑》（中册），民族出版社，1957年，3389页。
③ 滕绍箴：《努尔哈赤时期牛录考》，《民族研究》2001年第6期，47页。
④ 沈阳市民族志编撰办公室：《沈阳满族志》，辽宁民族出版社，1991年，181页。

的转变。打牲乌拉府设立于 1613 年。乌拉本是明末海西女真的扈伦四部之一，又写作乌喇或兀剌，因居乌喇河（今松花江）畔而得名，乌拉部的都城称作乌拉城。努尔哈赤消灭乌拉部之后，在乌拉城设打牲乌拉府，为清朝皇室贵族采办东北地区的各种特产。顺治十四年（1657 年），打牲乌拉府成为直属内务府的行政机构，此后称作打牲乌拉总管衙门。打牲乌拉丁户的来源，主要有三个方面：一是祖居乌拉的"所遗满汉族仆"户；二是内务府从外地派来的所属丁户，含贵族的包衣人（家奴）户；三是发遣人犯及抄没之户。这时打牲乌拉丁户的成分很复杂，不再像打牲乌拉府成立之初，牲丁都是满族。采集组织成分的变化是松子采集习俗发生变异的重要原因。

康熙二十四年（1685 年），盛京内务府采捕松子裁撤，统归打牲乌拉总管衙门采取。采集人员来源于原来的采蜜丁一百名，及新采蜜丁五十名，还有纳音河遣出的牲丁五十名，共二百人分为二十五珠轩，后来又增到四百五十人。规定每珠轩交松子六信斗，松塔四十个，其应交松子十五石，松塔一千个，每年十月由驿站的专运车运送。① 后来在嘉庆五年（1800 年），加添松子九石五斗四合，如果到了闰年，再加添松子七斗九升二合，为宫廷做祭品献用。嘉庆十七年（1812 年），因皇上早晚膳食添用松子，一年再添松子八斗四升三合七勺五抄，每年按照有无闰月核计呈送。② 从康熙二十四年至宣统三年（1911 年），松子贡品的采集任务一直由打牲乌拉总管衙门承担。

3. 打牲乌拉协领衙门

打牲乌拉协领衙门是满清入关后建立的另一个专职的采集组织，辅助打牲乌拉总管衙门完成采捕任务。乌拉城原无官兵驻防，乾隆五年（1740 年），乌拉总管达杨阿与吉林将军联名上奏，把雍正十三年（1735 年）从打牲丁中挑出交给吉林将军的一千兵丁，改"在乌拉安设衙署，添官管辖。分立两翼八旗，乃与总管衙门合并捕打东珠、细鳞、鲟鳇、五色杂鱼、松子、蜂蜜等差，按总定额的三分之一呈交。俟闲暇之时，令其该管

---

① （清）赵云生监修：《打牲乌拉志典全书打牲乌拉地方乡土志》，吉林文史出版社，1988 年 5 月，85 页。

② （清）赵云生监修《打牲乌拉志典全书打牲乌拉地方乡土志》，吉林文史出版社，1988 年 5 月，87 页。

官兵，操演骑射"。① 并于当年，清政府在乌拉总管衙门同一地处又设置了乌拉协领衙门。

　　松子贡品划定的采集地点有柳树河、四方顶子、大王硝、土大顶子、平底沟、三岔岭、三岔山、霍伦岭、万寿山、火烧顶子、东土山、西土山、老黑沟、蔡家沟、梨树沟、埋汰顶子、三大阿等，共十七处。② 历年过了白露节，打牲乌拉上三旗共出派骁骑校三员，委官三员，领催三名，珠轩头目和铺副十八名，打牲丁四百五十名。乌拉协领衙门派丁一百五十名，协助打牲机构采集松子，其兵丁由打牲官员统一指挥。"两衙"共派官丁627人，分为三莫音（队），由将军衙门给每队发一份过关凭证，往赴拉林、拉法、冷风口等处采集松子。③ 拉林是今黑龙江省的五常，拉法是今

吉林省的蛟河，冷风口是今吉林市北、乌拉街南金珠乡的冷风口。

　　宣统三年（1911年）武昌起义爆发后，乌拉城内"两衙"正式合并，改称"乌拉旗务承办处"，至此，乌拉"两衙"的历史使命告终。

二　松子采集方法的传承与变异

　　原始红松树干胸径达到1米左右，高约35～50米，通直滚圆，采集松子非常困难。原始的采集方式迫使"打松子者，入阿机中伐木取之"。④ "阿机"在满语里是"密林"的意思。伐木采集的方法造成对生态环境的严重破坏，以至"百里内伐松木且尽，非裹粮行数日不可得。"⑤ 清政府对伐木采塔的破坏性行为非常重视，对此明文禁止。"东三省每年所取松子、松塔，非将松树伐倒不能采取；若如此，竟将大树伐倒，不惟逾伐逾稀，尚与情理不合，实属可恫。将此著东三省将军总管，以后无论旗民采

　　① （清）赵云生监修《打牲乌拉志典全书打牲乌拉地方乡土志》，吉林文史出版社，1988年5月，88页。

　　② 尹郁山《乌拉史略》，吉林文史出版社，1991年12月，151页。

　　③ （清）赵云生监修《打牲乌拉志典全书打牲乌拉地方乡土志》，吉林文史出版社，1988年5月，85页。

　　④ （清）杨宾《柳边纪略》，吉林文史出版社，1993年11月，50页。

　　⑤ 同③。

捕松子、蜂蜜，务须设法上树，由枝取下，不准乱行伐树，从此一体严禁。"① 为保护生态环境，鼓励采集者上树采集松子，嘉庆十七年（1812年）规定，凡上树采塔之人发给老羊皮五张，自制皮衣和皮裤所用。② 羊皮透气、耐磨、光滑，采集者攀树时可避免刮伤、擦伤，制成的衣裤能起到劳动保护的作用。因为红松树干多油脂，羊皮不怕挂油脂，相反，羊皮挂油脂后更光滑，更便于上下树，又不用清洗，方便贮存。而且羊皮柔软，采集者劳作时四肢可以伸展自如。羊皮衣裤主要是为保护胸腹，所以上衣做成半袖，长及裤腰。

　　入关后松子采集方法的最大变化是表现在使用铁制的采集工具。随着铁器在社会生活中的普及，采塔工具出现了铁钩子，把铁钩子绑在木杆子上钩松塔。③ 木杆子长约 2～3 米，通常由小桦木、小蜡木或小沙松做成。攀树工具"骨板子"由铁制的矛头代替了猪和牛的肩胛骨。在清朝末期又出现了专用于攀树采塔的工具"猫爪"和脚扎子。"猫爪"的结构和"骨板子"如出一辙，"猫爪"是一块铁板下有四个铁制的矛头，略弯，内侧的两个矛头短，外侧的两个矛头长，一副四只，两只带在手上，两只套在脚上，上树时手脚并用，因猫以其利爪轻盈地攀援，所以这种工具俗称为"猫爪"。但使用"猫爪"上树如果遇到"护胸毛"（一撮一撮的软树枝，是一种病态树枝），容易从树上坠落。脚扎子也称作脚蹬子、冰扎子，是在约有手指粗细、10 厘米长的厚铁片两端分别打制上两、三个矛头和一个护杆制成。脚扎子的结构和"猫爪"完全不同，制作上比"猫爪"节省原料，是一种比"猫爪"更适合攀树的工具。

---

① （清）赵云生《打牲乌拉志典全书打牲乌拉地方乡土志》，吉林文史出版社，1988 年 5 月，86 页。

② 尹郁山《乌拉史略》，吉林文史出版社，1991 年 12 月，120 页。

③ 尹郁山《吉林满俗研究》，吉林文史出版社，1991 年 12 月，14 页。

图33 类似骨板子的"猫爪子"（庄鹏收藏馆提供）

图34 改进后的"猫爪子"（庄鹏收藏馆提供）

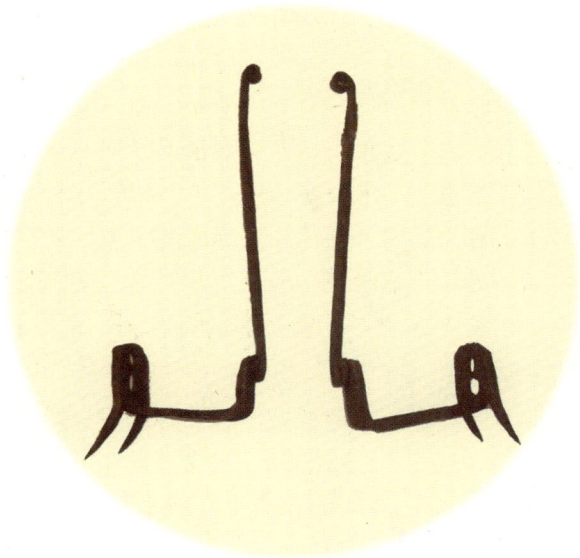

图35　两个矛头的脚扎子（脚蹬子）

在高大的红松树上采塔最怕断枝折树头，所以采集者在劳动中时常险象环生，命玄一线。因为攀爬红松树很困难，为避免上下花费时间，常常从一棵红松树跃到邻近的红松树上，也就是抓住另一棵红松树的树枝或树头飞过去，这时如果断枝折树头会很危险。采塔时也要注意树上是否有蛇洞和蜂窝，如果有蛇突然蹿出，也会使采集者受到惊吓失手坠下。红松林中多蜂窝，采塔最怕遇到马蜂。马蜂，俗名地雷蜂，毒性极强，"一只蜂螫死人，三只蜂螫死牛"。清朝的松子牲丁为完成采塔任务冒死劳作，饱尝清政府的压榨之苦，"十斤松塔一斤子，十斤汗水一颗塔"。

三　松子采集习俗信仰的传承与变异

松子采集习俗信仰的传承与变异在长白山民俗文化的变迁中具有代表性。满族入关是长白山民俗文化的转型期，社会历史的重大变革必然促成地域文化的转折性发展，这突出表现在民俗信仰的传承与变异，就松子采集习俗信仰来说，呈现出满汉融合的发展趋势。

长白山襟三江领三岗，绵延数千里，纵横数万里，吸日月之精华，藏天地之灵气。人类在童年时期因为生产力低下和科学技术落后，"在自然界面前显得极其脆弱渺小，逐渐产生出对自然物和自然力的神秘感、依赖感和敬畏感，认为万物万象背后都有一个活生生的主宰，他们像人一样有灵魂但能力又远远高于人类，可以给人类赐福或降祸，这便是神灵，人们对神灵顶礼膜拜，才能获得他们的护佑"。[1] 满族及其先民信仰萨满教历史悠久，代代传承。在原始的社会氏族、部落的分散性社会形态时期，萨满教获得充分发展，处于鼎盛时期，但在清入关前，萨满教的原始形态发生了重大改变。努尔哈赤在统一女真各部的过程中，摧毁其他部落堂子，"掠祖像神器于贝勒马前"。[2] 堂子、祖像和神器是满族部落宗教信仰的标志物，努尔哈赤此举是使人们对旧社会体制无所依附，意图在思想上统一各部落。崇德元年（1636年）皇太极又下令："凡官员庶民等，设立堂子致祭者，永行停止"。[3] 清初的统治者通过战争与权力把他们建立的社会新秩序凝结在祭祀的程序中，以权力控制社会记忆，从此，爱新觉罗堂子一姓独大，有效维护了清王朝的统治。

由于政治经济原因，清初的统治者开始约束频繁祭祀的旧俗和打击萨满巫术跳神活动，对萨满教已经不像往昔那般看重，尤其是1636年，皇太极登基称帝后开始"敬天法祖"，萨满教在意识形态领域里已经退出了统治地位，成为一种具有民间信仰性质的宗教。所以清入关前，在长白山区的采集劳动中还是流传着萨满教信仰，松子采集习俗信仰处处表现出崇拜多种神灵的萨满教观念，祭祀仪式保留着清入关之前的传统。

采集松子进山前半个月开始男性不再接触女性，为向神灵表示虔诚之意，进山前净身。在深山密林里采集松子人身安全最重要，进山后朝哪个方向行走才能吉顺，选择哪里做采集目的地都通过占卜决定，占卜的工具通常是鱼、羊、野猪、鹿、狼、狍等的肩胛骨和牙齿。在万物有灵的观念中，骨骼和牙齿被认为是灵魂最喜依附的地方。把肩胛骨烧灼进行占卜，烧灼点看做是所处地，肩胛骨的突起部分象征陆地或山，平阔部分则表示江、河、湖、海。肩胛骨经烧灼出现龟裂的纹理，条纹由烧灼点指向陆地或山，则为大吉，以此决定行走的方向和目的地。用鱼牙占卜采用抛物

---

① 牟钟鉴、张践《中国宗教通史》（上），社会科学文献出版社，2007年12月，5页。
② 富育光、孟慧英《满族的萨满教变迁》，《黑龙江民族丛刊》，1988年第4期。
③ 《大清会典（雍正朝）》卷92，近代中国史料丛刊三编，文海出版社，6148页。

法，鱼牙落下时指向哪个方向就朝哪个方向行走，采集者到达目的地后先点起篝火，向篝火里敬酒，篝火一直燃烧不灭。生存于东北苦寒之地的满族先民敬火、拜火，认为火生万物，火能驱邪避凶，他们举行的每个仪式都一定有火。采集者在搭窝棚的同时也搭小庙，一般情况下会把小庙搭在窝棚里，方便祭祀。小庙在门的侧面，窝棚的西面，松子采回来要先敬山神。采集者在头天晚上或第二天早晨出发前要祭拜日月星辰，仍然要通过占卜决定行走方向。每次采集松子出发前都要重复操演祭祀仪式。

1644 年，满清入关迁都北京，同时把辽沈地区的绝大多数人口迁往京畿地区，东北"沃野千里，有土无人"。① 清政府为恢复东北的经济发展采取积极的移民政策，顺治六年（1649 年），清朝政府开始向东北地区迁移人口，顺治十年（1653 年）正式颁布"辽东招民开垦令"，康熙七年（1667 年）"辽东招民开垦令"停止实施，但短短 7 年时间里，东北人口新增了 49 929 人。② 从康熙七年（1668 年）到乾隆初年，清朝对东北移民不持鼓励态度，但关内民人移居东北的趋势并未停止。从乾隆初年到嘉庆初年，清朝对东北采取严格的封禁政策，可就在这个时期，东北有移民大量涌入，如仅在乾隆五年（1740 年），奉天府给朝廷奏报民人总数就是 377 454 人。③ 乾隆四十六到四十八年间，辽宁、吉林和黑龙江三省的人口数达到 111.86 万，道光 20 年，东北三省的人口增到 304.84 万。光绪二十一年（1895 年），④ 清政府对东北解除封禁令，内地民人大量涌入东北，清末时期，人口增至二千多万。

在清入关之前，东北居民以女真—满族为主体，而且倚重于采集经济。入关后随着东北农耕文明的进步，加之居民以汉族为主，采集松子牲丁结构的同步变化，导致松子采集习俗信仰在传承中发生变异，入关前是信奉万物有灵的萨满教，入关后先是信仰山神，后来和行业神老把头并祀。采集者"每出游至深山绝涧，类皆架木板为小庙，庙前竖木为杆，悬彩布置香炉，供山神位，亦有供老把头者，大约因山多猛兽，祈神灵以呵

---

① 《清圣祖实录》卷二，华文书局，1987 年，2669 页。
② 陈跃《东北地区生态环境变迁研究》，博士论文，78 页。
③ 张士尊《清代东北移民与社会变迁》，博士论文，104 页。
④ 东北三省的人口变化数据参见《中国人口分册（辽宁分册）》，1987 年 12 月，P32—50；《中国人口分册（吉林分册）》，1988 年 10 月，P34—47；《中国人口分册（黑龙江分册）》，1989 年 4 月，P38—52。

护之也。"① 对此，清末刘建封的《长白山江岗志略》也有所记载："老把头名称，放山、打牲、伐木各有把头，以其为首领故也。东山一带奉为神明，立祠与山川神并祀。或称为王姓名槁者，或称为柳姓名古者，皆不可考。然窥其祀之之意，亦系干山利禄者之不忘本耳。"②

我们由文献资料可以看到，清入关后的松子采集者崇拜自然的观念已经大为淡薄，不再崇拜日月星辰，主要是供奉山神。而山神不只是满人的崇拜对象，汉人同样具有崇拜山神的悠久传统。因山川能兴云致雨，山川是殷人重要的信仰对象。《礼记·祭法》云："山林川谷丘陵能出云，为风雨，见怪物，皆曰神。"殷墟甲骨卜辞中关于祭祀山神的条目很多。名山大川及五岳四渎九镇的崇拜，自周以降一直被历代帝王所继承，成为祀典中的重要地祇。清政府把长白山看做龙兴之地，效仿中原皇帝封禅泰山之举封禅长白山为山神，民间则对祭山仪式更加重视。

自然崇拜思想形成于人类社会早期，随着社会的发展，在长白山的开发过程中，山民不仅寻求自然神灵的护佑，还把本行业有影响的人物加以神化，进行信奉。长白山区最有影响最为神灵的行业神是老把头，老把头姓甚名谁说法不一，最通行的说法说他是汉族的第一个开山把头，挖参人的始祖，名叫孙良，是山东莱阳人，清朝末期从山东逃荒来到长白山挖参，后来饿死在长白山中，留下家喻户晓的六句诗：

> 家住莱阳本姓孙，飘洋过海来挖参。
> 三天吃了个蝲蝲蛄，你说伤心不伤心？
> 家中有人来找我，顺着蝲蛄河往上寻。

据王玢玲先生调查，事实上早在清初从山东逃荒来东北挖参的莱阳人，已有王把头了，孙把头并不是第一个入山挖参的汉族老把头。③ "群居相染谓之俗"，尽管王把头或孙把头本是挖参人的祖师爷，但松子采集者也把老把头奉为行业神，表现出对地域文化的认同，这种认同具有典型性。

---

① （清）张凤台《长白汇征录》，吉林文史出版社，1987年版，121页。
② （清）刘建封《长白山江岗志略》，吉林文史出版社，1987年版，346页。
③ 汪玢玲《长白山崇拜与民族文化融合》，吉林文史出版社，1994年，106页。

满清入关后，世居长白山区和来自关内的松子采集者形成了一个新的社会群体，面对特定的历史情境，他们在采集实践中重新构建社会记忆时，根据群体利益的需求重新调整记忆中的历史事实，强调能够加强群体凝聚的集体记忆，山神与老把头是松子采集者选择性记忆与叙述的结果。松子采集习俗信仰的传承与变异在长白山采集习俗文化的变迁中具有典型性，清入关后的松子采集实践形成的社会记忆丰富并发展了长白山区采集习俗文化，祭祀仪式在采集者年年岁岁的重复操演中，铸造了长白山文化的灵魂。

第四节　长白山松子采集习俗现状调查

长白山区的红松母树林在吉林省内主要分布于露水河、泉阳、八家子、和龙林业局，露水河林业局分布最集中，是我国原始红松林的故乡。长白山区松子采集习俗历史悠久，又独具特色。"长白林海大美，露林松涛神韵"，2012年9月，笔者到吉林省抚松县露水河镇对长白山区松子采集习俗做了田野调查。

一　搭抢子

采集松子也像采参、伐木、渔猎等一样搭建一个临时住所，通常把临时住所叫做抢子（也有人写作饯子，是记音的方言词）。比较小的抢子又叫窝棚。抢子的位置要具备这样几个条件：距离红松林较近、宽敞、朝阳、干燥、有水源，宽敞是为了存放采来的松塔。抢子分为四种类型。

1. 半穴居式抢子

靠山腰挖土，用木头擦墙或用木头支架，用椴树皮、黄柏树皮、野鸡膀子等苫上。这种抢子又分冷抢子和暖抢子，暖抢子是搭对面的土炕，装有火笼（走一、两个烟道的叫火笼，走四、五个烟道的叫火炕），在山里居住时间长的通常搭暖抢子。通化市80岁的丛禄之在1956年响应通化市委的号召，到抚松县支边，在松江河镇的前川任副业组组长，带领副业组打松子时住的就是这种抢子。不装火笼的抢子是冷抢子，有的用木头搭成对面铺，在对面铺的中间过道挖个浅坑，点火取暖，屋顶留出烟道。有的在地面上铺上一尺厚的树枝和野草搭成床铺，有狍子皮、狗皮的铺上隔凉，有的铺上很薄的行李，穿衣服直接睡在上面。

半穴居式抢子是从满族先人的半地穴式建筑发展而来。根据吉林市考古发掘材料，战国时代活动在松花江中游的肃慎人就居住半地穴式房屋。"当时的人们，住在松花江两岸靠近水源便于自卫的小山坡上，如西团山、猴石山、长蛇山等遗址，也有的居住在平原，如土城子遗址。在这些平原、小山坡上，建造了密集的长方形、椭圆形半地穴式房屋。房屋一般长4~5公尺，深0.5~1公尺。"[①] 黑龙江省绥滨同仁遗址据考证是勿吉—靺鞨的文化遗存，遗存中的两座房址仍是半地穴式。随着满族先人房屋建筑的进步，半地穴式房屋渐渐的以野居形式流传下来，靠山腰挖土的半穴居式比满族先人的半地穴式搭建更简便，但现在已经见不到了。

2. 三角式抢子

这种抢子比较小，又叫窝棚，住3~4人。用3~5厘米粗的木杆在地面上交叉搭在一起，横切面成三角形。用柳毛子、水蒿等搭在上面遮风挡雨。有的在抢子里面铺上几厘米厚的野鸡膀子（杜仲的地面部分），不带行李，裹大衣直接睡在上面。也有的在抢子里面用木头搭床，架上木杆，就地取物，找到什么铺什么，比如苇草、苫房草等。三、五个人结伴进山打松子常住这种抢子。

3. 弓架式抢子

这种抢子又叫圆拱架式抢子，从外形看像现在扣着塑料布的蔬菜大棚。把桦木或者柳木用绳子连接在一起，弯成圆拱的形状两端插进地里，蒙上塑料布。里面约5~6米宽，搭对面铺，中间留出过道。所谓铺子是用两根长度一米八左右的木头在地面上摆放出间隔，间隔里垫上柳树桠、白松树桠等，上面盖上塑料布，再铺上行李。20世纪90年代打松子时住的就是这种抢子。

4. 马架式抢子

这种抢子利用树木的枝杈互相架起，类似长白山民居草房，但有的是一面坡，里面比较宽敞，现在集体进山打松子的大都居住这种抢子。原来

---

① 王承礼《渤海简史》，黑龙江人民出版社，1984年1月，4页。

是用树枝和野草遮风挡雨，后来用塑料布取代树枝和野草。

三角式、弓架式和马架式抢子都是建于地面的明抢子，半穴居式和三角式抢子出现的时间最早，从古至今三五个人结伴进山采集都是居住这两种抢子。弓架式和马架式抢子适用于集体采集居住，出现的时间晚于前两种。这四种抢子都具有长白山地域典型的野居特点，体现了长白山区满族先人的居住习俗，是满族先民的野居遗存。

二 采集松子的习俗信仰和禁忌

长白山区采集松子普遍选择良辰吉日举行敬山仪式，也叫开山仪式。在良辰吉日，把头选一棵树形好看、枝干粗壮结塔多的红松做把头树，把三尺红布用硬币钉在把头树上，用硬币是为了使红布不破口，寓意是不破财。把上树工具脚扎子放在树根的右侧，然后在树根前搭个小庙，七、八十公分高，五、六十公分宽，里面摆一个牌位，供奉山神。祭品有一个猪头、四只猪脚、一根猪尾、一条活鱼和一只活鸡。猪头、猪脚、猪尾摆在一起，象征一整只猪。祭品用的水果通常是苹果、橘子和香蕉，每样是5个。此外，还有三支香烟、一瓶酒、三只酒杯，三双红筷子，一挂鞭炮，5个馒头。点上三柱香，一柱一支，开始摆贡品。三炷香落下第一滴烟灰时老板开始领大家烧纸念叨（祷告），老板拿三沓纸，每沓三刀，在庙门前的方位烧给山神，在庙的两侧烧给土地和财神，把三杯酒转圈洒在地上，再把酒杯重新斟满。大家念叨"山神爷，保佑打松子的人平平安安顺顺当当，让大伙儿多多挣钱。"在烧纸的同时有人杀鸡淋血和放鞭炮，把鸡杀一刀围着把头树按逆时针方向转一圈，鸡血围着把头树淋在地上。烧完纸大家叩三个头，然后到把头树上撕一条红布系在脚扎子上或腰上，图个吉利。

举行敬山仪式不允许女人参加，认为有女人参加不吉利。采集松子风险很高，所以在山里都是说吉利话，尤其不能说那些"掉下来"、"摔下来"的字眼，要说能让大家高兴的事情，让大家保持心情愉快。在野外不能坐伐过的树桩，认为那是老把头的饭桌；不能坐烧过的一头发黑的木头，认为那是老把头的笔。住过的抢子不能拆，用剩的粮食、火柴、食盐要留在抢子里，给后来人使用。通常采集松子的人必须带着扑尔敏，因为红松林里蜂窝多，如果被蜂螫要立刻服用扑尔敏。松子习俗的禁忌不像人参习俗那么多，这表现出人们对大自然不再像以前那样感到那么神秘，对大自然不再那么崇拜敬畏、消极被动。

图36　采松子敬山仪式（露水河孙业进摄）

敬山仪式是从过去流传下来的，通化市80岁的丛禄之说他在1956年参加的副业组是党委组织的，没有敬山仪式，但私人进山采集松子有敬山行为。抚松县漫江镇74岁的于开明和70岁的徐仁发十八九岁时参加生产队的副业组打松子，当时都有敬山仪式。生产队选出把头领着大家敬山神老把头，在一棵大红松树下搭老爷府，有的用三块石头搭成，石头一横两竖摆成门字形，方位朝南。有的用木板钉成马架房子式的老爷府带到山里放到大红松树下。老爷府里供三个牌位，山神爷、老把头和跑腿子哥们（在山里饿死的、冻死的以及其他意外死亡的人）。以草棍为香，边烧纸边祷告，然后叩三个头。抚松县露水河镇新兴村 65 岁的王义叶年轻时参加生产队副业组打松子，组长领着大家敬山，选一棵大红松树，在树前燃三炷香，然后边烧纸边念叨："山神爷老把头，我们来打松子，请保佑我们这一伙人的安全，保佑我们顺利地下山。"然后叩三个头。

长白山区的祭山传统古今流传，尤其是在金朝和清朝时期，统治阶级因把长白山看作是发祥地而顶礼膜拜，随着对长白山的封王、封帝、封神，民间对祭山仪式更加重视。清朝的《长白汇征录》记载："旧俗崇信鬼神。设祭之时，歌舞饮酒昼夜不休，尤好祀山神，遇有盟会必先祀山谷之神，而后歃血。此俗至今犹存。每出游至深山绝涧，类皆架木板为小庙，庙前竖木为杆，悬彩布置香炉，供山神位，亦有供老把头者，大约因山多猛兽，祈神灵以呵护之也。乡俗信神，固无足怪。按：东俗敬山神，在三韩、百济、新罗时代已有此俗，沿及今日，穷山邃谷之中比比皆是。长白有王姓名诚者，由山东到长三十余年，擒虎七，未为所噬，年近古稀，无家无妻子，以垦荒余资自修小庙一座。世俗信山神，即此已可概见。查山神之封始于金大定一十二年，封长白山神为兴国灵应王，明昌四年又封为开天宏圣帝，我朝康熙十六年，册封为长白山之神。自此以后，民间相沿成风，而山神之祀，遂遍东山突。"①

20 个世纪改革开放前的采集松子的敬山仪式是对清入关后松子采集习俗信仰变异后的传统继承。② 改革开放后，松子采集者的供奉对象在传承过程中也发生变异，过去是供奉山神和老把头，现在只敬山神。不管是供奉山神还是和老把头并祀，都表现出民间信仰的功利性。此外，敬山仪式在流传过程中，仍残留着巫术思想影响的痕迹，"把红布用硬币固定在红松树上"，"把三小支芹菜分别插在猪嘴、鱼嘴、鸡嘴里"，"把鸡杀一刀围着把头树按逆时针方向转一圈，鸡血围着把头树淋在地上"，"到把头树上撕一条红布系在脚扎子上或腰上"。敬山仪式中的这些看似不经意的行为如果推本溯源，则要追溯到长白山区世居先民所信奉的萨满教。萨满教在人类社会早期就已经形成并兴盛异常，生活于长白山区的通古斯满语族系的肃慎族系的后人在采集狩猎活动中，一直传承了萨满教的信仰习

---

① 张凤台《长白汇征录》，吉林文史出版社，1987 年 8 月，121 页。

② 参见赵春兰《清朝松子采集习俗的传承与演变》，《社会科学战线》，2014 年 3 月，118 页。

俗。尽管在满族入关后，萨满教经历了由盛转衰的发展过程，但松子采集者信奉萨满教的漫长历史传统在我们现阶段的采集劳动中不可能消失殆尽。民俗信仰是人类在特定的历史阶段中，为了满足生存和发展的需要，特别是心理安全的需要而创造和传承的一种民俗文化现象。[①]

三　松子的采集方法

牲丁如何采集松子没有载入文献，《柳边纪略》写有"打松子者，入阿机中伐木取之。木大塔多者，取未尽，辄满车。往时不甚贵，近取者多，百里内伐松木且尽，非裹粮行数日不可得。"[②] 可见当时采集松子的方法极其落后，没有什么工具，只能靠伐木采集。对于这种破坏性的采集行为，清政府给予明文禁止。

《吉林满俗研究》记载采集松子的工具主要有长杆子、铁钩子和黄皮布袋，[③] 所谓的长杆子就是我们上文说到的木棍子，其实是把铁钩子绑到木杆子一端的顶部，用钩子将松塔从树上钩落。采集松子的工具一直在不断演变，在没有采集工具的时代，就是靠爬树的本领上树把松塔摇晃下来，或直接拾取落在地面的松塔装进黄皮布袋。

图37　二十世纪八十年代以后的脚扎子
（庄鹏收藏馆提供）

目前采集松子的最主要工具是攀树时穿在脚上的脚扎子，有的地方也

---

① 钟敬文《民俗学概论》，上海文艺出版社，1998 年 12 月，204 页。
② 杨宾《柳边纪略》，吉林文史出版社，1993 年 12 月，50 页。
③ 尹郁山《吉林满俗研究》，吉林文史出版社，1991 年 12 月 14 页。

称作脚蹬子。脚扎子始于何时没有文献记载，无从考证。丛禄之说他在1956年打松子就已经使用上树工具脚扎子，当时他听年龄相仿的人说自己的祖父也是使用这种工具打松子，据此推断，脚扎子该有200年左右的历史，在清朝时期已经出现。于开明和徐仁发回忆说1949年之前就有人使用这种工具，他们在少年时期就见山民使用过结构不同的脚扎子，有的四个矛头，有的三个矛头，有的两个矛头和一个矛头，四个矛头的脚扎子叫做猫爪。上世纪六十年代找铁匠打制一副猫爪需要3元钱，打制一副脚扎子需要6元钱。二十世纪八十年代以后的脚扎子都是把一个矛头电焊到弓上制成，一副脚扎子12元。

图38 身挂长钩的采集者（露水河王瑞君摄）

在树上打松塔的工具主要是钩子，早期的钩子是用2~3厘米粗、3~4米或5~6米长的小桦树、小落叶松、小蜡木或小沙松绑上钩子做成，钩子是用钢筋弯成的。二十世纪九十年代以后竹竿取代木杆，因为竹竿是空心，拿着轻便。有的竹竿由可以自由连接的两段组成，每段3~4米长，不绑钩子的一段上树后卸下来用绳子系在树枝上，钩远距离的松塔时再连接上。树冠小的红松用3~4米长的钩子，树冠大的红松用5~6米长的钩子，有的人同时带两个钩子上树，有时带短钩子的人和带长钩子的人交换使用。上树时有的人把钩子挂在裤别上或腰带上，也有的人在后腰带上系一根绳把钩子挂上。带两个钩子时，一个钩子随身携带，另一个串上去。串上去是一边爬一边送钩子，把钩子挂在树枝上。

图39　采集者下树（露水河王瑞君摄）

图 40 拾取地面松塔（露水河王瑞君摄）

图 41 牛车运送松塔（露水河王瑞君摄）

图 42　等待脱粒的红松塔（露水河王瑞君摄）

在集安清河见到的采塔杆子较细，完全是用细钢筋做成的，把钩子焊到钢筋杆子的一端。

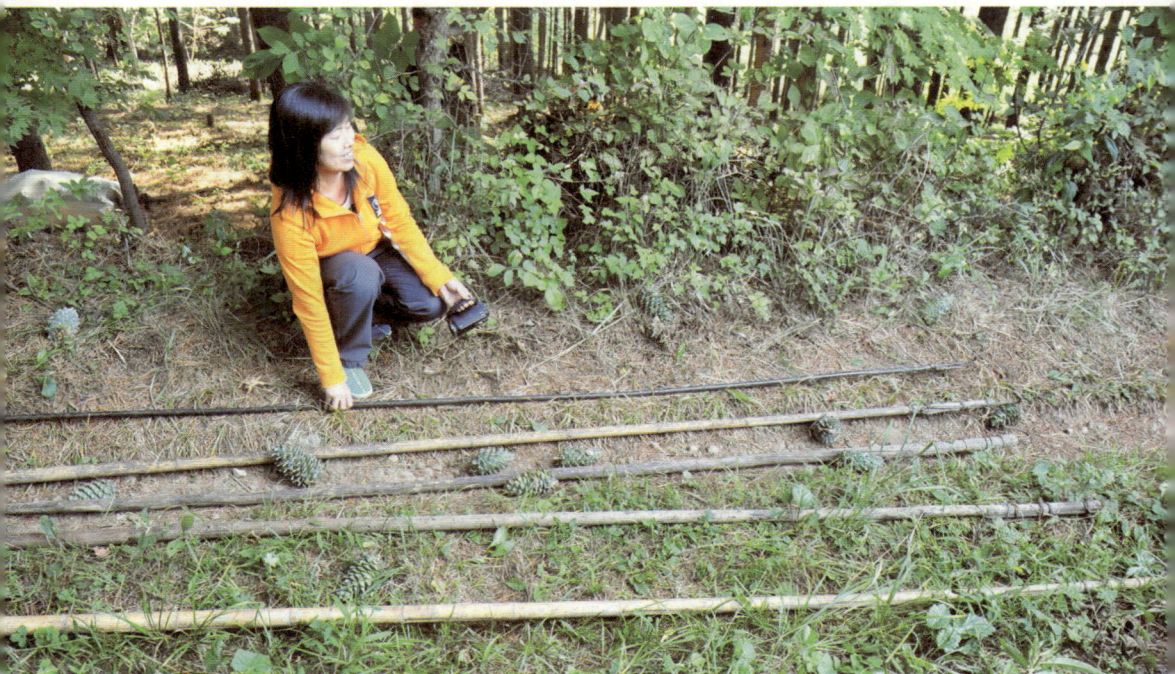

图 43　集安市清河镇的采松子钩子

在集安清河我们见到的大都是人工红松林，生长期已经有四十多年，还没有达到结果的丰硕期。人工红松林不像原始红松母树林那么高大通圆，采塔者除了穿脚扎子攀树，还常把梯子作为攀树工具，这对红松的生长倒是起到保护作用。黑龙江省伊春市翠兰镇 54 岁的林景才一直使用鞭子打松塔，鞭子是在 6～8 米长的竹竿顶端拴上 4 米长的油丝绳制成。使用钩子和鞭子的人都是爬到 35～50 米高的红松树头，上身和胳膊都在树头外面，用安全绳把身体套在树头上，双手挥动工具打松塔。用长鞭需要很强的技巧，靠鞭子的冲击力把一团

图 44　集安清河采塔者采梯子攀树

松塔打散脱落到地面。有时也用鞭子把松塔缠住拽下来。以前会甩鞭子的人不多，现在会甩长鞭的人更少了。

在吉林省通化县果松镇果松川村有一个采集松子世代相传的家庭。祖父王庆元今年 69 岁，健康硬朗。父亲王群今年 46 岁，孙子王金鑫今年 23 岁。王庆元生于 1945 年 6 月，穷人家的孩子早当家，他十六七岁就到生产队干活。那时正值三年困难时期，生产队一年只给二斤面粉，没有粮食。果松川因红松林多而得名，村民时常爬树采塔吃松子。王庆元生就一身爬树的本事，只见他搂住树，手使劲儿，收腹提腿，然后腿夹紧树，松手登脚，同样的动作重复几次就爬上去了。王庆元在生产队一干就是三十来年，在村子前面山上有成片的人工红松林，那就是王庆元二十来岁当生产队长时领着栽下的。他亲眼看着这些红松一年年长高变粗，现在这些红松已经生长 40 多年，高达 30 多米。秋风送爽，每当王庆元老人路过这片红松林，看到松树枝头挺立的松果时，内心里都美滋滋的。

图45　采集松子的祖孙三代：王文元、王群、王金鑫

图46　采松塔的木钩子

　　王群在村支部任村干部，是村里致富的带头人。改革开放前禁止采塔卖钱，他遗传了父亲攀高的本事，秋天到山里偷着采塔背回来，尽管他感到藏得很严实，但松塔发出来的松香还是泄露了他的秘密。王群不但传承了父亲攀树的天赋，还是一个改革采塔工具的能手。上树工具脚扣子就是在攀爬电杆的基础上改造而来。他还把梯子和钩子的功能融合到一起，在杆子上隔段距离横向焊上一条钢筋，钩子挂到树杈上就变成了梯子，采塔者像采梯子一样爬到了树上。这种攀树工具对树干没有任何损伤。他不但改造杆子，还在钩子上做文章，不在杆子的顶端焊接钩子，让钩子的焊接部位低于顶端一段，让钩子和杆子头在焊接处分叉，这样的钩子又能顶又能钩，

提高了采塔效率。

图47　王群改造过的采摘工具

第三代传人王金鑫长得机灵帅
气，从小就胆大爱爬树，十五六岁
就开始进山采塔，高中毕业后就开
始采塔创收，赶上大收的年头，他
采塔卖钱能卖到七千元钱左右。2014
年9月，王金鑫开始到红松承包林正
式成为采塔工人。

四　松塔脱粒的技艺

白露过后就可以打松塔（也称
采塔）。松塔分青塔和黄塔，中秋节
之前的松塔是绿色，称青塔；中秋
节之后松塔成熟变成黄色，称黄塔。
在过去松子需求量小的时候，人们
大都是采集黄塔。白露过后中秋节
之前采集的大都是青塔，实行承包

图48　通化县果松川23岁的采集者王金鑫

制后受到利益的驱使，都是从采集
青塔开始。在没有机器脱粒的时代，把采来的松塔堆放在那里，存放的厚
度不能超过半米，自然堆放一段时间，通过晾晒变干，用手工脱粒。脱粒

时把松塔垫在木墩或石板上，用木棒等敲打，把松塔砸扁，把松子抖落出来，抖落不出来的用手把松子扒出来。

据抚松县松江河镇40岁的吕秉坤介绍，原始的大量手工脱粒方法是在一个自己钉制的木槽子里用木棒子砸黄塔。木槽子钉制方法如下：首先，将4根大约6公分粗、1米左右长的木头，每两个交叉钉在一起，立在地上，让他们相距1.6~1.7米；其次，把一个约4~5公分粗的木头两头钉在交叉处做槽子底；再次，将一个粗3公分左右的木杆挨着槽子底的木头顺延往上钉成槽子的侧面，最后，用一个约3公分粗、长一米半左右作为砸黄塔的工具的木棒子。用这种方式可以一个人打，也可以两个人对着打，打完以后把松塔皮屑筛掉，再用撮子、板锹扬沫。丛禄之在1956年也是用这种方法给黄塔脱粒，只是他用的木槽子侧面是木板，不是用一个个木杆钉起来的。脱粒后把松子倒进河里，不成熟的松子随水流漂走，把饱满的松子带回去。

图49 通化县三棚林场工人给松塔脱粒1（王太坤提供图片）

图 50　通化县三棚林场工人给松塔脱粒 2（王太坤提供图片）

红松林开始承包后，也就是在三十年前，为了满足市场对松子的大量需求，开始使用机械给松塔脱粒。最初没有专用的松塔脱粒机，用拖拉机把滚筒式玉米脱粒机拉到山里，用八马力或十二马力的拖拉机机头带动玉米脱粒机给松塔脱粒，玉米和松塔的结构不同，脱粒效果不理想。在 2000 年出现了专用的柴油脱粒机，解决了脱粒难的问题。

第五节　其他地区松子采集习俗现状调查

目前，不仅是长白山区的红松子采集劳作热火朝天，在大小兴安岭，偃松塔的采集亦是如此。本书作者向通化师范学院的周豁老师、内蒙古莫尔道嘎的周明老师、黑龙江黑河的曹福全老师了解了偃松塔的采摘情况。偃松的高度是 3~6 米，俯卧状生长，不需要攀爬到树干上采摘松果，采摘的危险性远远小于红松子。偃松果的长度只有 4~6 厘米，6 月份开花，大兴安岭地区的温度低，生长期短，所以偃松的采摘时间早，一进入 8 月就开始采摘。生长在低处的偃松果触手可及，高处的用钩子钩下来。以偃松果为资源的经济链发展迅捷，松果采摘后从运送到脱粒已经完全机械化。从下列一组图我们就可以读懂。

图 51　根河市阿龙山里汽车把采集者拉进山（周蹯摄）

图 52　采集者进山（周蹯摄）

图 53　采摘偃松塔（额尔古纳周明摄）

图 54　拾取松果者（周毓摄）

图55　根河市阿龙山里堆放的偃松塔（周繇摄）

图56　根河市阿龙山里给偃松塔脱粒（周繇摄）

图 57 根河市阿龙山镇给偃松塔脱粒（周鏐摄）

第六节 采摘松果对生态环境的影响

　　阔叶红松林生态系统是我国东北地区的典型地带性森林植被—针阔混交林，分布在辽、吉、黑的东部山区，生态价值极其珍贵，它维护着中国整个东北地区的生态平衡，也维护着以小兴安岭—长白山为生态屏障的中国东北部分地区的生态安全。但是长期以来由于政府部门对红松天然林的巨大生态价值缺乏认识及发展经济的急切需要，盛产红松的小兴安岭和长白山林区均被作为全国木材生产的重要基地，经数十年的集中过量采伐，今已支离破碎，所剩无几，被大面积的过伐林、次生杂木林和人工林的复合体取代。例如小兴安岭伊春林区，原有 400 万公顷多为成熟和过熟的红松天然林，今成熟和过熟林残存不足往昔面积的 3%，可采林木资源减少了 98%，被划入丰林自然保护区的仅 1.8 万公顷。长白山林区仅 1960 年至 1986 年的短短四分之一世纪里，红松天然林面积便从 19.6 万公顷缩减到 5.8 万公顷，减少了 70.4%，森林蓄积从 6 737.4 万立方米缩减到 1291.2 万立方米，减少了 80.8%。这仅存的红松天然林主要分布在长白山自然保护区中，现有面积4.2万公顷，长白山保护区周边的森工企业虽然也保存着木材生产劫后余存的一万多公顷红松林（主要分布在露水河林业局），但已经不再具有红松天然林树种结构的复杂性和生物种类的丰富性了。因为与红松相伴的阔叶树几乎都被采伐利用，林下灌木，杂草和采伐剩余物又经过了清林作业的清理，林中空地也经过了人工造林更新，成为被频繁人为干扰下的疏密不一的红松纯林。

目前长白山自然保护区的红松果实采集权的竞价承包体制早已停止运行，但非保护区森工企业的红松果实采集权的竞价承包仍在如火如荼的进行中，竞价承包虽然缓解了林业经济发展的困境，但对森林生态系统产生的负面影响不容忽视。红松与通过取食红松种子的野生动物维系着一条森林的生物链。红松种子在球果内被果鳞包裹着，球果成熟后，果鳞并不裂开，即使在风和球果落地的重力作用下也不散落开来，因此种子不易散布。根据陶大立等（1995）的试验，球果在地表枯落物中埋藏2年后，仅球果两侧的种子可以萌发出芽，但胚根均受鳞片的阻挡，不能与土层接触，未能成活。

图58　红松种子发芽（肇谡提供图片）

　　因此，红松种子的传播和从球果中脱离出来是不能靠其自身或借助自然物理作用的。动物是红松种子的主要取食者，长白山取食红松种子的动物已知有 26 种，主要是星鸦、松鼠、黑熊、棕熊、花鼠、野猪、大林姬鼠以及啄木鸟科的鸟类，食肉类动物紫貂也常会取食红松子，山雀类则觅食野猪或其他动物食后残余的种子仁。这些动物在消耗种子的过程中，也常会遗失一些种子于地被物中，有时它们还会把红松球果拖至离母树较远的地方去取食，这种取食行为起到扩散红松种子的作用。此外，松鼠、星鸦和松鸦等几种动物具有分散埋藏和贮存食物的习性，可能把一些埋藏的松子遗留在地被物中，使它们获得萌发的机会。每年 10 月上旬至 11 月初红松子成熟采收时期为动物贮食活动高峰期。

　　与红松子关系最密切的动物是星鸦。星鸦学名：*Nucifraga caryocatactes*，是鸦科星鸦属的鸟类，体长 29～36 厘米，翼展 55 厘米，体重 50～200 克，寿命 8 年。不畏高寒湿冷，终年奔波求存。此鸟头颈胸背遍布密密麻麻的白羽斑，在阳光下似全身遍缀晶亮的小银星，因此叫做星鸦。星鸦的土名叫做葱花，大概指它身上的星斑像葱油饼撒的葱花密集均匀。星鸦单独或成对活动，偶成小群，栖于松林，主要以松子为食，在秋季采集埋藏松子以备冬季食用，这对红松的天然更新起到重要作用。吉林省著名作家胡冬林在长白山体验生活时，有幸见到了星鸦采集埋藏松子的活动过程。

　　"第一眼看去，谷底平坦的干河床上，有只黑褐色的大鸟正在跳着快速怪异的舞蹈。细看之下，才发现它正围绕着一颗掉落到峡谷里的大松塔打转，千方百计想取出松塔里的松子。那颗松塔个头不小，通体青绿中夹杂着均匀的古铜褐色斑纹并有星星点点晶莹的松脂流光。这个季节的松塔远未干透，内外水分充足，遍体松脂流溢，沉甸甸湿嗒嗒圆滚滚，重达六七百克。人若想取出松子得借助木棒用力捶打把松塔砸散，让松子掉出来。这只体重不足二百克的小小星鸦却仅凭自身之力，使出浑身解数，从各个不同的角度用力啄开松塔坚厚紧绷的外皮，从夹缝小室中取出深藏其中的松子。它弓背抻脖，扇翅夸膀，忽跳忽落，围着松塔打转转。忽而用尖嘴叼住松塔一角又拖又拽用力甩头撕扯，忽而跳到松塔上一边滚动一边平伸翅膀保持平衡一边低头往外掏，忽而扑打双翼半飞半跳借助升力奋力向外拔取，忽而叼住夹在缝隙中的松子滴溜溜兜圈子。从上往下看，那对不断扇动的宽大双翼宛如黑色斗篷，在空中扑打挥舞飘摇，身体快速变幻着各种古怪而别扭的姿态，活脱脱一个身着黑披风的疯疯癫癫的小巫婆，似乎吃了某种毒品，深陷痴迷幻觉，非狂扭乱舞方可解脱。

我们一个个抻着脖子看得两眼发直，没想到这个平时看上去像个木雕似的呆鸟，竟会如此飞快地蹊转腾荡，耍猴似的翻新着花样。可叹这怪舞太荒唐太离谱，假如它稍通舞风蹈典，或与花哨的街舞暗合，那么，以它的身手与热情，绝对称得上'鸟中舞王'。且慢，它突然中断狂热舞蹈，双翅一振，沿我们驻足的陡壁向上飞升，中途敛翅探足，落在陡坡上方一棵风倒木的断桩上。歪脖打量一下，随即低头伸嘴往桩心用力捣去。噗噗噗，溅起数点湿朽木屑，似捣出一个坑。接着又用嘴和爪轮番扒弄数下，再歪脖看看，又一抖翅，翻身落在树桩根部。侧颈略略打量，随后矮下身子，伸嘴由下往上向树根深处掏进去。"[1]

据鲁长虎观察，红松种子成熟时能看到很多星鸦取食红松球果。星鸦落在树冠上，嘴尖插入鳞片中，剥离出种子，并吞入舌下囊中，速度很快。同时也吃种子。星鸦每次只能吞入 1 粒种子，取食和吞入舌下囊交替进行。在树上吞下约 20 粒种子后，星鸦舌下囊开始鼓起来。一般在吞下约 40 粒时飞往贮藏地，有时最多一次能吞下 65 粒。星鸦通常飞到 4 公里之外的地方贮藏。[2]

星鸦飞到贮藏地后，用长喙尖端在地上插 2~5 次完成一个洞穴，然后仰头用力从舌下囊吐出一粒或几粒种子放入其中（吐出 2 粒种子的时候较多）。吐 2~3 次后完成一次贮藏任务，深度约 215~315 厘米。如果没有受到干扰，会在此贮点周围 10~30 厘米处继续贮藏松子。完成 3~4 次贮藏任务后，通常至少飞出 10 米以外重复贮藏，直到舌下囊空了为止。多数情况下用近处物体，如树叶、草、小球果、石子、树枝或苔藓等覆盖贮点。贮点散布于人工云冷杉林、人工臭冷杉林、人工红松林、人工落叶松林、天然更新杨桦林、原始阔叶红松林、以及路边、林缘和保护站周围空阔地，约 93% 的贮藏点在地面土层下，少数在树根上的苔藓层下或石块

---

① 胡冬林《约会星鸦》，《作家》2011 年 01 期。
② 鲁长虎《星鸦的贮食行为及其对红松种子的传播作用》，《动物学报》，2002 年 03 期 317 页—318 页。

下等。①

　　鲁长虎通过对几百只星鸦的观察，确定星鸦完成一次取食、搬运和贮藏的过程约用 30 分钟。每次以 40 粒种子为例（多数情况下星鸦在舌下囊中约 40 粒种子时飞往贮藏地），如果平均每天进行 10 次（根据野外连续观察，一只星鸦在搬运高峰时，一天可往返同一株树达 20 余次），则可贮藏 400 粒种子。从 9 月种子成熟开始，贮藏行为至少可持续 40 日，这样在一个贮藏季节可达 16 000 粒种子。

　　星鸦寻找埋藏种子的能力是出于本能还是记忆目前没有定论，星鸦取食贮藏点种子的准确率并不高，鲁长虎对两只星鸦共 20 次的重新取食种子观察，只有 5 次找到了贮点。从刨开雪被到底下的枯枝落叶层，每次重找需 10 到 20 分钟。星鸦发现种子后，叼起飞到邻近的树上再吃掉，之后再回到原处继续。② 星鸦每年埋藏的红松子能够重新找到吃掉的红松子数量十分有限。星鸦贮点内的红松种子超过 60% 可萌发出红松幼苗，远远高于自然状态下红松种子的萌发率（41.7%）③

　　松鼠是我们所熟知的爱吃红松子的树栖小动物，身体细长，被柔软的厚密长毛反衬显得特别小。体长 20 ~ 28 厘米，尾长 15 ~ 24 厘米，体重 300 ~ 400 克。眼大而明亮，耳朵长，耳尖有一束毛，冬季尤其显著。夏毛黑褐色或赤棕色，冬毛灰色、烟灰色或灰褐色，腹毛白色。四肢细长，后肢更长，指、趾端有尖锐的钩爪。尾毛多而蓬松，常朝背部反卷。松鼠喜欢单独在树沿中居住，有的也在树上搭窝。白天善于在树上攀登、跳跃，蓬松的长尾起着平衡的作用。跳跃时用后肢支撑身体，尾巴伸直，一跃可达十多米远。松鼠不冬眠，但在大雪天及特别寒冷的天气，松鼠用干草把洞封起来，抱着毛茸茸的长尾取暖，可以好几天不出洞，天气暖和了再出来觅食。它们主要以橡子、栗子、胡桃等坚果为食，也喜欢吃松子，常到针叶林寻松子吃，也吃松树的嫩枝叶、树皮、菌类以及昆虫、小鸟等。

---

　　① 鲁长虎《星鸦的贮食行为及其对红松种子的传播作用》，《动物学报》，2002 年 03 期 320 页—321 页。

　　② 鲁长虎《阔叶红松林中星鸦和松鼠对红松种子的取食和传播》，《东北林业大学学报》，2001 年 9 月，96—98 页。

　　③ 王素华《动物贮藏红松种子的萌发活力》，《野生动物杂志》，2008 年 4 期。

　　松鼠有贮藏食物的习性。松鼠爬到球果枝上，咬断果柄，球果落地，快速下地，咬掉球果鳞片，须 10 到 25 分钟。叼住球果到贮藏地，拔出种子吞入颊囊中，吞入 2 到 5 粒后开始贮藏。一般不超过 500 米。松鼠在贮藏地用前肢扒一小洞，吐出颊囊中的种子，盖上土或其他杂物后，即完成了一个贮点的贮存。然后回到球果处，重复上述过程，至全部种子被贮完。[①] 松鼠主要分散贮藏红松种子，常常一次搬运后会将所收获的种子分成多个贮点贮藏。在 25 次观察中，共在 35 个贮点进行了掘埋、掩盖、掩饰等完整的贮藏动作。[②] 松鼠贮食时选择的都是比较大的松塔，这样的松塔不仅松子数量多，单粒松子的质量也比较大，这对于提高贮食效率是有利的。从不同贮食距离上来看，丢弃在距母树 150 米～300 米距离上的松塔是最大的，这也意味在被松鼠传播到这个距离上的红松种子质量是最好的。这个距离上有两种情况，一种是红松母树林内比较大的林隙斑块，另一种就是林缘。这就解释了红松林在林隙和林缘出现比较密集的更新苗的原因。

图 59　寻找松子的松鼠（刘玉娜提供图片）

---

　　① 参见鲁长虎《阔叶红松林中星鸦和松鼠对红松种子的取食和传播》，《东北林业大学学报》，2001 年 9 月，96—98 页。

　　② 粟海军等《四种昼行性动物取食和贮藏红松种子的行为比较》，《动物学杂志》2007 年 2 期，10 页—16 页。

松鼠贮藏松子时都是将松塔放在某个大树的树根处，然后反复地取松子跃出去建立贮点，所以松鼠的贮点都是围绕在一棵棵大树的附近，是否可以理解为这些树成为松鼠记忆贮点位置的空间提示？秋末，松鼠基本停止贮食后，仍旧不时地在地面从一棵树跳跃至另一棵树，间或地在某棵树根处停留，这样的行为反复地出现，也许这可以理解为对贮点空间位置记忆的强化。松鼠倾向于在针叶林和有针叶树存在的阔叶林生境中贮食，在针叶树附近贮食有助于减少贮食和重取时的被捕食风险。针叶林下的地被物由苔藓和夹杂的阔叶树落叶组成，既有利于松鼠贮食时掩蔽红松种子，又可以降低冬季的重取难度。

在哺乳动物中喜欢吃松子的是黑熊和棕熊。王文在两年的调查中，发现黑熊的大宗食物为植物。黑熊喜欢采食红松、蒙古栎、核桃楸等坚果和狗枣猕猴桃、山桃稠李等浆果。在调查中发现，粗大的红松树干上多见黑熊的爪痕，山桃、蒙古栎的树冠上也多发现有熊棚（通常讲的熊座垫）；黑熊对红松、蒙古栎、北悬钩子、蓝靛果忍冬、独活、山葡萄、猕猴桃、茶藨子、山丁子、毛榛子、胡桃楸、山桃、稠李、鹿蹄草、老山芹的选择系数为正数，即黑熊对这些食物表现为正选择性；而对木贼、禾本科、榆、宽叶苔草、色木、桦、杨、柳表现为负选择性。根据选择性指数，黑熊三个季节对23种植物类食物的选择性的强弱选择顺序为：红松＞蒙古栎＞北悬钩子＞蓝靛果忍冬＞独活＞山葡萄＞狗枣、猕猴桃＞茶藨子＞山丁子＞毛榛子＞胡桃楸＞山桃稠李＞猴腿蹄盖蕨＞鹿蹄草＝老山芹＞木贼＞禾本科＞榆＞宽叶苔草＞色木＞桦＞杨＞柳。

黑熊一年中只有春季、夏季和秋季取食，也就是从4月中下旬到11月末。进入12月，黑熊就开始了长达4个多月的越冬生活。黑熊冬季进入熊仓，不吃不喝，处于似冬眠状态，这一生物学特性，决定了黑熊一年中取食特性主要表现为季节性和取食的复杂性。在食物组成方面，根据统计结果，春季：黑熊的食物出现率最高的是草本植物和蕨类植物，占46%；夏季：食物出现率最高的是木本植物，占58.11%；秋季：食物出现率最高的是木本植物和藤本植物，占85.18%，其中：坚果类占43.14%，浆果类占42.14%。由此看来，黑熊春季食物是以草本植物和蕨类植物为主，夏季食物是以木本植物为主，秋季食物是以坚果和浆果类为主。黑熊的食物组成，受当地居民的生产方式和资源利用取向影响，一进入秋季，当地居民就开始采集红松球果和山核桃（胡桃楸果实），而且强度大，凡是能发现的全部采光，这对黑熊食物资源破坏相当严重，也使得黑熊的食物受到了影响。

现在我们再来说说爱吃松子的棕熊。据李世臣观察研究，东北棕熊每年10月～11月中旬至翌年3月为冬眠期，4月上旬出洞开始觅食。东北棕熊的食性较广，除采食一些植物外，还猎捕多种动物及昆虫，也常捕捉鱼类、蚂蚁、雏鸟及鸟卵等。据观察，东北棕熊觅食规律大体分为三个阶段。即：冬眠结束初期（4月份）东北棕熊行动缓慢，采食种类不多，以植物性食物为主，东北棕熊活动盛期（5～7月份）采食种类较多，主要捕捉各种动物，如昆虫、蚂蚁等动物性食物，东北棕熊挖洞筑穴期（8～11月），是准备冬眠储能阶段，在此期间森林中各种野果陆续成熟，东北棕熊贪吃果实，很少捕捉动物。

实行红松果实采集权的竞价承包，承包人以追求最大经济效益为目的，对红松林进行"扫雷式"采摘，松果采摘后，地面红松种源数量急剧减少，而且动物由于食物来源短缺，会进一步四处搜寻地面种源，使地表层几乎没有种源，而地被物下层也只是单粒状幸存几率大。另外，随着松子被带出森林生态系统，动物的食物来源被截断，因此动物会进一步危害地面种子，这样使有限的地面种源变得雪上加霜，红松天然更新的种源严重下降。动物连续几年得不到充足的食源，会失去生存的基础，将迁徙或消亡，即红松球果和动物之间构成的简单营养食物链关系遭到破坏。以红松球果为主要食物的初级动物（鸟类、鼠类）的种类和数量肯定将急剧减少。而这些动物的数量又决定着食物链上一环节的动物数量，以这些动物为食的更高级动物的种类和数量也会相应变少。

第四章

DISIZHANG

当代红松种子资源的开发与利用

　　松子自古就被视为一种重要的经济作物，除了在明末清初松子大量进入商品流通领域外，一直到 20 世纪 80 年代改革开放后，松子的经济价值才攀升起来。现当代松子贸易以 1978 年的十一届三中全会为界分为两个阶段：改革开放前，我国实行计划经济体制，松子贸易是在国有制的基础上运行，私人买卖松子的现象很少发生。改革开放后，在市场经济体制背景下，国有松子贸易体制瓦解，由国有经营为主体逐渐向非国有企业及个体经营贩运贸易为主体转变，特别是以吉林省梅河口市为代表的松子加工和对外贸易的兴起，使松子资源开发和利用进入到有史以来最为兴盛的时期。历经三十多年的发展，梅河口市最终成为"中国松仁加工集散中心"和"亚洲最大的果仁加工集散地"。

第一节　计划经济体制下的松子贸易

　　1949 年，随着新中国的成立，诞生了新的经济体制，成立了初级农业合作社和高级农业合作社，建立了人民公社制度，在广大农村，以生产队为基本单位。在长白山区农村，生产队每逢秋季都要成立副业组，松子是副业组采集的主要山货之一。安图县两江镇大兴川村的任长山今年 73 岁，老人家身体健康，记忆力惊人，他 27 岁开始在生产队的副业组打松子，他对自己年轻时在生产队副业组采松子的情景记忆犹新。每年秋天，生产队在松子成熟期都会抽出十来个劳动力打松子，十个人一组进山，其中一人负责做饭和漂松子。打松子时两个人搭伴，一个人上树钩松塔，一个人在地面负责拾取松塔背回抢子。上树钩松塔的一天给 15 个工分，树下拾取松塔的每天给 12 个工分，在生产队正常参加劳动的每天给 10 个工分。那个时候，一个工分不到 2 角钱。一开始打的也是青塔，堆在那里捂个七八天，松油不那么粘手了就开始砸塔。副业组把采来的松子上交到生产队，生产队统一卖到供销合作社。60 年代，松子 0.15 元/千克，70 年代，松子 0.21 元/千克。

计划经济体制下，"宁要社会主义的草，不要资本主义的苗"。那时候如果谁被发现私自贩卖松子就会成为批判大会的批斗对象。农民手里没有零花钱，在秋季时也会想方设法地采点松子换点生活零用钱。身材高大、膀阔腰圆的任长山在生产队是生产能手，但是有恐高症，一上树采塔就感到树晃眼晕，全身出冷汗。因为紧张，身体紧贴在树干上，贴树干贴得太紧上树工具也不听使唤，蹬不住脚扎子往下滑，爬到两丈多就掉下来了。为了挣点钱，一棵树爬好几次才爬上去。在树上也是心惊胆战，冷汗直流。打一次松子全身伤痕累累，肉皮都要划没了。任长山在山上把松子直接砸出来用背筐偷着背回家，偷着卖给收购站。他一天能打松子约一百公斤，一天最多挣二十元钱左右。

图 60　安图县任长山

一次，任长山和二弟到松树镇弯沟林业局大湖林场打松子，只带了两天的饭。到了山里搭个小抢子用野鸡膀子苫上，拜过了山神就捡拾落到地面的松塔，这捡那捡，到天黑时拾了大半筐，想回小抢子休息，但怎么也找不到抢子了，哥俩在一棵大树下蹲了一晚。第二天天一亮继续找抢子，越走越远，在山里迷路了，又饥又累。兄弟二人打算出山，本来是奔永红火车站走，走了一天一夜，结果从温泉转出来了。他们饿得眼冒金星，遇到一块白菜地，任长山吃了三棵大白菜，二弟吃了两棵大白菜。哥俩从温泉沿着火车道走了一天，终于回到松树镇的家。尽管又饥又累，但拾到的四十多斤松塔没舍得扔掉，一直背到家里。

集安市清河镇大川村的王玉亮今年76岁，生于1939年6月。他原来住在辽宁宽甸县，26岁搬迁到清河镇大川村。他在23岁至26岁时在宽甸的生产队副业组打松子。那时候日子过得很穷，严重缺粮，吃了上顿没下顿，生活极其艰苦。在宽甸的生产队打松子按劳取酬，交的松子多工分就比别人高一些，他每天能交给生产队松塔75公斤左右。他是交松塔最多的人，一般的劳动力每天大约交六七十公斤。生产队规定只能交黄塔，不要青塔。他们一般是在中秋节后打黄塔，生产队把收上来的黄塔堆在那里自然晒干，在半干时开始用棒子砸子。当时在宽甸城南有个种子收购站，早点去卖价格高，0.5公斤卖4元5角。

抚松县外贸公司退休的宋志业一生的工作经历与计划经济体制下的松子贸易历程相始终。宋志业的原籍是山东安丘人，今年72岁。在1960年他17岁时，随父母响应国家支援边疆建设号召来到抚松。达到抚松那天正好是端午节，他们每人胸前带着一朵大红花，坐着大卡车进到抚松县城，受到县城群众的热烈欢迎。宋志业记得路边也站满了挥动小红旗喊着欢迎口号的少先队员，其实这些小少先队员里，就有陪同我们采访宋志业的抚松县前文化局长袁义。袁义当时正读小学二年级，时隔半个世纪，他们又机缘巧合地共同回忆当年的感人情景。

宋志业到达抚松后，6月1日就被安排到北岗村跟着崔师傅学徒，给供销社驻寨收购山货。崔师傅是识别山货的老行家，当时已经73岁了。崔师傅对宋志业要求非常严格，但对这唯一的徒弟也是倾注了自己全部的心血，手把手地教他怎么识货，怎么验等。师徒二人每天步行七八十里的路，到各个生产队副业组收购人参、草药、坚果、蘑菇、动物皮子。收购松子是在冬季，收完货用牛爬犁或马爬犁拉回来。松子分两个等级，验等时用盆装上水，抓一把松子扔进水里，漂在水上面的就是不成熟的，数一数有几个松子漂在水面，然后按照比例扣除杂质。另一种验等的方法就是砸十个松子，看有几个空壳，按照百分比扣除杂质。

图 61　抚松县宋志业

宋志业跟着崔师傅学徒四年后，自己开始独自收购山货。最初在北岗村驻寨时，连个住处都没有，一开始住在村民家里，后来就在供销社安张床睡觉，19 岁成了家，才解决了吃住问题。1980 年，抚松县外贸公司成立，有着 20 年收购山货经验的宋志业进了外贸公司工作，继续收购山货。上个世纪末，随着市场经济的发展，外贸公司逐渐解体，宋志业也到了退休的年龄。

第二节　市场经济体制下松子产业的兴盛

梅河口市（别名梅河）位于吉林省东南部、长白山西麓，地处松辽平原与长白山区的过渡地带，辖区总面积2 174.6平方公里。梅河口市松子产业起步于20世纪70年代末，正值改革开放初期的社会大背景之下。在计划经济时期设置在梅河口的"吉林省梅河口土产农业生产资料采购供应站"（简称土产站）是国家二级采购供应站，辐射通化市、浑江市（现白山市）、磐石县等12个市、县，具有外贸出口渠道，为梅河口松子加工业的产生和发展奠定了重要的基础环境。优越的地理位置和良好的交通条件，使梅河口市成为最早依托长白山松子资源进行加工和贸易的地区，并呈现快速发展和扩大的态势。梅河口松子加工业和贸易的快速发展，导致松子资源的需求量急剧上升，松子价格也随之不断上涨，因此刺激和"倒逼"着松子产区对松子采摘、收购的不断扩大，进而也拉动了产区的松子产、供、销发展。同时，林区红松果实采集权的竞价承包也促进了松子资源的进一步开发和利用，助推了当代松子产业和贸易的发展。梅河口市松子果仁产业以加工工具的改进和应用为基础标志，大致经历了初始、发展、成熟三个阶段，并由最初的以对红松子的加工为主，逐渐扩大为包括对核桃、榛子、瓜子等其他果仁的加工，最终发展成为亚洲最大的果仁加工集散地。①

一　松子加工业的兴起

1. 梅河口松子加工的开端和尝试

1978年11月，时任梅河口"土产站"副经理的黄象新带领土产科科长杨廷庚等人，到大连外贸送货走访，偶然得到国外对松子仁的需求信息，并参观了大连外贸家属厂砸松子仁的现场，受到启发。回来后，立即

---

　　① 梅河口市松子协会高光伟会长和李海波先生为本节内容提供很多资料和图片，在此表示感谢！

组织人力去山里收购了一些松子，由梅河口土产站家属厂试砸、扒仁，并在当年年底将加工出来的松子仁发货销售，获得成功，从此为梅河口松子仁出口打开了路径，也成为梅河口松子加工业的历史开端。1979 年末，梅河口土产站从兴安岭、长白山区采购了少量红松子，尝试发放加工。将松子发放给梅河口城郊李炉公社（现李炉乡）附近分散的农户，农户将松子带回家利用农闲时间加工出松子仁。

2. 加工人群的扩大和收购主体的变化

经过土产站家属厂及部分农民加工松子成功且出口获利后，梅河口土产站开始增加松子的收购数量，并向更多的人群发放松子，加入松子加工的人群也慢慢扩大，形成了"加工促进收购、发放促进加工"的良性循环和日益扩大状态。加工户很快发展到梅河口附近的村、屯，同时也有越来越多的城镇居民开始加入。松子的加工方式也从最开始的钳子夹、小锤砸，逐步发展为用杠杆原理制作的手压式破壳器、脚踏式破壳器，加工效率和产品质量不断提高，形成了"工具改进促进效益，效益推动工具改进，效益吸引人员增加"的良性循环状态。当时一个加工松子的家庭里，一般是 1 至 3 个人参与加工，大约半个月能砸完一袋松子，约 100 公斤，平均每袋能挣 100 元左右，而当年一般工人的月工资 40 元左右，可见利润相当诱人。那时人们除了工资以外几乎没有其它增加收入的渠道，参与松子加工的人群也开始扩展到梅河口城区附近居民以及山城镇、海龙镇、红梅镇等地。

由于当时只有具备外贸经营权的国有企业才能做到松子仁的出口，从1985 年开始通化地区土畜产、梅河口市外贸公司、梅河口市土产公司等有外贸经营权的国有企业纷纷加入松子加工业。随后，在利益的诱惑下很多"个体户"和工商户也积极涌入这个行业，他们主要是看好收购松子原料和"放子"获得的利润。人们把到产地收购松子叫"收子"，也叫"抓子"、"买子"。当时林区产地对松子的采摘数量很有限，相对于加工量的需求来讲供不应求，日益增加的需求量不断刺激了林区松子的采摘和收集增加，而梅河口的松子加工仍处在"吃不饱"的状态，"收子"的范围也从抚松县、靖宇县逐步扩展到伊春、二道白河等地，参加收购的人员和收购频次不断增加。在松子货源紧张的时候，有的人为了抢占先机直接收购松塔，避免收不到松子，之后自己晾晒、脱粒。从林区产地"收子"运到梅河口，需要有省级林业部门出具专门的"运输证"，否则被林业管理部门或沿途检查站发现的话将被查扣。

3. "放子"——松子发放的盛况

"放子"（音儿化韵）就是企业或"个体"将收购回来的松子发放给每个加工户，由这些以家庭为主的分散加工户各自带回家中加工。由梅河口土产站最先开始"放子"，扩展到有外贸经营权的国有企业也"放子"，再扩展到"个体"也参与"放子"。说起"放子"，上点岁数的梅河口人对当年的情景依然记忆犹新。每当"放子"的时候，企业或"个体"通过张贴告示或直接通过人传口信儿，告知大家开始发放松子了。加工松子的人们争先恐后地赶往"放子"地点，邻居或要好的人得到消息后立即相互转告，因为松子数量有限，去晚了就放光了。"放子"的地点很快就排起了长长的队伍，有时秩序无法控制，你推我挤、人头攒动、熙熙攘攘。"放子"的企业或"个体"，将成麻袋的松子称出重量，向取松子的人收取大致与松子的价格相当的"押金"，然后开个"票儿"作为记录凭证。当时由于松子数量有限，而且加工的人非常多，有的人还要托关系才能领到松子。由于当时正处于改革开放之初，梅河口的居民尚没有其他从事商业的见识和经验，靠出力加工松子能增加收入是难得的渠道和机会，并且收益几乎与工资相当，因此具有极强的诱惑力。"放子"的火爆场面从一个侧面反映出了当年梅河口手工加工松子时期的盛大状况，也由此催生了电力加工机械的出现，为松子加工向新阶段迈进奠定了成熟的基础条件。

4. 手工加工松子的主要环节

松子加工主要是破开松子外壳、去除松仁护皮，手工加工松子过程形成了带有行内和地方特色的"术语"称呼。

"砸子"（音儿化韵）就是将松子的坚硬外壳破开，取出里面的松子仁，是松子加工的最主要环节。最初松子加工的方式是用钳子夹的方式破壳，钳子夹的力度不好控制，经常把里面的松子仁夹坏，并且使用钳子夹时间长了人们的手也吃不消。人们很快就想到了用锤子砸。找一块大石头或铁墩子，表面有许多浅坑儿，用手指捏住一粒松子，把松子立在石头或铁墩的坑儿上，用另一只手拿铁锤砸开松子，"砸子"的叫法由此而来。开始的时候手指被砸出血或"紫豆子"是经常的事。人们将大拇指和食指指肚粘上医用橡皮膏，便于拿松子时增加摩擦力，还可以减少砸松子时对手的震动冲击。常年"砸子"会使手的皮肤变得粗糙、干燥，甚至会裂开很多小口，手纹被松子的油脂和杂物弄得漆黑，很难洗净，带有很重的松脂油味儿。后来，人们在实践中发明了人力杠杆挤压式破壳机械，又逐步加装了弹簧、轴承等省力装置，再后来又发明了脚踩式人工破壳机械，变为双手轮流拿松子加工，大大提高了生产率和松仁完好率。"砸子"可谓是当年梅河口百姓日常生活中的一件"大事儿"，参与"砸子"的家庭大约能占全部城区和附近郊区居民的一半左右，特别是每到夜深人静时很多亮着灯光的人家都会传出有节律的咔咔"砸子"声音。"砸子"的历史已深深地印刻在了梅河人和梅河口历史的记忆当中，也形成了那一时代独特的"松子"文化。

图62　手工砸松子的小铁锤

图63　手压式人工松子破壳机

图64、65　脚踏式人工松子破壳机及松子破壳

"捏子"就是将松子仁表层的护皮儿脱掉。松子破壳后的松子仁表面还有一层红褐色的护皮儿,非常薄大约有零点几毫米厚。那些年几乎家家都是火炕,把带护皮儿的松子仁堆放在热炕头,再用棉被盖在上面。在火炕的慢慢加温中松子仁潮气一点点蒸发,松仁变干,程度刚好的时候将松子仁拿出来,在变凉的过程中用手轻轻的搓或捏,松子仁表面变脆的护皮就会脱落,这个过程叫做"捏子",这样白白胖胖的松子仁就出来了。

"挑子"就是将脱掉红护皮的松子仁按照质量和大小进行挑选分等。主要分成:好仁儿、红瓤儿、双眼皮儿、抽吧瓤儿、死豆。"好仁儿"就是比较完整、光滑圆润、呈白色或浅黄色的松子仁;"红瓤儿"就是颜色变成红褐色的松子仁;"绿瓤"就是发霉或变质呈绿色的松子仁;"抽吧瓤儿"就是表面不光滑圆润,有褶皱的松子仁;"双眼皮儿"就是松子壳和松子仁确实难以分开的;"死豆"就是颗粒非常小,不好破壳加工的松子。

"送子"和"验子"。加工户将加工好的松子仁送交"放子"的企业或个体回收叫"送子",回收者对松子仁质量和重量进行检验,即"验子",后核算给加工户费用。"验子"的时候人们用布袋等分别装上已分等和分类的松子仁,在验收的地方排起很长的队伍,能够更多地被验上"一等仁"是每一个加工户的心里期愿。

梅河口松子加工产业在手工机械阶段,是以分散的"家庭式个体"形式为主,一度发展到5000多户,从业人员达到万余人,为梅河口松子等果仁产业发展打下了重要的基础。人们回顾当年是由小锤加工起步而后来最终发展为"亚洲最大果仁加工集散地"的历史,让人无不感喟是"小铁锤敲出了亚洲大市场"。

二　松子加工业的发展

1. 电力松子加工机械的应用

大约在1983年梅河口开始出现松子加工户最先尝试使用电力机械设备加工松子,由于设计尚不成熟,松子加工破损率非常高。1986年,金明花、李占财、关秀芝等开始使用电力松子仁加工机械，该机械由牡丹江无线电六厂和辽宁省朝阳生产。随后在 1988 年梅河口市李炉乡和盛村的张成斌从国外带回砂滚式果仁破壳机的核心技术。1989 年梅河口市纺织器材厂张日增等人组成攻关小组，研制生产出了三层式松子破壳机，1991年又生产出落差式松子仁破壳机。由于梅河口自主研发出了松子破壳机，为实现松子电力加工机械的普及提供了便利而强大的优势，从此松子加工电力机械化全面铺开。电力加工机械的上马使松子加工效率成倍提高，松子加工的利润也成倍增加。松子加工厂（户）如同雨后春笋般蓬勃发展起来，人们纷纷排号订购加工机器、选址建厂。据不完全统计，至 1990 年梅河口的果仁加工厂达到了 500 多户。

图 66　松子果壳分离机（孙业进摄）

2. 工厂化集中加工作业

这一时期的电力松子加工机械，主要是解决了松子加工中最关键的"破壳"难题，但其他工序仍然以手工操作为主，包括破壳后的分选、松子仁表面红褐色护皮的去除、变质变色松子仁的挑出等等。以往这些工序都是在分散的"个人"加工户家中完成，随着电力机械的应用这些工序就开始集中在加工厂里完成。加工厂招收工人到厂子车间作业，工人们分坐在成排的桌案边，各自挑选。加工厂按照每人完成的数量和质量核算工钱，有的当天结算，有的在累计一段时间后结算。这一时期随着电力加工机械的日益增多，手工加工人员相应快速减少，但由于松子加工数量继续增加，被招收入厂从事松子挑选等工作的工人仍有所增加，最多时可达3万人。在电力松子加工机械逐步增加的同时，个人家庭加工方式和手工破壳操作也慢慢淡出了市场舞台，实现了由个体户零散加工模式向工厂化模式的转变。

图67 工厂化时期人工集中作业（飞龙食品有限公司提供）

3. 工厂化加工的成型时期

从1994年开始，松子破壳加工方式几乎全部转变成工厂化电力机械加工模式。松子仁的货源需求量及松子仁成品的贸易量也随时间的推移逐渐扩大。松子货源始终处于短缺状态，因此人们开始把眼光投向更广的范围寻找更多的货源。不仅在松子品种上由单一的红松子扩大到偃松、华山松、云南松等品种，收购范围也由北方发展到其它松子产区，甚至开辟了从俄罗斯和蒙古进口松子的渠道。以对松子的加工为引领，其他果仁如山核桃仁、榛子仁、瓜子仁等加工也慢慢纳入到加工范围。在此后几年的发展中，经历了果仁出口瓶颈和松子货源不足状况，其中一部分果仁加工厂由于盲目上马、原料缺乏、后续资金不足等不同因素分别被市场淘汰，梅河口果仁加工厂在激烈的竞争后渐渐趋于相对稳定。自此，工厂化集中加工和一定销售额度及国际影响的梅河口市果仁加工产业及市场基本成型。

三　松子加工业的成熟

1. 企业升级改造

从 2000 年开始，梅河口市果仁加工业逐步迈入成熟时期。在松子加工工厂化后期，大部分加工企业完成了原始资本积累，开始继续强化生产能力和扩大生产规模，纷纷引进相对更新的技术设备，扩大和规范厂区建设，进行企业升级改造。2001 年 12 月，省政府批准成立由香港丽志贸易公司投资的梅河口第一家与香港合资果仁加工企业——吉林中兴食品股份有限公司，梅河口果仁企业从此拓宽了对外出口的大门，在全球打响了知名度。2004 年香港兴利行合资在梅河口曙光镇建立了梅河口飞龙食品有限公司。万兴公司是与俄罗斯合作建立的。在以后的发展中，果仁加工企业将以松子破壳为主的机械化加工环节，扩展到精细筛选、松子仁表面护皮的去除、松子仁的烘炒以及包装等个个环节实现机械化加工。特别是近些年，企业纷纷引进上马了扒皮机、色选机、比重机、金属探测仪、X 光机等现代化生产设备，开始由半自动化向自动化乃至智能化转变，松子等果仁加工整个流程基本上实现了规模化流水作业。

图68　电力机械筛选松子及颗粒分等级（梅河口市松子协会提供）

图69　松子仁烘干室（梅河口市松子协会提供）

2. 收购和贸易范围向国际延伸

随着加工产业化成型和加工能力的提高，对松子货源需求量大幅度增加。开始以长白山脉和大、小兴安岭红松子为主的原料已经供不应求，松子原料逐渐扩展到其它松树品种的松子。林区产地在旺盛的需求"倒逼"

之下，尽管不断扩大采集范围和收购力度，但仍无法满足需要，松子原料价格也一涨再涨，这也从另一个角度快速拉动了松子产地的产、供、销发展。后来，松子收购又逐步扩展到俄罗斯红松、华山松、偃松、云南松等品种，收购范围也随之延伸到内蒙古、四川、陕西、山西、云南等全国产松子的地区，以及继续延伸扩展到从俄罗斯、朝鲜、蒙古、巴基斯坦、哈萨克斯坦等周边国家进口松子原料。

图70 对不同种类的松子进行确认和品质检验（梅河口市松子协会提供）

松子仁成品由开始主要出口韩国、日本而逐步扩展到出口美国、英国、德国、荷兰、比利时以及东南亚等30多个国家和地区。以松子仁产品为主，其他果仁如核桃、榛子、葵花子、白瓜子等品种比重有所增加，并且加工水平和产品质量都有很大程度的提升，极大丰富了果仁品种和类型，成为名副其实的"果仁"市场。梅河口加工的果仁产品占国际市场供应总量的50%，年出口量占全国同类产品出口份额的75%左右。梅河口加工的果仁产品，其中约60%销往国外市场，约40%在国内市场销售。梅河口果仁销售在对外出口的基础上，积极发展国内市场，占总量约20%的国内市场销售上，主要是干果类炒货、小包装精加工类等产品，如"满子""美人松"、"开顺"、"百珍源"、"洪泰"、"佳帅"、"天龙"、"森林

小屋"、"冠林"、"辛慧"、"秋实"、"吉宝"、"子满堂"、"甄松"、"吉
闺宝"、"松馨"、"秋仁"、"平安万家"等省名牌产品、省著名商标、国
内知名产品。

　　3. 建立原料生产基地和果仁机械制造基地

　　为保障原料的充足、稳定供应，梅河口大型松子加工企业采取各种方
式建立自己的松子原料供应基地，特别是黑龙江省主要松子产区伊春、鹤
岗、牡丹江等地的大部分松树林被梅河口松子加工企业承包。梅河口飞龙
食品有限公司、梅河口市民生食品有限公司、梅河口冠林土特产品有限公
司等采取自行单独承包山林的方式，如梅河口冠林土特产品有限公司仅在
黑龙江就承包了数十万棵红松，吉林兴荣食品有限公司在黑龙江省也有大
面积红松果林，浩林有限公司承包了辽宁省大部分山林；有的与林区承包
者合作承包山林；有的在与林区承包者合作建厂，联合加工销售；有的将
破壳机械出口到国外松子产地，如俄罗斯、朝鲜、巴基斯坦、蒙古等国
家，出口机械达到数百台套，在国外建立了几十个半成品加工厂。同时，
许多中小型松子加工企业，在林区也有自己的山林，或者和林区产地协议
建立了稳固的松子采购、收购网点，还有的采购网分布到国外松子产地。
每到松子采摘季节，在全国松子产区乃至国外松子产区，到处都可以见到
梅河口人的身影。松子原料基地的广泛建立，为梅河口松子加工业实现健
康和可持续发展提供了稳固的基础保障。

　　梅河口松子加工机械制造已形成规模，并成为全国乃至世界松子加工
机械制造基地。规模较大的有五家企业：梅河口市曙光西太平曹士礼创办
的"民悦松子机械加工厂；李炉凤城张永瑞、刘新才 2 户；常家金昌久 1
户；三人班辛敏刚 1 户。这些企业生产脱粒机、破壳机、扒皮机、烘干机
等十几个品种。省内外及国外的松子破壳机几乎全部是由梅河口地区生产
的。如已向蒙古国出口加工机械 280 多台套，俄罗斯 170 多台套，朝鲜 50
多台套。除此之外还有很多规模较小的机械制造厂，以及遍布很多处的维
修和服务部。在松子及其他果仁加工机械制造的发展过程中，培育和造就
了一大批技术工人乃至专家，其中很多是农民出身的技术人才。在机械制
造方面先后获得机械加工和食品加工方面国家专利 10 多项，个别先进的
专利技术已经应用到国家高端科技产品之中。吉林省工业和信息化厅副厅
长兼省机械设备成套局局长宫玉刚曾经两次现场调研、观摩，对梅河口市

果仁加工机械制造给予充分肯定。

4. 国内国际地位的确立

梅河口松子仁及其他果仁的加工和贸易影响越来越大，地位不断提升。1999 年，梅河口市果仁市场被国际树生果仁协会确认为"亚洲最大的果仁加工集散地"。2004 年 4 月 30 日，中国食品土畜进出口商会认定梅

中国食品土畜进出口商会文件

食土商粮油发〖2004〗089 号

关于确认梅河口为"中国松籽仁加工集散中心"的复函

梅河口市人民政府：

贵市 2003 年 10 月 15 日《关于申报世界松籽仁加工集散中心的请示》收悉。经调研分析并征询树果分会专家组意见，我会同意确认梅河口为"中国松籽仁加工集散中心"。

专家组认为，梅河口松籽仁产业从业人员多、规模大、历史悠久，在国内外果仁业界已具有相当影响，具备了作为"中国松籽仁加工集散中心"的条件。

松籽仁是我国传统特色出口商品，在国际市场上享有很高的声誉。希望贵市以确认"中心"为新的起点，切实重视果仁行业诚信环境建设，努力提高产品质量，更好地发挥在国内外松籽仁市场的骨干作用和品牌效应，为促进我国松籽仁行业持续健康发展做出更大的贡献。

抄送：吉林省外经贸厅、吉林省林业厅、吉林省出入境检验检疫局
通化市出入境检验检疫局、梅河口市果仁协会
本会：办公室、综合处、存档
录入：贾占江   校对：陈颖

图 71   中国食品土畜进出口商会确认梅河口为中国松仁加工集散中心

河口为"中国松子仁加工集散中心"，专家组认为"梅河口松仁产业从业人员多、规模大、历史悠久，在国内外果仁业界已具有相当影响，具备了作为"中国松子仁加工集散中心"的条件。2005年全国松子仁出口工作会议选定在梅河口市召开。2014年7月31日，中国土畜产商会在长白山召开"松子仁工作会议"，梅河口市三户企业分别当选为"中国松子协会"会长、副会长。2014年11月21日，中国食品工业协会坚果炒货委员会举办的"2014年度全国坚果炒货理事会"上，梅河口市松子协会当选理事单位，并被推选为全国松子工作组组长单位。梅河口市松子和果仁产业在中国乃至世界同类产业中的地位牢固确立。梅河口果仁行业从开始到现在，形成了自己的特色，即"有型产业、无形市场、厂家交易、面向世界"。

5. 政府及职能部门加强扶持和监管

梅河口市政府加强果仁加工市场秩序的规范和管理，公安、税务、工商等执法部门发挥各自职能作用，打击无证经营的非法业户，保护合法企业的利益，进一步树立梅河口果仁市场的良好形象。1979年9月成立了"梅河口市果仁协会"，该协会是全市果仁经营者自我管理、自我服务的群

梅 河 口 市 松 籽 协 会 第 一 次 会 员 大 会 暨 成 立 大 会 留 影 2011.09.0

图72　梅河口市松子协会成立大会（梅河口市松子协会提供）

众性组织。1998 年梅河口市果仁协会承办建立了梅河口"果仁有形市场"，该市场销售额最高年份达到 7 亿元左右，常年出口 5 000 ~ 8 000 吨。梅河口市委、市政府为了推进果仁产业更好发展，进一步加大对果仁行业的引导和支持力度，2011 年 9 月 5 日成立了"梅河口市松子协会"，并成立了"果仁产业推进组"，下发了《关于成立梅河口市果仁产业推进组的通知》文件，由市人大、商务局、国税局、经济局、林业局、地税局及果仁协会等相关部门组成，职能部门各司其职、综合协调，全方位开展推进工作。梅河口市松子协会和"推进组"的成立，标志着梅河口市的果仁产业在政府的重视下，进入一个新的发展时期。市政府通过协会搭建与产业间的沟通桥梁，实现政府对行业的引导作用，推进果仁市场规范自律，解决产业发展中的难题，推动果仁产业资源向集约化经营转变，促进果仁产业的强劲发展。

四　松子加工业的现状和前景

1. 梅河口松子加工产业现状

据 2015 年统计，梅河口市现有果仁加工企业 204 户，其中有进出口经营资格的企业 83 户，果仁加工企业占地面积约 61 万平方米，建筑面积约 40 万平方米，拥有果仁加工设备 5 180 台套。全市年加工松子能力 15 万吨，果仁成品量约 5 万吨，占全国产量的 80% 以上，年总产值达 20 ~ 50 亿元人民币。出口创汇 1 亿多美元。因此，果仁产业也是梅河口市外贸出口额的重要支撑点，是出口创汇支柱产业。与此同时，果仁产业在吸纳社会劳动力方面，提供就业岗位方面，发挥了重要作用。初步统计，常年从事果仁加工、营销的从业人员有 5 000 多人，在生产旺季，季节性从业人员可达 5 万人左右。据 2014 年统计，梅河口市果仁加工企业为农民创收达 1.7 亿元，占当年农民人均年收入的 4% 左右。

2. 梅河口松子加工产业发展前景

为了适应发展需要，2015 年又投资新建了三户龙头企业：一是吉林省民生仓储有限公司，建设集金融、冷链物流、仓储、监管、电子商务、加工和销售为一体果仁园区，占地 139 600 平方米，建筑 88 734 平方米，总投资 53 768.4 万元，计划产值 6 亿元；二是梅河口冠林土特产品有限公

司，建设一个以国内休闲食品为主的现代化、标准化工厂，项目总投资 14
500 万元，占地 41 778.8 平方米，拟建 2 个生产车间，冷库和库房、办公
楼、标准实验检测室、职工食堂等附属设施，建筑面积 25 100 平方米；三
是梅河口市浩成食品有限公司，占地 14 000 平方米，建筑面积 9 500 平方
米，总投资 6 078 万元。

许多松子加工企业针对松子的珍贵性和稀缺性，在深加工、精加工方
面进行了新的尝试和突破。已开发出了四个系列的坚果深加工产品，包括
保健品系列，食品系列，化妆品系列、医药系列。在多家企业的相继努力
和投入下，逐步建立和形成了比较完备的科研体系。梅河口冠林土特产品
有限公司率先与大学合作建立了首家坚果研究机构，研发新项目，开发了
多种食品。吉林梅河口丫旺食品有限公司同中国科学院老专家研究所及山
东食品发酵研究所合作，引进新技术，开发了"丫旺"、"蓝琪儿"等松
子乳系列产品。梅河口市民生食品有限公司与中国科学院合作研发出了果
仁食品系列。梅河口市双谊土特产有限公司在品牌打造和销售定位上独辟
蹊径，对松子民间历史传说进行深入挖掘，并与现代技术有机结合，推出
了国家专利注册商标产品"平安万家"、"子满堂"等多个富有吉祥寓意
和民族特色的系列品牌，开辟了崭新的"文化"果仁、"绿色"果仁之
路。梅河口双谊土特产有限公司与北京华夏·龙之缘婚礼学院结成战略合
作伙伴，"子满堂"、"平安万家"礼盒产品系列被北京华夏·龙之缘婚礼
学院、吉林省婚庆协会确认为婚庆指定用品，为梅河口松子及其他果仁的
发展开辟了新的领域。

五　松子加工者的历史记忆

梅河口市李炉乡永平村的宋军生于 1990 年，正是红松果林开始实行
承包制时期。她今年刚刚大学毕业，她的生长经历伴随了红松果仁加工业
的发展历程。宋军在家里排行老四，父母为了要个男孩一再超生，家里的
经济负担就要比别人家重一些。宋军妈妈看见邻居买些松子回来手工加工
松仁卖钱，心里很急，不顾宋军爸爸的反对，也与几个邻居合伙买了一袋
子松子回来加工。那时处于松子产业的起步阶段，没有任何加工松仁的机
器，只能靠一双勤劳的双手把一粒一粒清香的松仁砸出来。为了不使松仁

砸碎，有人发明了人工松子破壳机，一粒一粒的松子在外力的挤压下裂口，再用手把松仁扒出来。加工出来的松仁有些潮湿，再放到热炕头上烘干。在宋军的记忆画面里，家里的炕沿边儿上永远都放着一个手动的松子破壳机，可是每次只能砸开一个松子。而那时候炕头对于她刚刚三岁的小脚丫是不敢恭维的，因为那个被妈妈烧的滚热炕头是用来烘干已经加工好的松仁，还带着白浆的半带壳的松仁已经烘出香味来，红衣快要脱下来，硬壳变脆，以至于用手轻轻一拨就掉了。一到冬天，屋子里便满是松子的香味，而那热呼呼的炕头便是香味的来源，她闻着松仁的清香口水只能往肚子里咽。宋军妈妈把脱了皮的松仁分成四种：硬壳没有被脱掉的"死豆"、发霉变成红色的"红瓢"、发霉变成黑色或者墨绿色的"绿瓢"、没有任何毛病且已经脱好壳去好皮的"一等仁"。每隔一段时间妈妈就把去了壳的松子，已经剥好的白花花的松子仁装进袋子里，把她绑在温暖的背上，把松仁送到松子仁的回收点。"死豆"将会再一次脱壳，而"红瓢""绿瓢"也会被送到专门的回收地点。那里总是长长排起了队，每个人的身边都有大小不一的袋子，里面装满了等待验收的松子果仁。宋军妈妈第一次与邻居合伙买松子加工松仁卖了四十多元，受到了很大鼓舞，此后每年秋收结束就买回松子在家里加工松仁，一直干到春节前，每年靠加工松仁就能挣几千元钱，少则两千元，多则七千元，连续干了好几年。

图73　作者与宋军的妈妈印书芳合影

在 20 世纪 90 年代中期，梅河口市乡镇出现了机械化的果仁加工厂，宋军妈妈结束了在家里手工加工松仁的历史到果仁加工厂上班了。宋军回忆说，每天早上妈妈都会顶着星星，顶着月亮走在路上，漫山遍野的皑皑白雪把还是漆黑的冬日凌晨映成了正蓝色，一点也感觉不到黑暗。不时有三两个人影从妈妈的身边匆匆路过，同时还夹杂着少女清脆的谈笑声，妈妈和她们都向着同一个方向走去，那就是松仁加工厂。在这个平静安详的村落里，充斥在她童年回忆里的便是距离她家只有几百米远的松仁加工厂，村子里的男人在加工厂的黑暗的破壳车间里每天面对着的是轰隆隆的破壳机器，和跳动在机器槽子里的好像赋予了生命的松子。而女人则是在宽敞的加工车间里坐在一排排案子之间，她们前面是一堆堆的、足以挡住她们面容的松子。

果仁加工厂的规模大小不一，有的在几年时间里迅速发展壮大，有的厂子被市场逐步淘汰。这些加工厂一般都会在乡镇及以下的小村庄，因为这里拥有大量廉价的劳动力，他们勤劳、朴实、薪水也不高。果仁加工厂为了提高生产效率已经开始了机械化做业，但刚开始只有松子破壳机，破壳与筛选完全脱离出来，分为两个车间，破壳车间里全是男人，因为女人无法征服这些庞大的破壳机器，他们把这一个过程叫做"砸子"，意为将松子砸开的过程。加工后的松仁和碎屑混合在一起，工人用筛子筛去碎皮，手工挑取松仁。手工筛选费时费力，又没有专用的吹风机，人们想出了一个办法，用电风扇吹去碎屑，然后手工挑选，能够节省人力。在 2005 年出现了专用的吹风机，代替了电风扇，解放了劳动力。那时候早晨 4 点去上班，一直干到晚上 10 点来钟，一天能挣 30 多元，一个月能挣一千多元，一冬能挣到几千元，东北的农村在农闲时节能挣到几千元钱，非常可观！

梅河口的个体松子加工者经过多年的打拼和创业，有的逐步发展壮大，拥有了自己的公司。他们虽然是大多数松子加工者中比较少的一部分人，但他们对梅河口松子加工历史的过程有着更为深切的经历和感受。

十年前，已经是 39 岁的陈艳红，因为没有工作也没有经济来源，靠在果仁厂打工维持生计。看到别人倒卖松子等果仁挣到了钱，对果仁行业一窍不通的她决定去尝试一下，她东挪西借凑足了 5 000 元启动资金，开始了创业之路。由于本钱小、缺少客户和相关信息，刚开始她只能靠蹲露天果仁市场和挨家挨户向果仁加工企业买卖小货"对缝儿"，收回来的货全家人熬夜仔细挑选分等才能卖个好价钱，起早贪黑、风里来雪里去已是家常便饭。随着日积月累她逐渐摸清了果仁市场乃至其它土特产的行情，并靠蚂蚁搬家和滚雪球的方式掘得了经商的第一桶金15万元。她没有急着把这笔钱用到改善租房状况上，而是在下岗职工比较多的福民街郊区租了300平方米的小院，继续干起了松子加工。为了减少中间环节多挣几个钱，她亲自跑到深山老林的农户家去收购松子，不仅风餐露宿，还经常遇到货物被掺杂使假，受气、挨宰是常事。经过无数次的磨砺，她终于成了行家里手，对长白山脉及大小兴安岭林区什么季节盛产什么以及哪个村屯货物品质如何都了如指掌。她雇用农民手工砸松子，之后筛选、分等、包装。当时全靠手工操作，特别是筛子筛选松子仁非常费力，一天下来胳膊累得连碗都端不起来，手腕疼的毛病至今无法痊愈。通过打拼有了小作坊式加工点。但很快她发现，小作坊式的加工不仅收益有限更存在随时被淘汰的危险。于是她在扩大东北原料产地收购点的同时，又去南方产地寻找新的货源。进山的公路都是千米悬崖，走到山里还得徒步几天，虽然事前自己带了几天的饼干，可到了才发现条件比想象的还要艰苦，山里人好像与世隔绝一样，就连鸡心柿子都没见过，朴实热情的山民提供了早饭——几小杯茶水和馒头，她等了半个小时上菜，左等右等还不见菜，山民也很纳闷她为啥还不吃饭，原来这就是早饭，连咸菜都没有。为了扩大销路，她几乎跑遍了大城市，特别在年关岁尾销货的黄金时段，每次当她在外地推销完货物赶到家的时候，已经是万家灯火，家家燃放鞭炮过年三十了。记忆最深的一次是有一年的二十九晚上忙完了生意，因为家里还没有准备任何年货，她只得急急忙忙地去饭店吃饭。可到了饭店桌位早已被订满。无奈，她只得恳求老板帮忙想办法。老板破例在饭店厕所旁边帮她挤出了一个地方放了一张小桌，其实这天也正是她的生日，也是她在十年里能过上的唯一一个生日。此后她又与几个好朋友合伙开办了一家更大的果仁加工厂。在扩大企业规模和业务范围的过程中，与其它企业的发展一样也遇到过场地受限、资金短缺、管理滞后等各种问题，但她一路冲破险阻，保持了企业稳步发展并不断扩大。

　　在企业稳步发展的情况下，陈艳红通过大量的市场调研认识到，绿色天然、营养丰富的松子等坚果食品将会越来越受青睐，在未来的行业竞争中只有高品质的坚果才能决胜市场。于是她毅然决定改变生产方式，走"绿色坚果"之路。2012年陈艳红注册了梅河口市双谊土特产有限公司，开始了独自经营坚果加工，提出"用道德雕琢产品，靠产品传承道德"的经营理念，打造"良心坚果、放心坚果、飘香坚果、绿色坚果"。首先按食品生产规范更换生产设备，改造工厂格局，将物流通道与人流通道分开。其次严格加工流程，确保无任何添加，包括原料采购、风选、仓储、浸泡、开口、炒制、挑选及包装全部过程。再次就是保障产品原滋原味、飘香可口，采用电子精密控制仿原始炒制设备，纯粹物理烘炒，颜色金黄适度、味感纯正。最后是祛除炒制过程中产生的破壳及碎末，并首家采用高纯氮气充装果仁，使产品能够新鲜持久。然而，在保障绿色天然产品的加工过程中成本大大增加，特别是纯手工开口过程需要松子个头大，并且逐粒手工操作挤压开口，既要保证开口又不能全部裂开，还要保证果仁完整无损。她对这样的加工方式比原来利润大大减少的结果无怨无悔，她说"我是在保护大自然给人类的恩赐，这样挣的钱心安理得，还增加更多就业人员，我不亏"。在打造绿色坚果取得成效的基础上倾力打造"文化坚果"，开发了"平安万家"、"子满堂"等产品，并注册了商标专利。"子满堂"是根据东北流传的"观音送（松）子的传说"经典故事打造的，寓意"子孙满堂、幸福吉祥"，并依托这种文化底蕴在传说的发源地龙凤

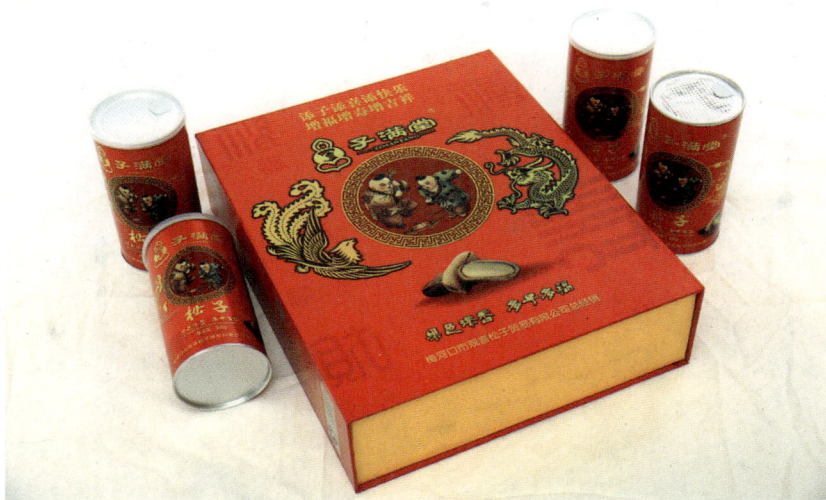

图74　"子满堂"婚庆礼盒产品（梅河口市双谊公司提供）

山注册了梅河口市观音松子贸易有限公司。"文化坚果"使消费者在享用精品美食的同时，体会中华民族和睦吉祥的传统平安文化，也将梅河口文化和梅河口精神传播到各地，让美丽的梅城给世人送上温馨的祝福和无限的憧憬。

在当地政府及相关部门的支持、扶持下，公司加大电子商务投入力度，开设了公司特色网站，出资加盟了阿里巴巴批发平台，产品销售建立了 B2B 平台，开办了公司 B2C 淘宝店，成为淘宝销售金牌榜产品。将传统营销模式与现代营销方法有机结合，实行 O2O 线下销售和线上销售模式。参加了全国大型展会，提高了吉林省长白山特产在全国市场的占有率和知名度，积极拓展微信营销，发挥"指尖上商机"的快捷优势。积极响应国家"全民创业、万众创新"的号召，通过网络等形式向社会推出创业机会，对没有创业资金的大学生等有志人员，经过招聘审核后选择优秀的竞争者，公司提供注册商标以协议供货方式不出资创业，带动了 30 余名大学生和社会青年自主创业。

图 75 梅河口市双谊公司总经理陈艳红女士

第三节　红松种子资源开发利用存在的 问题及解决策略

1998 年秋天，吉林省露水河林业局出于保护红松、发展经济的双重考虑，开始实行红松果实采集权竞价承包，之后各林业局纷纷效仿，以至于长白山自然保护区的红松果实采集权也一度实行了承包制，此举因对生态环境发展影响巨大而广为关注，在社会各界的强烈呼吁下，长白山自然保护区停止运行红松果实采集权的竞价承包，但保护区之外的各林业局实行红松果实采集权的竞价承包仍如火如荼，黑龙江省和吉林省的情况相同。如今十多年过去了，尽管人们对如何保护红松资源存在诸多分歧，但为了发展市场经济，保护有限的红松资源，承包制仍然没有任何改变。伴随红松果实承包制而来的是松子产业的开端、发展，以及填补松子文化研究的空白。既要发展经济，又要维护生态平衡，如何解决红松种子资源开发利用中存在的问题，使经济发展与保护生态平衡和谐地统一起来，更好地促进松子文化产业的发展，需要我们给予关注探讨。

1. 充分发挥林业职能部门的管理作用

在实行红松果实采集权竞价承包之前，红松资源受到的破坏极为严重，为满足建筑、生产、生活的需要对红松乱砍滥伐。为了换取生活零用钱，秋季里山区的村民一窝蜂地涌入红松林抢摘红松果实，村民在高大挺拔的红松面前毫不退怯，爬到树顶，砍掉树头和枝条。实行承包制后，乱砍滥伐的现象消失了，红松果实的恶性采摘得到有效控制。但实行承包制是上上之策吗？是不是实行承包制后，保护红松成为承包人的责任，职能部门就可以高枕无忧了呢？从承包多年的实际情况看，对红松资源的开发利用也存在一些实际问题，林业职能管理部门的任务仍然很重。

（1）禁止掠青采摘

松果完全成熟的时间是在中秋节之后，但承包人担心采摘松果时间延后会被动物抢夺，或赶不上好价格会带来经济损失，每年秋天寒露一过，不待红松果实完全成熟就急切地掠青。过早采摘，以松子为食物的动物没有机会储藏冬季食物，在漫长寒冷的冬季要忍饥挨饿。而且采摘没有完全成熟的松果，降低了松果资源的开发利用率。掠青现象也引起了职能部门的注意，也努力采取措施控制掠青行为。例如露水河林业局在承包合同书上明确规定"有权对乙方在中标区域的护林防火及护青保收工作实施监督、检查，对乙方掠青、毁坏林木、发生火灾等违规行为予以经济处罚，相关管理部门及林场安排专职人员负责此项工作。其中每年的果实收获期限为9月15日起至10月10日止。"从实际采摘情况看，大部分承包人没有严格执行合同书上的此项规定，而林业职能部门对违反规定的承包人也没有严格旅行自己的职责，睁一只眼闭一只眼。林业职能部门还需要出台更严厉的措施控制掠青行为，对破坏生态环境的行为零容忍才是为子孙后代着想，才是造福于民。

（2）限制采摘权限

林业局职能部门为了最大化地开发红松种子资源，收取最大的经济效益，在制定竞价承包红松果实采集权的同时，对采摘数量没有做出权限规定。而承包人为了获得最大的经济效益，收回承包投资成本，不漏摘红松树上的任何一个松果，致使红松果实见无不摘，摘无不尽。除去吉林省长白山自然保护区、黑龙江省丰林自然保护区之外，分布在其他地区的小片红松林仍需要我们珍惜。它们的天热更新及生态平衡与我们人类的一切息息相关。虽然林业管理部门也认为应该限制采摘数量，但也只是口头上说说而已，未见任何实际行动。如果林业局降低承包成本，减轻承包人的经济压力，规定承包人只能采摘全部果实的三分之二，留下三分之一的果实维持红松林的天然更新和食物链的正常运转，就能缓解红松资源开发利用中存在的尖锐矛盾，使红松资源的开发利用与保护环境和谐地统一起来。

（3）加强采摘方式的管理

在松果成熟时节，承包人雇佣大量的青壮劳动力采摘松果，带动了劳动工具的改造与产业化。目前在东北林区，攀爬红松的脚扎子、采摘松果的钩子成为畅销商品。尽管谁都知道穿脚扎子上树会使红松伤痕累累，对红松的生长产生一定的破坏作用，但无人理会红松树干上的千疮百孔。笔者在10月末考察留下脚扎子痕迹的红松树干，在脚扎子留下的伤痕处，流淌着点点滴滴晶莹的红松树脂，好像受到重创的人在忍痛流泪。在人工红松林地区，红松不像原始母树林那么高大粗圆，采摘者借助梯子上树打塔，给了我们很好的启示。为了不使红松树皮受到破坏，建议林业职能部门引导采摘工具的生产和使用，禁止生产和使用脚扎子，把脚扎子换成携带方便的折叠式梯子。也许有人觉得可笑，此计甚好又可行。古人作战攻克城池不都是架起云梯吗？现在我们在打一场环境保卫战，不比古人攻克城池的战役轻松。厂家在制造脚扎子时表现出非凡的智慧，在生产攀爬工具云梯时，也一定会足智多谋。也许林业职能部门觉得规范采摘工具不属于他们的责任范畴，但采摘者处于散沙状态，他们是由承包人聚集起来参加劳动，规范和使用保护红松生长的采摘工具也只能由林业职能部门落实到承包人头上，由他们再约束雇佣的采摘者。当采摘工具得到规范和制约后，工具的制造商自然根据需求生产工具，这样就使工具的生产使用和红松的保护形成良性循环，一切有序运行。

（4）探索新的管理模式

目前的林业职能部门普遍实行红松果实采集权竞价承包的管理体制，在这种体制之外是否存在更科学的管理范式，吉林省通化县三棚林场进行了大胆探索，创建了一种新的集体管理模式，值得借鉴和推广。三棚林场在开发和利用红松种子资源的潮流中，没有实行松果采集权的竞价承包，而是制定管护责任制，加大了资源保护力度。在林木、林地所有权不变、责任户与林场隶属关系不变的前提下，实施了全员联合分组承包管护，收益按比例分成的办法。全场所有在岗男职工，共划分为十一个承包管护小组，将374.8公顷已结实的红松母树林划分为十一份，分别承包给十一个承包管护小组，每组人员最多现在已达近50人。承包管理费用由承包职工负担，收益按所经营承包生产的种子销售额，承包职工得70%，林场得30%。在管护责任上，规定承包方负责对责任区域内林木的管护、森林防火、防治病虫害；禁止承包方将所承包的母树林对外转包，禁止雇用社会人员来顶替本场职工进行看护管理，违者按人均所得没收归场；禁止承包方用红松球果送人情或内外勾结，使红松球果外流，一经发现取消承包经营权，及按规定进行经济处罚。经营管理体制的成功改革，激发了职工管护经营积极性。林场派三名副场级领导分片负责监督检查，层层建立领导负责制。做到了沟有沟长，组有组长，片有片长，林场还设立专职包片干部，使承包管护工作在组织领导上得到了保证。由于责任落实，互相监督，互相制约，责、权、利高度统一，使红松母树林资源得到了很好的保护。为了搞好种子采收和加工，林场投资50万元购买了种子脱粒机5台，

先进的检验设备 1 套、修建了种子储藏库 1 000 平方米、建种子晾晒场
2 000 平方米，强化了基础设施。松塔采摘运到场部院内，集中看护，并
由专人负责脱粒、晾晒、分级，精挑细选，确保种子含水量、纯净度达到
优良种子标准。对省林木种苗站调拨的种子，都是专门加工、选种，清除杂
质和劣种，确保使用优质种子育苗。承包经营，集中销售这种做法，因为信
誉好、数量足、质量优，在价格方面不会因信誉、数额小而影响销售价格。

2. 生产经营由粗放式向内涵式转变

从目前整个东北地区松仁加工业的发展上看，生产经营模式还是停留
在粗放式阶段，以梅河口为例，松仁深加工企业只占总数的三分之一，这
是对有限红松种子资源的巨大浪费。现在国内只要少数企业及梅河口地区
仅有的松子原料，经高新技术研制出高附加值的产品，涉及食品、保健
品、药品、化妆品、精细化工等 5 个领域共 70 个品种。主要产品有松子
原油、松子食用油、红松子微胶囊粉、红松子蛋白质粉、松子糖、松子
酒、红松油胶丸、松仁露等。目前具备这种高新技术开发能力的企业少之
又少，地方政府应限制粗放式生产经营企业的数量，加大对松仁高新技术
企业的支持力度。

3. 促进松子文化产业的发展

在文化记忆的长河中，内容丰富的长白山松子文化积淀了非物质文化
遗产的历史价值、文化价值、精神价值和经济价值。我们要挖掘长白山松
子文化的非物质文化遗产价值，并对它开展非物质文化遗产的生产性保
护。我们可以把长白山松子采集习俗、开口松子的加工技艺、长白山松子
的造酒技艺、长白山松子茶的加工技艺、松仁饮食（松仁糕点、松仁菜、
松仁粥、松仁糖）的加工技艺申报非物质文化遗产，并使它在非物质文化
遗产的产业化中得到创新，极大地实现它的经济价值。文化是经济发展的
动力，没有文化，产品就没有品位。松子文化历史悠久，底蕴厚重。但在
整个东北松子产区，大部分人认为松子没有文化。我们要加大宣传松子文
化知识的力度，把松子文化和松子产品开发结合起来，使松子产品富于文
化内涵。悠久厚重、绵延不绝的松子文化在红松种子资源的开发利用中被
冷落、遗忘，松子深加工过程中的产品开发如果和文化结合，就会发现一
个广阔的天地呈现在我们面前。发展松子文化产业，注重松子产品的民族
文化特色，打造松子产品的民族品牌，才能使松子产品真正占领国际市
场。没有民族文化支撑的松子产业能走稳走远吗？

第五章

DIWUZHANG

松子食用习俗

　　肃慎族是生活于长白山区有记载的最早居民之一，他们在西周时期同中原政权建立了联系，他们向西周献上楛矢石砮以表诚意。尽管到唐朝时期松子才见诸文献记载，但在新石器时代，人们能吃到的坚果就有松子、橡子、栗子、榛子等。① 长白山区的古老居民长期依赖采集渔猎经济，松子作为长白山区最重要的坚果，不但能裹腹，还具有药用价值。在远古时代食物匮乏，又缺医少药，松子被笼罩上浓厚的传奇色彩。"赤须子，丰人也，丰中传世见之云。秦穆公时主鱼吏也，数道丰界灾害水旱，十不失一。臣下归向，迎而师之，从受业，问所长。好食松实、天门冬、石脂，齿落更生，发堕再出，服霞绝后。遂去吴山下，十余年，莫知所之。赤须去丰，爱憩吴山。三药并御，朽貌再鲜。"② 故事说赤须子是丰县人，丰县人相传世代都见到过他。他本是秦穆公时主管渔业的官吏，多次预言丰县界内的水旱灾害，十次中没有一次失误。当时的大臣都归向他，把他迎去作老师，跟随他学习，请教他的特长。他喜欢吃松子、天门冬和石钟乳，牙齿掉了能够再生，头发掉了也能够再长出来，服霞修炼，没有后代。后来他去了吴山，又过了十多年，就没有人知道他到哪里去了。赤须子离开了丰县，于是栖隐到吴山。三种药物一同服用，衰老的容貌又年轻起来。古往今来，人们在对松子食用的过程中，形成了内容丰富的饮食习俗。

第一节　破壳吃仁

　　松子最简单最原始最古老的吃法就是像吃瓜子那样嗑着吃，因为松子

---

① 白乐天《中国全史》第 006 卷《远古暨三代习俗史》，光明日报出版社，2002 年 12 月。
② 王叔岷《列仙传校笺》，中华书局，2007 年 6 月，101 页。

在刚刚成熟时，外壳较软，牙齿能够轻易地咬破外壳。在茹毛饮血的年代，肃慎族系的先人在松子刚刚成熟时就燃起篝火，在篝火上烧烤松塔，化尽松塔上的油脂，品味着松子的清香。刚成熟的松塔如果不在火上烧烤，自然晾晒一段时间，松子外面的鳞瓣干燥后，就用棒子直接把松子砸出来。松子干透后外壳坚硬，牙齿不易咬破，人们就用硬物砸破松子的外壳吃松子仁。此种吃法在肃慎族系的先民中曾是招待贵客的佳肴，金朝就是用这样的松子款待外交使节。《三朝北盟会编》卷二十载："宋宣和乙巳（金天会二年，1124 年），许亢宗出使金国。第二十八程，至咸州（今辽宁开原），赴州宅，就坐，乐作。酒九行，果子惟松子数颗。"[1] 破壳吃仁在朝鲜半岛的日常饮食中也很普遍，元朝时的《老乞大谚解》记载了朝鲜族同胞做饭烧菜吃松子的相关内容：

> 咱们做汉儿茶饭著，头一道团撺汤，第二道鲜鱼汤，第三道鸡汤，第四道五软三下锅。第五道乾按酒，第六道灌肺、蒸饼、脱脱麻食，第七道粉汤、馒头、打散。咱们点看这果子菜蔬。整齐么不整齐，这藕菜、黄瓜、茄子、……生葱。这按酒、煎鱼、羊双肠、……脆骨、耳朵。这果子，枣儿、乾柿、核桃、干葡萄、龙眼、荔支、……松子、砂糖、蜜栗子。这肉都煮熟了，……

在文学作品中，我们也常见到破壳吃松子仁的情节。如明代《西游记》第一回：（孙悟空）"又见那洞门紧闭，静悄悄杳无人迹。忽回头，见崖头立一石碑，约有三丈余高，八尺余阔，上有一行十个大字，乃是'灵台方寸山，斜月三星洞'。美猴王十分欢喜道：'此间人果是朴实，果有此山此洞。'看勾多时，不敢敲门。且去跳上松枝梢头，摘松子吃了顽耍。"

又如《红楼梦》第十九回宝玉到袭人家里探望袭人，"袭人见总无可吃之物，因笑道：'既来了，没有空去之理，好歹尝一点儿，也是来我家一趟。'说着，便拈了几个松子穰，吃去细皮，用手帕托着送与宝玉。"

后来人们发明了把松子炒开口的方法。把松子在温水里泡两个小时，

---

[1]（宋）许亢宗《宣和乙巳奉使金国行程录》，载入刁书仁主编《奉使辽金行程录》，吉林文史出版社，1995 年 10 月，153 页。

放入蒸锅蒸煮半小时，蒸煮时温度要控制在 100 度左右，蒸煮时间最少半小时。经过高温蒸煮的松子在杀灭细菌的同时，表皮不使用任何添加剂就会自然变软。拿出风干，口自然开了，再把松子放入锅中用小火炒制约十分钟。现在人们越来越追求饮食的色香味，发明了五香松子的炒法。准备松子 1 公斤，白糖 20 克，黄沙 500 克。松子一定要先用水泡两个小时，这样炒的时候才容易进去味道。第一步先将白糖化成半杯（80 克酒杯）糖水，待用。第二步把沙子放入锅内炒干、炒烫，然后将糖水倒入炒匀，等糖烟刚一冒出，即将松子放入，不停翻炒（火不要太急）。翻炒五六分钟后，取几粒松子砸开，如仁已呈黄色即熟，筛净沙子，待松子晾后方可食用。如果想吃五香味的松仁，再往里放点五香粉。

市场上流通的开口松子最初是工人用开口钳加工出来的，工作效率太低，每个工人每班只能生产 15～20 公斤，后来有了专用的开口松子机器，大大提高了工作效率。有一些黑心厂家为了谋取暴利，把劣质松子用碱、滑石粉等违规添加剂使松子开口，我们要学会鉴别。正规厂家生产的开口松子从表面上看颗粒均匀，开口不均匀，非正规厂家生产的开口松子从颗粒看不均匀，但开口均匀，而且长；从口感方面，正规厂家生产的开口松子吃起来有清香味，非正规厂家生产的开口松子吃起来发涩，有异味。

第二节　充当配料

松仁清香可口，营养丰富，人们除了破壳吃仁，还把它作为主食配料放进糕点、米粥等，和其他的果品共食。朝鲜半岛在三国时代盛行吃"神仙炉"，其制作与我国的火锅十分相似，炉内有山鸡、鳇鱼、虾、竹笋、松蕈、蕨菜、水芹菜、栗子、白果、松子、枣等近三十种菜。锅内加佐料清水，开锅十几分钟后即可食用。[1] 我国的各种火锅吃法未见把松仁作为配料，但在突尼斯存在类似吃法。每逢过节或招待客人，突尼斯人都要吃"库斯库斯"和"布里克"。"库斯库斯"是将面粉洒上水，放在细筛子上

---

[1]　白乐天《世界全史》第 036 卷《世界中世纪生活习俗史》，光明日报出版社，2002 年 12 月。

搓成小米粒状，晒干后放在笼屉上拌以牛羊肉丁、葡萄干、巴旦杏仁、松子等干果蒸熟后，用肉汤浇食。"布里克"是把一个去壳的生鸡蛋用春卷皮裹成三角状，放进油锅里稍炸即成，吃时先咬中间的部位，以防蛋黄流出。①

一　主食配料

南朝时期，松仁就是制作传统节日食品必不可少的原料之一。《南史》记载："宋明帝志慕节俭，大官常进裹蒸，上曰：'我食此不尽，可四破之，余充晚食。'裹蒸者，以糖和糯米，入香药、松子等物，以竹箬裹而蒸之，即今之角黍也。"②角黍就是明清以后的粽子。北宋时期，松子仁也是做重阳糕的主要辅料。我国一直流传着在重阳节登高、赏菊、吃重阳糕的习俗，《东京梦华录》卷八记载：九月重阳，都下赏菊，有数种：其黄白色蕊若莲房，曰"万龄菊"，粉红色曰"桃花菊"，白而檀心曰"木香菊"，黄色而圆者曰"金铃菊"，纯白而大者曰"喜容菊"，无处无之，酒家皆以菊花缚成洞户。都人多出郊外登高，如仓王庙、四里桥、愁台、梁王城、砚台、毛驼冈、独乐冈等处宴聚。前一二日，各以粉面蒸糕遗送，上插煎彩小旗，掺飣果实，如石榴子、栗子黄、银杏、松子肉之类。又以粉作狮子蛮王之状，置于糕上，谓之"狮蛮"。③因"糕"与"高"同音，故可以食糕代替登高，取百事俱高之意。现在我们能见到多种多样的松仁糕，如桂花松仁糕、核桃仁松仁糕、火腿松仁糕、桂圆松仁糕、枣泥松仁糕、玉米松仁糕等都是由重阳糕发展演变而来。

南宋时松仁是制作腊八粥的主要配料。腊月初八，我国人民有吃腊八粥习俗，据说腊八粥传自印度。佛教的创始者释迦牟尼本是古印度北部迦毗罗卫国（今尼泊尔境内）净饭王的儿子，他见众生受生老病死等痛苦折磨，又不满当时婆罗门的神权统治，舍弃王位，出家修道。初无收获，后经六年苦行，于腊月八日，在菩提树下悟道成佛。在这六年苦行中，每日

---

① 白乐天《世界全史》第 076 卷《世界现代前期生活习俗史》，光明日报出版社，2002 年 12 月。

② （唐）李延寿《南史》，中华书局，1988 年。

③ （宋）孟元老撰，邓之诚注《东京梦华录》，中华书局，1982 年 1 月，216 页。

仅食一麻一米。后人不忘他所受的苦难，于每年腊月初八吃粥以做纪念。
"腊八"就成了"佛祖成道纪念日"。"八日，寺院谓之'腊八'。大刹寺
等俱设五味粥，名曰'腊八粥'。"[①] "由于佛教的影响，俗家也效法寺庙，
腊八做腊八粥，在宋代已沿习成风，都人是日各家亦以果子杂料煮粥而食
也[②]"。南宋亦复如此，粥料稍有不同，寺院及人家用胡桃及松子、乳、
蕈、柿、栗之类作粥，谓之腊八粥[③]。清代吃腊八粥的习俗更盛，雍正三
年（1725 年），世宗将北京安定门内国子监以东的府邸改为雍和宫，每逢
腊八日，在宫内万福阁等处，用锅煮腊八粥并请来喇嘛僧人诵经，然后将
粥分给各王公大臣，品尝食用以度节日。清人富察敦崇在《燕京岁时记》
里则称"腊八粥者，用黄米、白米、江米、小米、菱角米、栗子、去皮枣
泥等，和水煮熟，外用染红桃仁、杏仁、瓜子、花生、榛穰、松子及白
糖、红糖、琐琐葡萄以作点染"[④]，颇有京城特色。

虽然后来北方的腊八粥里不再放入松仁，但以松仁为主要配料的各种
营养粥仍然普遍受到欢迎。如核桃松仁粥、枸杞松仁粥、红枣松仁粥、蜂
蜜松仁粥等。现在我们简单说说如何做蜂蜜松仁粥，把松子仁洗净，捣成
泥状，与淘洗净的粳米一同放入砂锅中，加适量清水，用大火煮沸，再换
小火煮成粥，稍温后调入蜂蜜便可食用。松仁粥使食疗食养结合为一体，
润肺益肠。

松仁用来做炒饭炒面的配料也很常见，在伊拉克的饮食中，有一种用
羊肉块，椰枣和松子与米饭炒在一起的羊肉饭，味道十分鲜美，是伊拉克
人的民间客饭。[⑤] 我们国内用松仁做配料的炒饭多种多样，如用紫山药泥、
糯米、白糖、黑芝麻、核桃粉、猪油、松子、杏仁片、蔓越莓干炒出来的
紫色八宝饭，用鲢鱼段、松子、玉米粒、青椒、红椒、小葱等炒出来的松
子鱼米饭，用米饭、鸡蛋、虾干、黄瓜、胡萝卜、猪肉、松子、盐炒出来
的扬州炒饭，用黑米、鲜百合、红腰豆、玉米粒、莲子、红枣、豌豆、松
子、葡萄干、山楂等炒出来的营养八宝饭，用糯米、红豆沙、南瓜子仁、

---

① （宋）吴自牧撰《梦粱录》卷六，长塘鲍氏刻本，清嘉庆道光（1796–1850）。

② （宋）孟元老撰，邓之诚注《东京梦华录》，中华书局，1982 年 1 月，249 页。

③ （明）朱廷焕《增补武林旧事》卷三，上海古籍出版社，1987 年。

④ （清）富察敦崇《燕京岁时记》，北京古籍出版社，1981 年 8 月，39 页。

⑤ 白乐天《世界全史》第 076 卷《世界现代前期生活习俗史》，光明日报出版社，2002 年
12 月。

松子、葡萄干、枸杞、红枣、猪油、糖炒出来的八宝饭，用剩饭、小南瓜、胡萝卜、白菜梗、腊五花肉、青豆、松子炒出来的彩丁炒饭，用豆丹、松子、面条、葱、姜、蒜、甜面酱、味精、青菜、绿豆芽炒出来的豆丹松子酱香炒面，用鸡脯肉、松子、青椒、红椒、香菜、盐等炒出来的松子双椒鸡西面，用罗勒叶、松子、大蒜、橄榄油、意面炒出来的青酱意面。

二　零食配料

用松仁做零食配料有着悠久的历史，北宋沈括的《忘怀录》详细记录了糖松梅的制作方法。用新松子一百个，大青梅一百个，洗控干，置银器内一重，松子一重，梅次第。安著以糯米一合细研。入水四碗，用炭火煮，约水耗一半，不得抄。待停冷一宿方倾出酸水。又以四碗水再煮，约耗一半再倾出酸水，加入干糖一斤半，湿糖一斤半，煮熟为度。放冷，以新瓷瓶收，须是干净。如久后味酸，再加入干糖一斤半同煮。青梅未黄酸硬者佳。此时松房已如梅栗，或若豆赤不妨。或至细者，尤好。但以三二枚当一枚可也。其味颇珍，但经久即烂。①

苏州松子糖即由糖松梅发展演变而来，久负盛名，在明末清初散文家张岱的《陶庵梦忆》中，就把苏州松子糖列为方物，② 苏州松子糖现今仍是深受欢迎的一种日常零食。松仁也是家庭日常加工零食的配料，比如制作松子燕麦饼干、枣泥核桃松仁蛋糕等等。松仁作为炒菜配料也深受大家欢迎，松仁玉米就是大家颇为熟悉的一道佳肴。做法是松仁 30 克，甜玉米粒 10 克，青、红椒各 50 克，盐 3 克，味精 2 克，白糖 10 克，淀粉适量，青、红椒洗净切粒，松仁炸熟。将玉米粒洗净，放入沸水中煮熟，取出备用。油烧热，炒香青、红椒粒，加入玉米，调入调味料炒匀入味，用淀粉勾芡后，装盘，撒上松仁即成。松仁猪肚的做法是猪肉 1 克，猪小肚 1 个，松仁 1 克，精盐 5 克，味精 2 克，香油 3 克，猪肉洗净切丁，松仁入油锅炸香备用。猪肚洗净，装入由肉丁、松仁、盐、味精、香油一起拌

---

① （宋）沈括撰，（明）陶宗仪辑《忘怀录》刻本。
② （明代）张岱《陶庵梦忆》卷四。

匀的原料。再入烤炉烤 2 小时至熟香即可。松仁炒鸭松的做法是鸭肉 250
克，松仁 100 克，鸡蛋清 1 个，葱末、姜末共 10 克，精盐、料酒、鸡精、
鸡汤、水淀粉、植物油各适量；将鸭肉洗净，去除筋膜，切成米粒状，加
入鸡蛋清、水淀粉、料酒、味精、精盐拌匀炒锅置火上，倒入植物油烧
热，放入松仁焐熟、捞出，再放入鸭肉粒滑至熟嫩，盛出锅留底油烧热，
煸香葱末、姜末，放入鸭肉粒翻炒，加上松仁和调料炒匀，出锅即可。松
仁桂花鱼的做法是桂花鱼 600 克，松仁少许，盐 3 克，醋 12 克，酱油、
淀粉各 15 克，红糖 20 克；桂花鱼洗净，切"十"字花刀，再均匀拍上干
淀粉，下入油锅中炸至金黄色，捞出沥油。松仁洗净，入油锅中炸熟，盛
在鱼身上。锅内注油烧热，放入盐、醋、酱油、红糖煮至汤汁稍浓，起锅
浇在鱼身上即可。此外，还有松仁炒鱼米、松仁炒香菇等等，兹不赘述。

三　饮品配料

在唐宋时期，松子就被用来造酒和制茶，其加工技艺为我们现代发展
松子饮品深加工产业提供了理论和实践基础。

1. 松子酒

松子和不同的原料配伍，酿出的松子酒具有不同的功效。备松仁 600
克，甘菊花 300 克，白酒 1000 毫升。将松仁搞碎，与菊花同置容器中，
加入白酒，密封浸泡 7 天后，过掂去渣，即成。本酒具有益精补脑之功
效。每次空腹服 10 毫升，日服 3 次，主治虚羸少气、体弱无力、风痹
寒气。

备松仁 70 克，黄酒 500 克。将松仁炒香，捣烂成泥。再将黄酒倒入
小坛内，放入松仁泥，然后置文火上煮鱼眼沸，取下待冷，加盖密封，置
阴凉处。经 3 昼夜后开封，用细纱布滤去渣，贮入净瓶中备用。本酒每日
3 次，每次用开水送服 20～30 毫升，可补气血，润五脏，止渴，滑肠。适
用于病后体虚，口渴便秘，羸瘦少气，头晕目眩，咳痰少，皮肤干燥，心
悸，盗汗等症。

2. 松子茶

古人认为松仁的清香适宜制茶，宋朝时就已经把松仁像喝茶那样饮用
来保健身体，且看北宋黄庭坚《煎茶赋》：

泡泡乎如洞松之发清吹，皓皓乎如春空之行白云。宾主欲眠而同味，水茗相投而不浑。苦口利病，解涤昏，未尝一日不放箸。……

不夺茗味，而佐以草石之良，所以固太仓而坚作强。于是有胡桃、松实、庵摩、鸭脚、贺、靡芜、水苏、甘菊。既加臭味，亦厚宾客。前四后四，各用其一。少则美，多则恶，发挥其精神，又益于咀嚼。盖大匠无可弃之材，太平非一士之略。厥初贪味隽永，速化汤饼。乃至中夜不眠，耿耿既作，温齐殊可屡歇。如六经，济三尺法，虽有除治，与人安乐。宾至则煎，去则就榻，不游轩石之华胥，则化庄周之蝴蝶。

这篇赋对烹茶的过程，品茶的审味，佐茶的宜忌，以及饮茶的功效，做了集中的描述。作者尽管不是完全针对松仁而作，但我们可以看到，在北宋时期，松仁已经进入饮料行列中。

南宋时期的话本小说出现喝松仁茶的情节描写：

三鼓前后，赵正打个地洞，去钱大王土闸偷了三万贯钱正赃，一条暗花盘龙羊脂白玉带。王秀在外接应，共他归去家里去躲。翌日，钱大王写封简子与滕大尹，大尹看了，大怒道："帝辇之下，有这般贼人！"即是差缉捕使臣马翰，限三日内要捉钱府做不是的贼人。马观察马翰得了台旨，分付众做公的落宿。自归到大相国寺前，只见一个人背系戴砖顶头巾，也着上一领紫衫，道："观察拜茶。"同入茶坊里，上灶点茶来。那着紫衫的人怀里取出一裹松子、胡桃仁，倾在两盏茶里。观察问道："尊官高姓？"那个人道："姓赵名正。昨夜钱府做贼的便是小子。"马观察听得，脊背汗流，却待等众做公的过捉他。吃了盏茶，只见天在下，地在上，吃摆翻了。赵正道："观察醉也。"扶住他，取出一件作怪动使剪子，剪下观察一半衫袖，安在袖里，还了茶钱。分付茶博士道："我去叫人来扶观察。"赵正自去。①

在明代奇书《金瓶梅》中，也有用松仁茶招待客人的描写，如第三回："次日清晨，王婆收拾房内干净，预备下针线，安排了茶水，在家等候。且说武大吃了早饭，挑着担儿自出去了。那妇人把帘儿挂了，吩咐迎

---

① （南宋）《碾玉观音》话本选（上），人民文学出版社，1984年。

儿看家，从后门走过王婆家来。那婆子欢喜无限，接入房里坐下，便浓浓点一盏胡桃松子泡茶与妇人吃了。抹得桌子干净，便取出那绸绢三匹来。妇人量了长短，裁得完备，缝将起来。"由这些文学作品的描写来看，南宋以降，以松仁入茶甚为普遍。

清朝宫廷自乾隆起一直流行宴饮三清茶作诗联句的习俗，这一习俗起源于康熙时期。康熙二十一年，因海宇荡平，兵革偃息，正月十四大宴百官于乾清宫。康熙皇帝仿汉武帝在柏梁台与诸臣作诗联句，此后，宫廷每年都举行这样的活动，成为一种习俗流传下来。乾隆皇帝不同于康熙和雍正，别出心裁地以他亲自配制的三清茶款待群臣。"三清茶"是以松仁、梅花和佛手烹茶，不放茶叶。乾隆非常喜爱自己研制的三清茶，并曾赋诗赞美，"高节为邻德表贞，喉齿香生嚼松实，心神春满泛梅英，拈花总在兜罗手。"

乾隆十一年（1746），乾隆帝秋巡五台山后，回程至定兴遇雪，于帐中与群臣共品三清茶时所赋《三清茶》诗一首，并留下了"三清茶"的联句程序。《三清茶》一诗节选如下：

> 梅花色不妖，佛手香且洁。
> 松实味芳腴，三品殊清绝。
> 烹以折脚铛，沃之承筐雪。
> 火候辩鱼蟹，鼎烟迭生灭。
> 越瓯泼仙乳，毡庐适禅悦。
> 五蕴净大半，可悟不可说。
> 馥馥兜罗递，活活云浆澈。
> 偓佺遗可餐，林逋赏时别。
> 懒举赵州案，颇笑玉川谲。
> 寒宵听行漏，古月看悬玦。
> 软饱趁几余，敲吟兴无竭。①

---

① （清）庆桂《国朝宫史续编》，北京古籍出版社，1994 年 7 月，327 页。

《三清茶联句》（并序）是乾隆皇帝与傅恒、尹继善、刘统勋、陈宏谋、阿里衮、刘纶、于敏中、董邦达、舒赫德、裴日修、苏昌、王际华、彭启丰等十八位王公大臣的长篇联句，共二千来字。乾隆在《序》中写道："遄云我泽如春，与灌顶醍醐比渥；共曰臣心似水，和沁脾诗句同真。藉以连情，无取颂扬溢美。"也就是令臣下在共品"三清茶"时，无须颂扬溢美，歌功颂德，而是借茶与诗，讲真心话，以加深君臣之情。这里乾隆特别强调"共曰臣心似水"，是水就应当清澈明净。品三清茶，"共曰臣心似水"，实是教诲臣下要做一个"清官"。在联句的最后乾隆总结说："治安均我君臣责，勤政乘时共勖诚。"还是勖勉鼓励群臣要真诚勤政。

"莫言寡淡少滋味，淡薄之中滋味长。"现在松仁茶已经成为一种习见的深受人们珍视的饮料，台湾著名作家林清玄写有著名散文《松子茶》，原文请见松子诗文故事选编。

四 松仁配药

松仁味甘，性小温，无毒。久食健身心，滋润皮肤，延年益寿。原始道教中的长生不死思想孕育出了松子传奇故事，也使民间创造出吃松仁成仙的中药配方。

"神仙饵松实方：十月采松实，过时即落难收。去大皮，捣如膏，每服如鸡子大。日三服，如服及一百日，轻。

又方：上取松实仁，不以多少，捣为膏。每于食前，酒调下三钱。日三服，即无饥渴，勿食他物。

神仙益精补脑，久服延年不老，百岁以上颜色更少，令人身轻悦泽。松子丸方：松子（二斤取仁）、甘菊花（一斤为末）上以松脂和捣千杵，入蜜。丸如梧桐子大，每服，食前以酒下十丸，日可三服。"[①]

松仁与蜂蜜、核桃仁配伍能够润肺益肾、补中肥健，适用于身体瘦弱者长期服用。松子仁50克，蜂蜜25克，胡桃肉50克。松子仁、胡桃肉捣成碎末，与蜂蜜拌匀，火煮沸遂停火，待冷装并备用。

---

① （宋）王怀隐、陈昭遇等《太平圣惠方》九十四卷，人民卫生出版社，1958年第1版。

松仁与柏仁、桃仁、杏仁、郁李仁、草决明配伍主治大便艰难，以及年老和产后血虚便秘，舌燥少津，脉细涩。五仁别研为膏，合橘皮末同研匀，炼蜜为丸如梧桐子大。每服三十丸至五十丸，食前，米饮下，更看虚实加减。

第三节　其他的食用习俗

一　出家人必食之物

因为松子丰富的营养价值，以及受原始道教思想影响，加之出家人的饮食限制，松子成为出家人的必食之物，世俗中人向世外高僧馈赠礼物时往往以松子最为看重。唐代时，日本的圆仁和尚曾获大使君赠昆布十把、海松一裹。[1]

真鉴禅师（774～850年）是朝鲜统一新罗时代后期著名的僧人，于哀庄王五年（公元804年）入唐留学佛学。兴德王五年（公元830年）在中国学习佛教音乐后归国，创造了符合韩国民族特点的佛教音乐—梵呗，是韩国佛教音乐的创始者。在智异山南麓双溪寺藏有真鉴禅师塔碑，碑铭由大学者崔致远用拐杖的一端所书，赞美真鉴禅师"……登万仞之峰，饵松实而止观，寂寂者三年。后出紫阁，当四达之道，织芒屩而广施，惮惮者又三年。……"[2] 对世外高僧而言，松子不仅仅是一种食物，也是高洁大德的思想品格的象征。

洪武十七年（1384年），明太祖朱元璋因钦慕无念禅师之道范，曾请师入宫，对论佛法，相谈甚欢。洪武二十九年（1396年），朱元璋因怀念无念禅师，特地遣使者，赍诗文及松实松花，前往九峰，慰问无念禅师，勅云："前者僧无念，戒行精于皎月，定慧稳若巍山。暂来一见，此去常怀。怀之不已，兹特遣人就见，赍有松实花之供，谦以诗文劳之。"无念

---

[1] （日）圆仁《入唐求法巡礼行记》卷一，上海古籍出版社，1986年8月，4页。
[2] （清）陆心源《唐文拾遗》卷四十四崔致远（十一），中华书局，1983年影印嘉庆本。

禅师遂呈偈礼谢。清朝康熙皇帝第六次南巡时，二月二十六日，上幸虎邱山。三十日，幸邓尉山。圣恩寺僧际志恭迎圣驾。午后传旨宫门伺候，御赐人参二觔，哈密瓜、松子、榛子、频婆果、葡萄等十二盘。①

出家人食用松子的习俗一直流传到现在，富育光老先生就曾接触过一位常年食用松子的高僧。20世纪60年代初富老师任吉林日报记者期间，为搜集抗联故事和满族民间故事来到吉林市北山庙，北山庙里70多岁的陈住持就是一位常年服食松子的高僧。尽管时间久远，但富老师对陈住持的品行风范印象颇深。最初陈住持对富老师拒而不见，富老师诚心诚意地等候三天，陈住持才出来与他相见，颇有刘备三顾茅庐的意味。富老师与陈住持相处二十多天，早晨经常看到他嘴里总是在咀嚼东西，问他吃的是什么，他说吃的是松仁。富老师观察到陈住持有时不吃饭菜也要吃一点松仁。文化大革命期间，寺庙被毁，陈住持不知所踪。2011年吉林北山关帝庙的印久尼师圆寂时是92岁，如果陈住持能够在北山寺庙安稳清修，也能够年届九旬而终。

二　其他的食用习俗

各种松子的食用大同小异，但大兴安岭地区的偃松子有一种吃法颇与众不同，就是把偃松塔放在锅里煮，煮好后，把偃松子从偃松塔里扒出来，像吃瓜子那样吃偃松子，这是一种具有地域特色的传统饮食。偃松塔长得小，不像红松塔又大又硬，放在锅里能够煮透。过去粮食不够吃，青黄不接时，正可以把偃松子摘来煮着吃，它在当地人的心目中是铁杆庄稼。在内蒙古根河地区，7月下旬开始，吃水煮偃松子的情景随处可见，水煮偃松塔散发的清香十分诱人，令行人忍不住停下脚步，到小摊贩那里买两个尝鲜。7月份的偃松子还没有完全成熟，成熟的偃松子煮好后更有味道，但为了尝鲜，满足期待已久的美味需求，顾不上偃松塔的青绿苦涩，人们迫不及待地就把偃松塔采摘水煮了，吃水煮偃松子能持续到9月末。

---

① （清）徐珂《清稗类钞》，中华书局点校本第13册，1986年7月。

图76　敖鲁古雅驯鹿鄂温克居民水煮偃松塔（黑河学院曹福全教授提供）

在根河地区，不仅当地的汉人吃水煮偃松子，生活在大兴安岭西北地区额尔古纳河右岸的敖鲁古雅森林中的驯鹿鄂温克人尤其喜爱这道山中的美味。过去，驯鹿鄂温克人常年在深山老林里过着游牧生活，靠打猎为生，山中的野果成为他们的日常生活美食。他们把偃松塔摘下来直接放到锅里加水煮，煮时放点盐，现在还有放五香粉的，煮半小时即可食用。2011年8月，黑龙江黑河学院曹福全教授到敖鲁古雅野外考察，有幸看到驯鹿鄂温克居民正烧火水煮偃松塔，拍摄了以下珍贵照片。

图77　给水煮松塔加盐
（黑河学院曹福全教授提供）

图78 正煮着的偃松塔（黑河学院曹福全教授提供）·

图79 把偃松子从煮好的偃松塔里扒出来（黑河学院曹福全教授提供）

图80 水煮偃松塔的核、子、仁（黑河学院曹福全教授提供）

第六章

DILIUZHANG

长白山松子传说及诗文作品

第一节　松子、人参传说生成演变探析

　　"传说主要是关于特定的人、地、事、物的口头故事，分为以下几类：人物传说、地方传说、史事传说、动植物和某些自然现象的传说等等"。①而民间故事是"不以特定的人、地、事、物为对象。它所讲的事件、人物大多不具有确定性，常常以从前、某地方、有这么一家子将故事中所讲述的人物、时间、地点一带而过。"② 长白山植物传说流传久远，后来又演变为民间故事，具有非物质文化遗产的历史价值、精神价值、文化价值，是非物质文化遗产的重要组成部分。长白山植物传说比较典型的是松子、人参传说，让我们以它们为例，对长白山植物传说的生成演变加以探讨。

一　松子、人参传说形态类型

　　长白山植物故事在历史上曾以传说的形态大量地流传，成书于西汉时期的《列仙传》、《太平广记》收录的《神仙传》等集中保留了大量的松子传说，弥足珍贵。松子传说产生时间比人参传说早，流传时间主要集中在西汉至宋朝，宋朝之后突然濒危了。《列仙传》有松子传说6例，成书于晋朝的《神仙传》有松子传说4例，散见于唐人多种作品中的松子传说有8例，宋朝只有2例，出自清朝《聊斋志异》的有1例。人参传说在晋代只有1例，南朝有2例，隋代有1例，唐代有3例，宋代有3例，明代有1例，清代有6例。人参传说产生时间较晚，但随着时间的推移，数量

---

① 钟敬文《民俗学概论》，上海文艺出版社，1998年12月，245页。
② 钟敬文《民俗学概论》，上海文艺出版社，1998年12月，246页。

却逐渐增加，内容也越来越丰富。详见下表：

序号	松子传说题目	出处	年代
1	偓佺	《列仙传》	西汉
2	仇生	《列仙传》	西汉
3	赤须子	《列仙传》	西汉
4	犊子	《列仙传》	西汉
5	毛女	《列仙传》	西汉
6	文宾	《列仙传》	西汉
7	赵瞿	《神仙传》	晋代
8	皇初平	《神仙传》	晋代
9	孔元方	《神仙传》	晋代
10	秦宫女	《抱朴子》	晋代
11	尹君	《宣室志》	唐代
12	姚泓	《逸史》	唐代
13	柏叶仙人	《化源记》	唐代
14	陶尹二君	《传奇》	唐代
15	阳都女	《墉城集仙录》	唐代
16	萧氏乳母	《逸史》	唐代
17	赵知微	《三水小牍》	唐代
18	饵松蕊	《十道记》	唐代
19	黄观福	《集仙传》	宋代
20	范蠡食松果成仙	《云笈七签》	宋代
21	蝈石	《聊斋志异》	清代

序号	人参传说题目	出处	时代
1	石勒园参	《晋书》	晋代
2	人参作儿啼	《异苑》	南朝
3	阮孝绪采神草	《梁书》	南朝
4	人参呼声	《随书·五行志》	隋代
5	骆琼松下得人参	《卓异记》	唐代
5	赵生食参及第	《宣室志》	唐代
6	丐者食参升天	《神仙感遇传》	唐代
7	梅氏惧不食参	《稽神录》	宋代
8	松根人参	《夷坚志》	宋代
9	海岛人参神护惜	《墨庄漫录》	宋代
10	道徒食人参升天	《五杂俎》	明代
11	烟萝子得异参	《居易录》	清代
12	参洞	《长白山江岗志略》	清代
13	不义之报	《长白山江岗志略》	清代
15	许丫头醉酒得参	《长白山江岗志略》	清代
16	参童购草帽	《长白山江岗志略》	清代
17	山参化人	《长白山江岗志略》	清代

1. 服食成仙传说

西汉时期开始产生松子传说与当时盛行的方士文化有关。方士是精通方技数术之士，他们由先秦时期的巫演化而来。巫具有充当人神沟通媒介的本领，"是学识渊博的知识分子"，由巫演变而来的方士掌握了天文、医学、神仙、占卜、相术、命相、遁甲、堪舆等等更多的方术。方士文化兴起于战国时期，方士文化的核心是追求长生不老，认为服食、淫祀可以成为神仙。他们不但建立了神仙学理论，还写出了好多仙话。松子素有长寿果之称，可以食药两用，成为西汉时期方士们服食成仙的首选植物果实。方士以松子为题材创作了好多仙话，为我们留下了这些珍贵的松子传说。

例如《列仙传》中的女仙毛女传说：毛女的名字叫玉姜，住在华山中，猎人世代都见到过她。她的身上长毛，自己说是秦始皇时的宫女，秦朝灭亡以后，流亡到山里避难，遇见道士谷春，教她吃松叶、松花和松仁，于是就不知道饥饿和寒冷，身体也轻便，行走如飞，已经有一百七十多年了。[1]

　　人参的功效和松子不同，药效较强，不以食用为主，所以早期的人参传说较少。唐朝时人参传说开始出现服食成仙的内容，但只有1例，出自《神仙感遇传》：维杨十友，都是家产较丰，仰慕清静知道道义的人。他们安居乐业，相处得像兄弟一样，每家轮流用酒饭娱乐。忽然有一个老头，衣服又脏又破，从外表看很瘦弱，好象是个贫寒不丰足的人。他跟随十人来到他们聚会的地方。大家既然心情舒畅，也都怜悯这个老头，没赶走他。老头吃饱喝足自己走开，没有人知道他去了哪里。一天，他向大家说：“我是个缺少能力的人，幸而大家允许我在末座相陪，不责怪我。如今你们十人设宴，宴席已经轮流完毕，我也愿意尽力准备一次宴会，用来答谢你们的厚恩。以另外的日子相约，希望大家能够一同前去。”到了约定的日期，十友依老头所说的话，一起等待。凌晨，穷老头果然来了，领着他们慢慢走，来到东塘郊外，荒野中有两三间茅屋，歪斜得要倒，老头就把他们领到茅屋之下。已有几个乞丐在屋里，都是披散着头发穿着补了又补的破衣，样子肮脏丑陋。老头到了，乞丐互相看了看就起身，象一面墙似的站着等老头吩咐。老头令他们打扫屋子，铺上柴草，展开草席，邀请他们围成一圈坐下。天已经晚了，大家面露饥饿的神色，过了很久，分别拿醮盐竹筷，放到客人面前。一会儿，几个乞丐共同抬着象案子似的一块大板，板长四五尺，摆在草席中央，用油渍渍的布把它盖上。十友互相看看，以为一定能解饥了，为此很高兴。油布撤去以后，热气腾腾地还不能看清，看了很久，原来是一个蒸熟了的小孩，大约十多岁，已经稀烂了，耳目手足，一半已经脱落。老头揖让劝勉，让大家去吃，大家都怨恨他，多数假装说不饿，也有人生气逃去，都不肯吃。老头就放开量大吃起来，直到吃得好象有要流出的样子。老头没有吃尽，就让众乞丐拿走，让他们吃光。这时老头才对众人说：“这次所吃的东西，是千年的人参啊，很难找到。我得到这个东西，为众位筵请相待之恩所感，姑且想用它相

_____

①　王叔岷《列仙传校笺》，中华书局，2007年6月，133页。

报。而且吃到它的人，能白日上天，身为上仙。大家既然不吃，大概是命运吧！"大家都很惊异，后悔道歉不及。老头催促询问众丐，让他们吃完就来。不一会儿，乞丐们变成了金童玉女，旗幡伞盖前导后从，与老头一起同时升天。十友挖空心思去追寻，再也没能见到老头。①

明代的《五杂俎》里有 1 例和《维杨十友》主题相似的传说："千年人参根作人形，中夜常出游。烹而食之，则仙去。相传有女道士师弟二人居深山中。其徒汲水于井畔，见一婴儿，抱归，成一树根。师大喜，烹之未熟，以粮尽下山，为水阻，不得还。徒饥，闻甑中气香美，食之，比师归，已飞升矣。"② 到了清代又出现 1 例《烟萝子得异参》的飞升传说。

2. 奇异幻化传说

最初的人参传说情节内容不是服食成仙，而是讲述人参的奇异幻化，如晋代的石勒园参：石勒家住在武乡北原山下，那里的草木都有铁骑的气象。他家园子里生长的人参花叶茂盛，全都呈现出人的形状。③ 到了南朝，人参的奇异变幻又有了进一步发展，如《异苑》记载："人参一名土精，生上党者佳。人形皆具，能作儿啼。昔有人掘之，始下数锸，便闻土中呻吟声，寻音而取，果得人参，长二尺许，四体必备，而发有损缺处，将是掘伤所以呻也。"④ 这段文字的大意是人参，又称作土精，生长于上党的最好，具备人形，能学小孩叫唤。从前有人挖人参，刚刚挖了几锹，就听到土里有呻吟声。顺着叫声去挖，果真得到一苗人参，长有二尺左右，胳膊腿完全具备，挖参人发现人参主体有损坏短缺的地方，认为挖伤这些部位才叫唤的。南朝的人参传说还增加了神奇的得参过程的描述，如《阮孝绪采参》：阮孝绪为了治疗母亲的疾病进山挖参，寻了几日未得一苗人参。忽然，他看到一只鹿在前边走，他就跟在鹿的后边，在鹿消失的地方得到一苗人参，他的母亲喝了人参汤，身体就痊愈了。⑤

南宋时期的人参传说又出现了奇异的护参人，如《墨庄漫录》记载宋

---

① （宋）李昉《太平广记》，团结出版社，1994 年 9 月，209 页。

② （明）谢肇淛撰、傅成校点《历代笔记小说大观 五杂俎》，上海古籍出版社，2012 年 12 月，203 页。

③ （唐）房玄龄等《晋书》卷一百四载，中华书局出版，1996 年 4 月，2707 页。

④ （前秦）王嘉等撰；王根林等校点《拾遗记·外三种》，上海古籍出版社，2012 年 8 月，96 页。

⑤ （宋）李昉《太平预览》卷九百九十一，中华书局，1960 年影印版，4385 页。

代元祐年间，明州商人陈生跟着商船过海遇到大风，漂流到一个岛屿上，看到岛上有一个精美的房屋，金碧辉煌，扁额写着"天宫之院"。殿堂上有一位老人正襟危坐，身边簇拥着三百多人，身着白袍乌巾，说是唐末避难来到这里，不知道现在是什么年代。山上有一座亭子，匾额上是唐朝宰相裴休写的"笑秦"。山里的人参个头很大，多数像人形，陈生想要几棵。老人说："此物是鬼神保护爱惜的东西，不能随便带它过海，山里的金玉任你带走。"① 这位老人就是护参神。

在南宋之后，出现各种各样的护参情节，以表现人参的神奇。如《长白山江岗志略》记载：嘉庆年间有人放山到了天池，看见山峰下有个石洞，洞门口有许多小人参，他想里面一定有大货，他往洞里走，黑得伸手不见五指，当他想转身往回走时，看见前边露出一丝光亮，他朝着光亮爬了十几步，一下子豁然开朗，几里之外还有两三间草房。当他走近草房时，从草房里走出来一位白发老人，他和老人打招呼，老人用手指往西指了指，好像示意他离去。他往西走了十几里路，来到一个山沟里，遇到一片大人参，他就挖啊挖。突然从山沟里跑出来一个小姑娘，愤怒地说："你好大的胆子呀，光天白日，竟敢偷我家园子里的东西，背夹里都要装满了，还贪得无厌，太不像话了！"说着，手抓沙子向放山人扬了过去，放山人向小姑娘求饶，小姑娘说："我不杀你，你快走吧，如果遇到我母亲，你就别想活着回去了"。②

明末清初采参习俗发展到高峰，采参成为长白山区的主要财源，所以清朝时期的人参传说关于得参过程的描写更是五花八门，越写越曲折离奇。如《长白山江岗志略》的参童购草帽故事，"十数年前，有一放山者用松枝作架，为一小厦居之。一日，将赴帽儿山购靴鞋等物，忽一童子至厦与语，嘱令带一草帽。放山者疑而诺之，赴帽儿山购帽回。越三日，童子至，称谢取帽去，面邀明日过东沟一谈。放山者明知童子非人，次晨往观其变。抵东沟，遥见草帽在林中，近视之，帽挂于八批叶之参上，取出身如人形，约重十二三两，后赴营口，千金售于南客。"③

---

① （宋）陈翥《桐谱》，中华书局，1985 年，87 页。
② （清）刘建封《长白山江岗志略》，吉林文史出版社，1987 年，322 页。
③ （清）刘建封《长白山江岗志略》，吉林文史出版社，1987 年，387 页。

二　原始宗教信仰留下的历史记忆

纵观松子、人参传说，不管是服食成仙的传说类型，还是表现人参奇异幻化的传说类型，都是原始宗教信仰留下的历史记忆。

1. 崇拜自然，万物有灵

原始社会时期，生产力十分低下，人类初民的社会生产和社会生活完全依赖于大自然的恩赐。风调雨顺，人们就可能填饱肚子；遇到自然灾害，人类就要遭灾受难。人类初民对大自然的认识能力有限，对一些很常见的自然现象都无法做出科学的解释，他们在感激大自然为他们提供生存资源的同时，也产生了对大自然的恐惧敬畏心理，看到电闪雷鸣，认为是天神因为人类做了坏事来惩罚他们，看到狂风暴雨就认为是大自然因为人类的错误生气发威。脆弱渺小的人类对大自然产生了依赖感、神秘感和敬畏感，于是把自然拟人化，认为大自然的一切事物背后都有一个神灵存在，它能够支配控制人类，可以给人类赐福或降祸，人们必须对它顶礼膜拜，才能得到它们的庇佑。万物有灵的观念解释了自然现象的多样性、变动性和喜怒无常的情态。

松子、人参传说是在人们对自然认知的不断发展过程中产生的。松子"味甘美，大温，无毒。主诸风，温肠胃，久食轻身，延年，不老。"① 能食用的松子种类较多，其中红松的树龄能达到几百年，树高能达到几十米，能活到几百年又高达几十米的植物结出的果实自然令人感到神奇。而人参"主补五脏，安精神，定魂魄，止惊悸，除邪气，明目，开心益智。久服，轻身延年。一名人衔，一名鬼盖。生山谷。"② 具有一定药效的松子、人参对人们的身体健康起到一定作用，他们就感到松子、人参是很奇异的东西。当人们萌生健康长寿愿望的时候，他们把这种美好的感情愿望寄托于松子、人参，这些植物的果实、根茎就神奇起来了，产生了超乎寻常的能力，它们能够药到病除，能够使人长寿，甚至能够使人长出羽毛飞升。这些传说是早期人类认识自然、探索自然过程的沉淀，再现了人类初

---

① （唐）李珣《海药本草》，中医中药论坛 http：//bbs. zhong‑yao. net/。
② 陈德兴等注《神农本草经》，福建科学技术出版社，2012 年 6 月，13 页。

民认识自然，探索自然的生动图景。

2. 灵魂不死观念

人类初民在认识自然探索自然的过程中，开始关注生命来自哪里去往何处。他们对自身生理构造和精神活动现象不理解，认为人类能够睡眠和做梦是体内的灵魂在起作用，睡眠是灵魂暂时离开身体，做梦是灵魂随处游荡。生病是灵魂和肉体不能正常复合，或者是凶死者的灵魂附体所致，死亡则是灵魂永远离开肉体。人类初民认识到生命的短暂，产生了对生的渴望和对死亡的恐惧。怎么样能够解决人类生命有限的问题，他们就把自身和外部世界联系起来，就想象着服食草木的果实和根茎来延续自己的生命，直至长生不死，灵魂在另一个世界获得永生。灵魂不死观念在蒙昧时代普遍存在于人们的意识当中，人们由追求灵魂的永生又发展到肉体不灭，于是，一个奇异的神仙世界就在人们的头脑里产生了。

医学典籍记载了服食松子成仙的配方："神仙饵松实方：十月采松实，过时即落难收，去大皮，捣如膏。每服如鸡子大，日三服。如服及一百日，轻身；三百日，日行五百里，绝谷。久服升仙。又方：上，取松实仁，不以多少，捣为膏。每于食前，酒调下三钱，日三服，即无饥渴，勿食他物。百日身轻，日行五百里，绝谷升仙。"[①] 可笑的是服食成仙的仙人和道教中的神仙又有所不同，成仙后不是不食人间烟火，而是要继续服食仙方，否则又会恢复为常人。如《秦宫人》传说中的毛女，她本来吃松叶松果已经活了一百七十多岁，被猎人合围抓到后，给她吃五谷杂粮，毛女身上的长毛渐渐脱落，转眼变老而死。如果不是被猎人所获，她就会修成正果。

原始宗教信仰促成了松子、人参传说的形成，松子、人参传说是原始宗教信仰叙事话语的历史表达方式。民间传说在利用历史表达方式的时候，主要表现为历史的传说和传说化的历史，无论是客观的历史存在，还是心灵情感的真实记录，他们都是在历史的痕迹中进行文学创作，因此民间传说具有厚重的历史感，在与民间信仰的互动中世代流传。民间传说叙事方式在创作和演化中总是有一些内在和外在的东西支撑着，内在的民间信仰因素是规约传说发展的关键。民间传说依托民俗信仰而存在，而民俗

---

① （宋）王怀隐、陈昭遇等《太平圣惠方》九十四卷，人民卫生出版社，1958 年，459 页。

信仰在历史的发展中往往沉淀到传说叙事的深层结构中。

三　传说内在信仰的演变

随着道家原始宗教思想的衰微，人们愈发认识到服食长生不死的欺骗性，人们的民俗信仰观念发生了变化，不再崇信吃松子、人参长生不老或羽化飞升，支撑传说的民俗信仰大厦土崩瓦解，民俗信仰观念和民间传说互动停止，所以在宋朝之后服食松子、人参成仙的传说突然衰微，以致濒危了，经过世代流传，我们现在所能看到的是关于植物神奇幻化的一类传说。

这一类传说能够世代流传兴盛不衰，是因为传说内容蕴含的民俗信仰一直流动在人们的历史记忆中。满族建立政权之前，长白山土特产资源是他们的立国之本，建立政权之后，大量的闯关东难民又靠放山为生。荒芜的长白山虎狼横行，神秘的大山吞噬着放山人的生命，人参传说诞生之时具有的原始宗教色彩从没有淡化过，甚至还因为放山人的渲染而愈加浓烈。上文列举的护参人是老人和小姑娘，后来又有了人们传说的蟒蛇护参、黄鼠狼护参等等。人参的变幻形象最多的是小娃娃和大姑娘、小媳妇，为啥没有变成硕壮的年轻小伙子呢？这是因为原始宗教信仰产生于母系氏族社会时期，女权社会里女性在社会生活中占有崇高地位，在征服自然的劳动实践中女性被神化，女性崇拜思想一直贯穿于人参传说中。人参传说中的大姑娘、小媳妇具有超自然的神力，能够战胜各种艰难险阻，给人们带来吉祥与幸福生活，她们是远古神话中的女神移位到了后世的人参传说故事中。

四　传说叙事视角的演变

陈平原在《中国小说叙事模式的转变》一书中，把叙事角度区分为三种情况："一、全知叙事，叙述者无所不在，无所不知，有权利知道并说出书中任何一个人物都不知道的秘密；二、限制叙事，叙述者知道的和人物一样多，人物不知道的事，叙述者无权叙说。叙述者可以是一个人，也可以是几个人轮流充当，限制叙事可以采用第一人称，也可采用第三人称；三、纯客观叙事，叙述者描写人物所看到和听到的，不作主观评价，也不分析人物。"① 产生于汉代的松子传说受到史传文学的很大影响，在史家名著《史记》和《左传》中，他们所采用的主要是第三人称全知视角，这种叙事视角最大的优势就是叙事者可以以一个旁观者的身份将整个故事叙述清楚，并且可以对整个事件进行评头论足。松子传说采用了史传文学的第三人称全知视角进行叙事，开头先介绍人物，中间内容是吃松子成仙的过程，然后交代人物去向，最后点评。无论传说中的人物是否实有其人，无一例外的向读者介绍一番，使读者感到吃松子成仙的故事真实可信。如对吃松子成仙的偓佺评论到"尽性可辞，中智宜将。"意思是"保全天性者自可不用，常人当服此调养。"对赤须子评论到"空往师之，而无使延。顾问小智，岂识巨年？"意思是"人们徒劳地去拜赤须子为师，却不能够使寿命长延。试问那些小智小慧，怎懂得仙人如何永年？对毛女的评论是"因败获成，延命深吉。得意岩岫，寄欢琴瑟。"汉代松子传说的结尾无一例外地对主人公加以点评，好像为传说中的人物立传一样。

松子传说都是以吃松子长生不死或成仙作为表现的主题思想，由于受到史传文学影响采用全知叙事视角，所以在情节结构上形成固定模式：主人公＋松子＋去向（羽化飞升、尸解、入山）。松子传说中的人物来自各个阶层各个行业，如偓佺是采药的人，仇生是掌管五行的官，赤须子管理渔业，犊子夫妇卖桃李，毛女是秦朝时的宫女，文宾是卖草鞋的，皇初平是牧羊人，等等。偓佺、文宾、毛女、吃了松子都长命到一二百岁，赵瞿吃松子活到三百多岁，姚泓吃松子遍身绿毛，活了四百岁，皇初平吃松子活到五百多岁；赤须子、犊子、孔元方吃松子成仙栖隐到深山，尹君吃松子尸解，陶尹二公、范蠡吃松子飞升成仙。虽然松子传说对主人公的背景和去向只做了粗略介绍，但吃松子成仙的主体部分写得生动细致离奇，又具有信史特征。叙事者为了增加传说的可信度，甚至还创作了停食松子又恢复为常人的故事。如萧氏乳母刚出生时，父母为了保全她的性命把她遗弃在石头上，她吃松柏活命，到了五六岁的时候，觉得身体轻健，能腾空而起，可以达到一丈多高。后来，她的肘腋间又渐渐生出绿毛，有一尺多长，身子稍稍能飞起来。十年后，她的亲生父母找到她，给她吃了水果五

---

① 陈平原《中国小说叙事模式的转变》，北京大学出版社，2010年1月，58页。

谷，她的超常功能消失了，无法飞腾，令人叹惋。

人参传说产生于晋代，史传文学对其影响微乎其微，所以人参传说与产生于汉代的松子传说采用了不同的叙事视角，即采用纯客观叙事角度。人参传说虽然在开头也提到主人公的名字，但对主人公的身份信息很少加以介绍，不是侧重于为这个人物立传，只是客观的叙述了整个情节的发展过程，结尾没有评语。早期的人参传说情节内容非常简单，就是表现人参的奇异变幻，没有形成固定的情节结构。南朝的人参传说除了侧重描述人参的奇异变幻，还出现了具体的采参人和得参过程的描写，没有把人参的神奇功效作为叙述的重点，但人参传说情节内容突然丰富起来，形成了一定的情节结构模式：采参人＋采参过程＋人参的神奇功效，如上文列举的阮孝绪采参。因为人参是草本植物，在草丰林茂的深山里难以寻觅，所以艰难的得参过程逐渐成为情节描述的重点。自南朝后，人参传说的这类情节结构模式成为主流，并世代沿习。

第二节　松子传说选编

1. 偓佺

偓佺者，槐山采药父也，好食松实，形体生毛，长数寸，两目更方，能飞行逐走马。以松子遗尧，尧不暇服也。时人受服者，皆至二三百岁焉。饵松，体逸眸方。足蹑鸾凤，走超腾骧。遗赠尧门，贻此神方。尽性可辞，中智宜将。①

【译文】

偓佺是槐山中采药的人，爱吃松子，遍身长毛，长达几寸，两眼变成方形，能疾步如飞追逐奔马。他拿松子赠给尧帝，可尧帝没功夫服用它。当时人们凡吃了这种松子的，都能活到二三百岁。采食松子，身体轻眸珠方。脚踏鸾鸟彩凤，奔走超越腾骧。遗赠尧帝松实，留此神奇医方。保全天性者自可不用，常人当服此调养。

---

① 王叔岷《列仙传校笺》，中华书局，2007年6月，11页。

2. 仇生

仇生者，不知何所人也。当殷汤时，为木正三十余年，而更壮。皆知其奇人也，咸共师奉之。常食松脂，在尸乡北山上，自作石室。至周武王，幸其室而祀之。异哉仇生，靡究其向。治身事君，老而更壮。灼灼容颜，怡怡德量。武王祠之，北山之上。①

【译文】

仇生，不知是什么地方人。在殷汤的时候，做了三十多年的五行官，年老了却变得更加健壮。人们都知道他是个奇异的人，一齐尊奉他为老师。他常吃松脂，在尸乡的北山上，自己开凿了一个石室居住。到周武王时，武王亲临石室察看，并奉祀仇生。仇生这人真奇异，一生行踪不定。修身养性事君王，年老精力更旺盛。神彩奕奕好容颜，和颜悦色有德行。武王尊崇亲祭祀，尸乡故地北山顶。

3. 赤须子

赤须子，丰人也，丰中传世见之云。秦穆公时主鱼吏也，数道丰界灾害水旱，十不失一。臣下归向，迎而师之，从受业，问所长。好食松实、天门冬、石脂，齿落更生，发堕再出，服霞绝后。遂去吴山下，十余年，莫知所之。赤须去丰，爰憩吴山。三药并御，朽貌再鲜。空往师之，而无使延。顾问小智，岂识巨年？②

【译文】

赤须子是丰县人，丰县人相传世代都见到过他。他本是秦穆公时主管渔业的官吏，多次预言丰县界内的水旱灾害，十次中没有一次失误。当时的大臣都归向他，把他迎去作老师，跟随他学习，请教他的特长。他喜欢吃松子、天门冬和石钟乳，牙齿掉了能够再生，头发掉了也能够再长出来，服霞修炼，没有后代。后来他去了吴山，又过了十多年，就没有人知道他到哪里去了。赤须子离开了丰县，于是栖隐到吴山。三种药物一同服用，衰老的容貌重新变得美艳。人们徒劳地去拜他为师，却不能够使寿命延长。试问那些小智小慧，怎懂得仙人如何永年？

---

① 王叔岷《列仙传校笺》，中华书局，2007 年 6 月，36 页。
② 王叔岷《列仙传校笺》，中华书局，2007 年 6 月，101 页。

4. 犊子

犊子者，邺人也。少在黑山，采松子、茯苓，饵而服之，且数百年。时壮时老，时好时丑，时人乃知其仙人也。常过酤酒阳都家。阳都女者，市中酤酒家女，眉生而连，耳细而长，众以为异，皆言此天人也。会犊子牵一黄犊来过，都女悦之，遂留相奉侍。都女随犊子出，取桃李，一宿而返，皆连兜甘美。邑中随伺，逐之出门，共牵犊耳而走，人不能追也。且还复在市中数十年，乃去见潘山下，冬卖桃李云。犊子山栖，采松饵苓。妙气充内，变白易形。阳氏奇表，数合理冥。乃控灵犊，倏若电征。[①]

【译文】

犊子是邺县人。他年轻时在黑山采集松子和茯苓，做成糕饼吃，将近几百年。他有时强壮有时衰老，有时英俊有时丑陋，当时的人才知道原来他是仙人。他经常到卖酒的阳都家去，阳都的女儿是集市中卖酒人家的女儿，两道眉毛生下来就连在一起，耳朵又细又长，人们觉得她长相奇特，都说她是天上的仙人。犊子牵着一头小黄牛来到她家，阳都女喜欢他，就把他留下来，与他做了夫妻。阳都女跟随犊子出去摘取桃李，过了一夜才回来，所摘的桃李连根蒂都甜美。同乡的人跟随侦察他们，追逐他们出城门后，他们就一起牵着小牛的耳朵走了，人们追不上他们。后来他们又在集市中生活了几十年，离开后又出现在潘山下，冬天仍在卖桃李。犊子隐居在山中，采集松子和茯苓，神气充满体内，能使肤色白皙身体健康。阳都女儿相貌特异，道合自然理玄深。牵着灵异的黄犊离去，迅如闪电划过长空。

5. 毛女

毛女者，字玉姜，在华阴山中，猎师世世见之。形体生毛，自言秦始皇宫人也，秦坏，流亡入山避难，遇道士谷春，教食松叶，遂不饥寒，身轻如飞，百七十余年。所居岩中有鼓琴声云。婉娈玉姜，与时遁逸。真人授方，餐松秀实。因败获成，延命深吉。得意岩岫，寄欢琴瑟。[②]

---

① 王叔岷《列仙传校笺》，中华书局，2007 年 6 月，109 页。
② 王叔岷《列仙传校笺》，中华书局，2007 年 6 月，133 页。

【译文】

毛女的名字叫玉姜，住在华山中，猎人世代都见到过她。她的身上长着长毛，自己说是秦始皇的宫女，秦朝灭亡以后，流亡到山里避难，遇见道士谷春，教她吃松叶，于是就不知道饥饿和寒冷，身体也轻便，行走如飞，已经有一百七十多年了。她所住的岩洞里常有弹琴的声音。年少美貌的玉姜，随着时势的变化逃匿到深山里。仙人教给她秘方，服食松花和松果。她因秦朝的灭亡得以成仙，延年益寿福气深。她在岩洞中行志适意，瑶琴给她带来欢乐。

6. 文宾

文宾者，太丘乡人也，卖草履为业。数取姁，数十年，辄弃之。后时故姁寿老，年九十余，续见宾年更壮。他时姁拜宾涕泣，宾谢曰："不宜。至正月朝，傥能会乡亭西社中邪？"姁老，夜从儿孙行十余里，坐社中待之。须臾，宾到，大惊："汝好道邪？知汝尔，前不去汝也。教令服菊花、地肤、桑上寄生、松子，取以益气。姁亦更壮，复百余年见云。文宾养生，纳气玄虚。松菊代御，炼质鲜肤。故妻好道，拜泣踟蹰。引过告术，延龄百余。[①]

【译文】

文宾是太丘的乡下人，以卖草鞋为职业。他几次娶妻，几十年后，就抛弃了妻子。后来他原先的妻子长寿，活到九十多岁，再见文宾时，他反而更加强壮。老妇人后来又去见文宾，对他流泪，文兵推辞说："不应当这样伤心。到正月初一早晨，你能在乡舍西边的社庙里再相会吗？妇人已经很老了，夜里带着儿孙走了十多里，坐在社庙里等候文宾。不久，文宾到了，非常惊讶地对她说："你也爱好道吗？早知你这样，先前就不会遗弃你了。"于是教她服用菊花、地肤、桑上寄生和松子，用它来补气。老妇人从此也变得强壮，又过了一百多年她还活着。文宾修身养性，吸纳精气神清性闲。松子菊花交替服用，修炼身体肌肤妍。前妻老来颇好道，流涕相拜意缠绵。自认过施教道术，寿命又延百余年。

---

① 王叔岷《列仙传校笺》，中华书局，2007年6月，138页。

7. 赵瞿

赵瞿者，字子荣，上党人也。得癞病，重，垂死。或告其家云："当及生弃之，若死于家，则世世子孙相蛀耳。"家人为作一年粮，送置山中，恐虎狼害之，从外以木寨之。瞿悲伤自恨，昼夜啼泣。如此百余日，夜中，忽见石室前有三人，问瞿何人。瞿度深山穷林之中，非人所行之处，必是神灵。乃自陈乞，叩头哀求。其人行诸寨中，有如云气，了无所碍。问瞿"必欲病愈，当服药，能否？"瞿曰："无状多罪，婴此恶疾，已见辣弃，死在旦夕。若刖足割鼻而可活，犹所甚愿，况服药岂不能也。"神人乃以松子、松柏脂各五升赐之，告瞿曰："此不但愈病，当长生耳。服半可愈，愈即勿废。"瞿服之未尽，病愈，身体强健乃归家，家人谓是鬼。具说其由，乃喜。遂更服之二年，颜色转少，肌肤光泽，走如飞鸟。……在人间三百余年，常如童子颜色，入山不知所之。①

【译文】

赵瞿字子荣，是山西上党人。他得了很重的癞病，快要死了。有人对他的家人说，"趁还有口气，把他弄到外面去吧，如果死在家里，怕后代子孙都会因传染而得癞病。"家里人就给他准备了一年的粮食，把他送到深山的石洞里，怕被虎狼伤害，就用木栅把他围了起来。赵瞿十分悲痛，昼夜哭泣。有天夜里石洞前忽然来了三个人，问他是什么人。赵瞿暗想，这深山老林里平常人是不会来的，一定是神仙。他就诉说了自己的悲惨处境，哀求神仙帮助。三个人就像云似的飘进石洞，洞外的栅栏一点也没碍事。他们说："你一定想把病治好吧，让你服点药行不行？"赵瞿说："我必是今生罪孽深重，才得了这么重的病，甚至连家人都抛弃了我，早晚必死无疑了。只要能治好我的病，就是砍掉我的腿，割掉我的鼻子我也心甘，何况是服药呢。"仙人就给了他松子和松脂、柏脂各五升，并告诉赵瞿说："吃了这药不但可以治好病，还能长生不老。吃一半病就能好，病好后还要继续吃。"赵瞿还没吃完，病果然好了，身体也十分健壮，就回了家。家人以为他是鬼，后来听他讲述了神仙赐药的经过，家里人大喜。赵瞿又继续服了两年药，变得十分年轻，皮肤也变得十分有光泽，走起路来像飞鸟般轻捷。到了七十岁时，吃山鸡野兔连骨头都能嚼碎，背负很重

---

① （宋）李昉等《太平广记》卷十，中华书局，1961 年 9 月，71 页。

的东西也不觉得累。活到一百七十岁时，有天夜里他睡下后忽然看见屋里有个东西像镜子般发光，问别人，谁也没看见。过了一天，就发现夜间全屋通明，能看得见写字。他又发现脸上有两个小人有三寸高，是非常端庄的美女，只是太小了，在他鼻子上戏耍。后来两个美女渐渐长大，和正常人一样了，不再在他鼻子上玩，而是在他身边，常常弹琴鼓瑟给他听，使他非常快活。赵瞿在人间呆了三百多年，仍然面如少年，后来进山，不知去了什么地方。

8. 皇初平

皇初平者，丹溪人也。年十五，家使牧羊，有道士见其良谨，便将至金华山石室中，四十余年，不复念家。其兄初起，行山寻索初平，历年不得。后见市中有一道士，初起召问之曰："吾有弟名初平，因令牧羊，失之四十余年，莫知死生所在，愿道君为占之。"道士曰："金华山中有一牧羊儿，姓皇，字初平，是卿弟非疑。"初起闻之，即随道士去，求弟遂得，相见悲喜。语毕，问初平羊何在，曰："近在山东耳。"初起往视之，不见，但见白石而还，谓初平曰："山东无羊也。"初平曰："羊在耳，兄但自不见之。"初平与初起俱往看之。初平乃叱曰："羊起。"于是白石皆变为羊数万头。初起曰："弟独得仙道如此，吾可学乎？"初平曰："唯好道，便可得之耳。"初起便弃妻子留住，就初平学。共服松脂茯苓，至五百岁，能坐在立亡，行于日中无影，而有童子之色。后乃俱还乡里，亲族死终略尽，乃复还去。初平改字为赤松子，初起改字为鲁班。其后服此药得仙者数十人。[①]

【译文】

皇初平是丹溪人。十五岁时，家里让他出去放羊，遇见一个道士，道士看他憨厚善良，就把他领到浙江金华山的山洞中，一去就是四十多年，他也不再想家。他的哥哥叫皇初起，进山寻找，找了好几年也找不到。后来他在街上遇见一个道士，就向他打听说，"我有个弟弟叫皇初平，家里让他放羊，已经走失了四十多年，不知他的死活，也不知他在什么地方，恳求道长给算一算。道士说："金华山中有一个放羊的小孩，姓皇字初平，

---

① （宋）李昉等《太平广记》卷七，中华书局，1961 年 9 月，50 页。

肯定就是你的弟弟了。"初起听后就跟着道士，到金华山里找到了弟弟，兄弟相见悲喜交加。初起就问初平那羊都哪去了，初平说，"就在东边山坡上。"初起就到东山坡上去找，没看见羊，只看见一堆白石头，就回来对初平说，"东山坡上哪里有羊啊?"初平说"羊就在那儿，只是哥哥你看不见罢了。"初平就领哥哥来到东山坡，吆喝了一声"羊快起来!"只见那些白石头一下子变成了几万头羊。初起说，"弟弟你已经得了仙道，我能学成吗?"初平说。"只要你诚心修道，就能学成。"初起就离开了妻子儿女，来跟弟弟学道。和他一起服用松脂和茯苓，活到了五百岁，修炼得能坐在那里忽然消失，在大白天走路，谁也看不见他，面容也像孩童一样。后来兄弟俩一起回乡，见亲族都已死光了，就又回了山。初平改名赤松子，初起改名叫鲁班。后来服他们的药成仙的有好几十人。

9. 孔元方

孔元方，许昌人也。常服松脂、茯苓、松实等药，老而益少，容如四十许人。郄元节、左元放皆为亲友，俱弃五经当世之人事，专修道术。元方仁慈，恶衣蔬食，饮酒不过一升，年有七十余岁。道家或请元方会同饮酒，次至元方，元方作一令：以杖挂地，乃手把杖倒竖，头在下，足在上，以一手持杯倒饮，人莫能为也。元方有妻子，不畜余财，颇种五谷。时失火，诸人并来救之，出屋下衣粮床几，元方都不救，唯箕踞篱下视火。其妻促使元方助收物，元方笑曰："何用惜此。"又凿水边岸，作一窟室，方广丈余，元方入其中断谷，或一月两月，乃复还，家人亦不得往来。窟前有一柏树，生道后棘草间，委曲隐蔽。弟子有急，欲诣元方窟室者，皆莫能知。后东方有一少年，姓冯名遇，好道，伺候元方，便寻窟室得见。曰："人皆来，不能见我，汝得见，似可教也。"乃以素书二卷授之曰："此道之要言也，四十年得传一人。世无其人，不得以年限足故妄授。若四十年无所授者，即八十年而有二人可授者，即顿接二人。可授不授为'闭天道'；不可授而授为'泄天道'，皆殃及子孙。我已得所传，吾其去矣。"乃委妻子入西岳。后五十余年，暂还乡里，时人尚有识之者。[①]

---

① （宋）李昉等《太平广记》卷九，中华书局，1961 年 9 月，61 页。

【译文】

孔元方是河南许昌人。他经常服用松脂、茯苓、松子等药，老年时变得十分年轻，容貌像四十多岁的人，郗元节、左元放都是他的好朋友，他们都既不读《四书》、《五经》，又不问世事，专门研究道术。孔元方为人善良仁慈，粗衣素食，喝酒从不超过一升，当时有七十多岁。有一次，几位道士请孔元方一起喝酒，轮到元方干杯时，元方行了个酒令：他把拐杖拄在地上，手扶着拐杖头朝下脚朝上倒立着，用另一只手拿着酒杯倒着喝酒，结果谁也不会像他这样饮酒。孔元方有妻有子，但从不积存钱财，只是很下力气地种田。有一次，孔元方家里失火了，人们都来救火，往外抢救衣物粮食家具，但孔元方却不往外抢东西，反而蹲在篱笆前看火。他的妻子催他赶快抢救财物，孔元方笑道："这些都是身外之物，有什么可惜的！"孔元方又在河边岸上凿了一个一丈见方的洞，然后钻进洞里，不吃不喝，一两个月也不出来，家里的人他也不让到洞里来。洞前有一棵柏树，长在大道后面的荆棘草丛里，挡着那个洞。有时弟子有急事想找孔元方，也找不到他住的那个洞。后来从东方来了一个少年，名叫冯遇，爱好道术，想跟随孔元方学道。他一来就找着了孔元方的那个洞室。孔元方说："别人来都找不到我，你却一来就找到了我，看来你是值得我传授道术的人。"孔元方就把两卷写在白布上的经文给了冯遇，并对他说："这上面写的是修道的要点，四十年才可以传授一个人。如果四十年到了还找不到值得传授的人，那也不能因为年限到了胡乱传授，须等八十年，如有两个人可传授，就传给两个人。误传或不传，就犯了'闭天道'的罪，不该传的却传了，就犯了'泄天道'的罪，这两种罪都会连累子孙而受到惩罚。现在我已经把道术的精要传给你，我就可以去了。"于是孔元方就扔下妻子儿女进了西岳华山。五十年后，孔元方回过一次故乡，当时的人还有认识他的。

10. 尹君

唐故尚书李公诜，镇北门时。有道士尹君者，隐晋山，不食粟，常饵柏叶，虽发尽白，而容状若童子，往往独游城市。里中有老父年八十余者，顾谓人曰："吾孩提时，尝见李翁言，李翁吾外祖也。"且曰："我年七岁，已识尹君矣；迨今七十余年，而尹君容状如旧，得非神仙乎。吾且老，自度能几何为人间人；汝方壮，当志尹君之容状。"自是及今，七十余岁矣，而尹君曾无老色，岂非以千百岁为瞬息耶。北门从事冯翊严公绶，好奇者，慕尹之得道，每旬休，即驱驾而诣焉。其后严公自军司马为北门帅，遂迎尹君至府庭，馆于公署，终日与同席，常有异香自肌中发，公益重之。公有女弟学浮图氏，尝曰："佛氏与黄老固殊致。"且怒其兄与道士游。后一日，密以堇斟致汤中，命尹君饮之。尹君即饮，惊而起曰："吾其死乎！"俄吐出一物甚坚，有异香发其中。公命剖而视之，真麝脐也。自是尹君貌衰齿堕，其夕卒于馆中。严公既知女弟之所为也，怒且甚，即命部将治其丧。后二日，葬尹君于汾水西二十里。明年秋，有照圣观道士朱太虚，因投龙至晋山，忽遇尹君在山中，太虚惊而问曰："师何为至此耶？"尹君笑曰："吾去岁在北门，有人以堇斟饮我者，我故示之以死，然则堇斟安能败吾真耶！"言讫，忽亡所见。太虚窃异其事，及归，具白严公。曰："吾闻仙人不死，脱有死者，乃尸解也；不然何变异之如是耶。"将命发其墓以验之，然虑惑于人，遂止其事。①

【译文】

　　唐朝时，前任尚书李公诜镇守北门时，有一位叫尹君的道士在晋山隐居，他不吃粮食，常吃柏树叶。虽然他的头发全白了，但是他的脸色和儿童一样。他常常单独到城中游逛。乡里中有一位八十多岁的老汉，对周围人们说："我小时候，曾听李老汉说过。李老汉是我的外祖父。他说：'我七岁那年，就认识尹君。到现在七十多年了，而尹君的模样和过去一样，他大概是神仙吧？我要老了，自己估计能在人世上再活几年呢？你正年轻，应当记住尹君的容颜。'从那时到现在，又七十多年了，而尹君竟没有衰老的表现，难道是把千百岁当作瞬息吗？"北门的从事冯诩严公绶是好奇的人，他敬慕尹君是得道的人，常常在休假日驱车到尹君那里去拜访。后来，严公绶从军司马升为北门帅，就把尹君接到府中，住在公署，整天与他坐在一起。严公绶发现常常有一种异香从尹君的肌肉中散发出来，就更加敬重他。严公绶有一个妹妹，学佛教，曾说："佛教与道教根本不同！"而且她对哥哥与道士交往很生气。后来有一天，她秘密把苦堇放在汤里，让尹君喝。尹君喝完，吃惊地站起来说："我大概要死了！"一

　　① （宋）李昉等《太平广记》卷第二十一，中华书局，1961年9月，144页。

会儿，他吐出一块硬东西，并有奇异的香味从中散发出来。严公绶让人解剖一看，原来是一块麝香。从此尹君容颜衰老，牙齿脱落，那天晚上便死在严公绶的公馆中。严公绶知道是妹妹干的之后，非常生气，立即让部下为尹君办理丧事。过了两天，把尹君葬在汾水西二十里的地方。第二年秋天，照圣观有一位叫朱太虚的道士，到晋山去投龙简，忽然在山中遇见尹君。朱太虚吃惊地问道："师父为什么来到这里？尹君说："去年我在北门，有人把苦堇放在汤里让我喝，我故意装死给他们看。可是，堇汤怎么能败坏我的真功呢？"说完，他忽然不知哪儿去了。朱太虚心里感到很怪，等回到北门，详细向严公绶作了汇报。严公绶说："我听说仙人是死不了的，如果有死的，也只不过是尸解罢了，不然怎么会变异成这种样子呢？"他要让人打开坟墓检验一下，但是担心会让人迷惑，就停止了这件事。

11. 姚泓

唐太宗年间，有禅师行道精高，居于南岳。忽一日，见一物人行而来，直至僧前，绿毛覆体。禅师惧，谓为枭之属也，细视面目，即如人也。僧乃问曰："檀越为山神耶？野兽耶？复乃何事而特至此？贫道禅居此地，不扰生灵，神有知，无相恼也。"良久，其物合掌而言曰："今是何代？"僧曰："大唐也！"又曰："和尚知晋宋乎？知不知有姚泓乎？"僧曰："知之。"物曰："我即泓也。"僧曰："吾览晋史，言姚泓为刘裕所执，迁姚宗于江南，而斩泓于建康市。据其所记，泓则死矣，何至今日子复称为姚泓耶？"泓曰："当尔之时，我国实为裕所灭，送我于建康市，以徇天下；奈何未及肆刑，我乃脱身逃匿。裕既求我不得，遂假一人貌类我者斩之，以立威声，示其后耳。我则实泓之本身也。"僧因留坐，语之曰："史之说岂虚言哉？"泓笑曰："和尚岂不闻汉有淮南王刘安乎，其实升仙，而迁、固状以叛逆伏诛。汉史之妄，岂复逾于后史耶？斯则史氏妄言之证也。我自逃窜山野，肆意游行，福地静庐，无不探讨。既绝火食，远陟此峰，乐道逍遥，唯餐松柏之叶。年深代久，遍身生此绿毛，已得长生不死之道矣。"僧又曰："食松柏之叶，何至生毛若是乎？"泓曰："昔秦宫人遭乱避世，入太华之峰，饵其松柏，岁祀浸久，体生碧毛尺余。或逢世人，人自惊异，至今谓之毛女峰。且上人颇信古，岂不详信之乎？"僧因问请须所食。泓言："吾不食世间之味久矣，唯饮茶一瓯。"仍为僧陈晋宋历代之事，如指诸掌。更有史氏阙而不书者，泓悉备言之。既而辞僧告去，竟不复见耳。[1]

【译文】

唐太宗的时候，有一位禅师的道术精明高超。他住在南岳。忽然有一天，有一个东西像人那样走来，直接来到他的面前。那东西一身绿毛遮盖着身体，禅师有些害怕，以为是枭一类动物。仔细看了看面目，那东西像人。禅师就问道："施主是山神呢，还是野兽呢？你又是为了何事来到这里？贫僧住在此地，不打扰生灵，神有知，就不会恼恨我。"许久，那东西合掌说道："现在是什么朝代？"和尚说："现在是唐朝。"那人又说："和尚您知道晋朝和南北朝的宋吗？从那时到现在是多少年了？"和尚说："从晋朝到现在，将近四百年了。"那人就说："和尚您博古知今，知不知道有个姚泓？"和尚说："知道。"那人说："我就是姚泓。"和尚说："我看《晋史》，那上面说姚泓被刘裕捉住，把姚氏宗族迁移到江南，而在建康市上把姚泓斩了。根据这种记载，姚泓已经死了，为什么到了今天，你还说自己是姚泓呢？"姚泓说："在那个时候，我国确实被刘裕所灭，把我送到建康市上，向天下示众。他们哪知道未到行刑，我就逃跑藏起来了。刘裕既然找不到我，就找一个相貌像我的人杀掉，以保住自己的威名，给以后的人看罢了。我确实是姚泓本人。"和尚于是留他坐下，对他说："史书上说的，难道是假话吗？"姚泓笑道："和尚你难道不知道汉朝有个淮南王刘安吗？他其实已经飞升成仙，而司马迁和班固写他叛逆被杀。汉史的荒谬之处，难道还能超过后来的史书吗？这就是史学家说错话的证据。我自从逃进山野，肆意地游玩，福地静庐，没有不去探索的。断绝烟火饭食之后，后来登上这座山峰，乐于修道，日日逍遥，只吃松柏树的叶子。年长日久，遍身长出了绿毛，已经得到了长生不死的道术了。和尚又说："吃松柏的叶子，怎么至于长出这样多的绿毛呢？"姚泓说："以前秦朝宫中的一个女人遭到战乱，避世逃进了太华山，吃那里的松柏叶子，时间渐久，她身上长出了一尺多长的绿毛。有时候她遇上世人，人们自然都感到惊奇。那地方至今还叫毛女峰。况且上人你很相信古人，难道不相信这件事吗？"和尚于是就问姚泓想要吃点什么。姚泓说："我不吃人世间的食物

---

[1]　（宋）李昉等《太平广记》卷第二十九，中华书局，1961 年 9 月，189 页。

已经很久了，只喝一杯茶。"他仍然给和尚讲晋朝和南北朝宋的事，就像说着手掌纹那样讲得很清楚。还有一些史家缺漏没写的，他全都讲得很详细。然后他向和尚告别，以后就没有再见到他。

12. 柏叶仙人

柏叶仙人田鸾，家居长安。世有冠冕，至鸾家富。而兄弟五六人，皆年未至三十而夭。鸾年二十五，母忧甚，鸾亦自惧。常闻道者有长生术，遂入华山，求问真侣，心愿恳至。至山下数十里，见黄冠自山而出，鸾遂礼谒，祈问隐诀。黄冠举头指柏树示之曰："此即长生药也，何必深远，但问志何如尔。"鸾遂披寻仙方。云："侧柏服之久而不已，可以长生。"乃取柏叶曝干，为末服之，稍节荤味，心志专一，服可至六七十日，未有他益，但觉时时烦热，而服终不辍。至二年余，病热，头目如裂，举身生疮。其母泣曰："本为延年，今反为药所杀。"而鸾意终不舍，尚服之。至七八年，热疾益甚，其身如火，人不可近，皆闻柏叶气，诸疮溃烂，黄水遍身如胶。母亦意其死。忽自云："体今小可，须一沐浴。"遂命置一斛温水于室，数人异卧斛中，自病来十余日不寝，忽若思寝，乃令左右掩户勿惊，遂于斛中寝，三日方悟，呼人起之，身上诸疮，皆已扫去，光彩明白，眉须绀绿，顿觉耳目鲜明。自云："初寝，梦黄冠数人，持旌节导引，谒上清，遍礼古来列仙，皆相谓曰：'柏叶仙人来此？遂授以仙术，勒其名于玉牌金字，藏于上清。'谓曰：'且止于人世修行，后有位次，当相召也。'复引而归。"鸾自此绝谷，并不思饮食，隐于嵩阳。至贞元中，已年百二十三岁矣，常有少容。忽告门人，无疾而终，颜色不改，盖尸解也。临终异香满室，空中闻音乐声，乃造青都，赴仙约耳。[①]

【译文】

柏叶仙人名叫田鸾，家住长安。他家世代做官，到有了田鸾的时候，家中很富。田鸾兄弟五六个，全都不到三十岁就早死了。田鸾二十五岁的时候，他母亲非常忧愁，他自己也很害怕。他曾经听说修道的人有长生不老的道术，于是他就进了华山。他打听寻找仙人，心情十分诚恳。走到山下几十里的地方，遇见一位道士从山里来，于是他就上前拜见，向道士打

---

① （宋）李昉等《太平广记》卷三十五，中华书局，1961 年 9 月，251 页。

听长生的秘诀。道士抬头指着柏树说："这就是长生药啊！何必到更深更远的地方去！只问你自己意志如何罢了。"田鸾就进一步打听仙药的配方。道士说："柏叶长期不间断地服用，就能长生。"于是把柏叶晒干，加工成粉末服用，逐渐控制吃鱼肉，心志专一。田鸾服用了六七十天，没有别的效果，只觉得时时烦躁发热。但他坚持服用不间断。到两年多后，他就头痛发烧，全身生疮。他母亲哭泣着说："本来是为了延寿，现在反倒被药害死了。"但是田鸾坚决不放弃，还是照吃不误。到了七八年，发烧的病更厉害了。他的身上就像着火一般，别人不能接近他。谁都能闻到他身上的一股柏叶的气味。身上的疮全都溃烂，黄水流遍全身，干了像胶一样。母亲也认为他要死了。忽然有一天他自己说："身体今天像好一些，要洗个澡。"于是让人在屋里放了一大盆水，几个人把他抬到大盆里。从有病以来，他睡眠很少，现在他忽然想睡，于是就让左右的人把门掩上，不要弄出声响惊扰他，他就泡在盆里睡着了。三天之后他才睡醒，喊人把他扶起来。他身上的那些疮，一扫而光。精神焕发，皮肤白净，眉毛胡须也变得黑中透绿。他突然觉得耳目聪明。他说："我睡的时候，梦见几个道士拿着旌节带领我去拜谒上清，见到自古以来所有的神仙，他们都互相说："柏叶仙人到这儿来了！"于是就教给我仙术，把我的名字在玉牌上刻成金字，收藏在上清。他们对我说：你暂且在人世间修行，以后有了位置就叫你来。后来就又领我回来。"田鸾从此不再吃粮食，并不觉得饥渴。他隐居在嵩阳。到贞元年间，他已经一百二十三岁了，还总是很年轻的样子。忽然有一天他告别门人，没病就死了，脸色没变，大概是尸解了。他临终的时候异香满室，空中有音乐的声音。这是他造访青都，赴神仙的约会去了。

13. 陶尹二君

唐大中初，有陶太白、尹子虚老人，相契为友。多游嵩华二峰，采松脂茯苓为业。二人因携酿酝，陟芙蓉峰，寻异境，憩于大松林下，因倾壶饮，闻松稍有二人抚掌笑声。二公起而问曰："莫非神仙乎？岂不能下降而饮斯一爵！"笑者曰："吾二人非山精木魅，仆是秦之役夫，彼即秦宫女子。闻君酒馨，颇思一醉。但形体改易，毛发怪异，恐子悸栗，未能便降。子但安心徐待，吾当返穴易衣而至，幸无遽舍我去。"二公曰："敬闻命矣。"遂久伺之。忽松下见一丈夫，古服俨雅；一女子，鬟髻彩衣。俱至。二公拜谒，忻然还坐。顷之，陶君启神仙何代人，何以至此？既获拜侍，愿怯未悟。古丈夫曰："余秦之役夫也，家本秦人，及稍成童，值始皇帝好神仙术，求不死药，因为徐福所惑，搜童男童女千人，将之海岛。余为童子，乃在其选，但见鲸涛蹙雪，蜃阁排空，石桥之柱攲危，蓬岫之烟杳渺，恐葬鱼腹，犹贪雀生。於难厄之中，遂出奇计，因脱斯祸。归而易姓业儒，不数年中，又遭始皇煨烬典坟，坑杀儒士，缙绅泣血，簪绂悲号。余当此时，复是其数。时於危惧之中，又出奇计，乃脱斯苦。又改姓氏为板筑夫，又遭秦皇欵信妖妄，遂筑长城，西起临洮，东之海曲。陇雁悲昼，塞云咽空。乡关之思魂飘，砂碛之劳力竭。堕指伤骨，陷雪触冰。余为役夫，复在其数。遂於辛勤之中，又出奇计，得脱斯难。又改姓氏而业工，乃属秦皇帝崩，穿凿骊山，大修茔域，玉墀金砌，珠树琼枝，绮殿锦宫，云楼霞阁。工人匠石，尽闭幽隧。念为工匠，复在数中，又出奇谋，得脱斯苦。凡四设权奇之计，俱脱大祸。知不遇世，遂逃此山，食松脂木实，乃得延龄耳。此毛女者，乃秦之宫人，同为殉者。余乃同与脱骊山之祸，共匿於此。不知於今经几甲子耶？"二子曰："秦於今世，继正统者九代千余年。兴亡之事，不可历数。"二公遂俱稽颡曰："余二小子，幸遇大仙。多劫因依，使今谐遇。金丹大药，可得闻乎？朽骨腐肌，实翼麻荫。"古丈夫曰："余本凡人，但能绝其世虑，因食木实，乃得凌虚。岁久日深，毛发绀绿，不觉生之与死，俗之与仙。鸟兽为邻，猱狖同乐。云气相随。亡形得形，无性无情。不知金丹大药为何物也。"二公曰："大仙食木实之法，可得闻乎？"曰："余初饵柏子，后食松脂，遍体疮疡，肠中痛楚。不及旬朔，肌肤莹滑，毛发泽润。未经数年，凌虚若有梯，步险如履地。飘飘然顺风而翔，皓皓然随云而升。渐混合虚无，潜孚造化。彼之与我，视无二物。凝神而神爽，养气而气清。保守胎根，含藏命带。天地尚能覆载，云气尚能黂蒸，日月尚能晦明，川岳尚能融结。即余之体，莫能败坏矣。"二公拜曰："敬闻命矣。"饮将尽，古丈夫折松枝，叩玉壶而吟曰："饵柏身轻叠嶂间，是非无意到尘寰。冠裳暂备论浮世，一饷云游碧落间。"毛女继和曰："谁知古是与今非，闲蹑青霞远翠微。箫管秦楼应寂寂，彩云空惹薜萝衣。"古丈夫曰："吾与子邂逅相遇，那无恋恋耶？吾有万岁松脂，千秋柏子少许，汝可各分饵之，亦应出世。"二公捧授拜荷，以酒吞之。二仙曰："吾当去矣！善自道养，无令泄漏伐性，使神气暴露于窟舍耳。"二公拜别，但觉超然，莫知其踪去矣。旋见所衣之衣，因风化为花片蝶翅而扬空中。陶尹二公，今巢居莲花峰上，颜脸微红，毛发尽绿，言语而芳馨满口，履步而尘埃去身。云台观道士，往往遇之，亦时细话得道之来由尔。[①]

【译文】

唐宣宗大中初年，有陶大白、尹子虚二位老人，相互之间情投意合，成为要好朋友。他们多半是游览嵩山和华山，以采集松脂和茯苓为业。他们携带着酿造的好酒，登芙蓉峰，寻找奇异的地方。他们在大松树下休息，顺便倒出酒壶中的酒开怀畅饮。忽然听到松树梢上有两个人拍掌大笑。陶、尹二公站起身来发问说："莫非你们是神仙吗？能不能落下来饮一杯酒？"大笑的人说："我们二人不是山精木怪。我是秦朝的役夫，她是秦朝宫中的宫女。闻到你们酒的香气，很想一醉。只是因为我们的形体改变，毛发怪异，唯恐你们害怕，没能随便落下去。你们只需安心地稍等片刻，我们回洞换了衣服就来，希望不要急忙舍弃我们而去。"陶、尹二公说："我们敬听仙人之命。"于是长时间在那里等待他们。忽然松树下出现一个男子，身穿古服，庄重雅致。一个女子，头梳环形发结，身着彩衣，一起来了。陶、尹二公起身参拜。他们愉快地围坐在一块儿。过了一会儿，陶公开口问二位神仙是什么朝代人，因为什么到了这里。既然我们能得到拜见、侍候神仙的机会，请帮我们弄通还未领悟的道理。古男子说："我是秦朝的役夫，家本陕西人。等到渐渐长成儿童，碰上始皇帝好神仙术，寻找长生不死药。因而被徐福迷惑，搜寻童男童女一千人，将送到海岛上去。我是童子，是在挑选之列。只见海上鲸鱼掀起惊涛骇浪，如同天降急促飞雪，海市蜃楼排在空中，犹如石桥的柱石倾倒，蓬莱峰峦的云雾也变得虚无缥缈。由于害怕葬身鱼腹，还贪恋人生，就在灾难之中想出一条奇计，趁机逃脱了这场灾祸。回来以后就更名改姓，从事儒业。不几年，又遇到秦始皇焚烧典籍文献，活埋杀害儒生。当时缙绅泣泪成血，簪绂哭天喊地。我正在这里从事于儒业，又正好是那行列中的一个。当时在危险恐惧之中，又想出一条奇计，才逃脱了这场苦难。之后，我又更名改

---

① （宋）李昉等《太平广记》卷四十，中华书局，1961 年 9 月，253 页。

姓当筑造泥墙的苦工。又遇上秦始皇帝忽然听信妖言妄说，于是又修筑长城，西起临洮，东到海曲。当时的情景是：陇中鸿雁白昼悲鸣，边塞愁云密布天空。近关思乡之情使人魂魄飘散，沙漠的劳苦使人精疲力竭，毁落脚趾，损伤骨骼，趴冰卧雪，苦不堪言。我是役夫，又正好在这个行列之中，就在辛苦的劳役之中，我又想出一条奇计，才摆脱了这场灾难。之后，我又改名换姓当工匠，却跟着的是秦始皇帝死了，大兴土木，穿凿骊山，广修墓地，玉铺平地，金砌阶台，珍珠做树，美玉为枝，楼台殿阁，豪华异常。而工人石匠，全都封闭在墓地下面幽冥般的通道之中。自己是个工匠，又在这个行列中，就又想出一个奇特的计谋，才摆脱了这场苦难。总共四次奇特的计谋，都逃脱了大祸。我知道生不遇世，于是逃到这座山，吃松脂和树木果实，才得以延年益寿。这个姓毛的女子，是秦朝的宫女。和我一样，是殉葬的人，我于是和她一起逃脱了骊山灾祸，共同隐藏在这里。不知到现在经过了多少甲子了。"陶、尹二人说："秦到现在，继承正统的有九个朝代，长达一千多年，其中兴亡的事，数不胜数。"陶、尹二公于是都以额碰地参拜说："我们两个小子，有幸遇见大仙，屡经劫难，由此有了依托。既然让我们融洽相遇，那金丹大药之事，可以让我们听一听吗？我们是俗骨凡胎，老朽不堪，确实需要庇荫保护。"古男子说："我本来是凡人，只是能够断绝那些世上的忧虑，因为吃树木的果实，才能够高入天空。年深日久，毛发由黑变成红绿，不知道生和死、俗和仙，与鸟兽为邻，和猴子同乐，飞腾自由自在，云气相随，失去形体还会得到形体，没有性也没有情，不知道金丹大药是什么东西。"陶、尹二公说："大仙吃树木果实的方法，可以让我们听一听吗？"古男子说："我开始吃柏树子，后来吃松脂，全身长满了疮疡，腹中疼痛，不到一个月，皮肤明亮光滑了，毛发油润有了光泽。没有经过几年，升入高空就像有梯子一样，走险路就像走平地一样，轻飘飘的好像浮在空中顺风飞翔，在广阔无边的天空中随云而升。渐渐混合虚无，潜伏造化。你和我，在我看来，不是两个物体。集中精神就精神爽朗，静心养气就元气清爽。保守住胎根，含藏住命带，虽然天地还能够覆载，云气还能够氤蒸，日月还能够晦明，川岳还能够融解。就是我的身体不能败坏。"陶、尹二公拜谢说："敬听仙人之命。"酒将要喝完的时候，古男子折下一棵松枝，敲打玉壶并吟诗说："吃柏子身体轻健，住在山峦叠嶂间，不愿意招惹是非去到人世尘寰，暂时装备衣冠论说空虚不实的尘世，一会儿还是遨游在碧云天。"毛氏女子接着和诗说："能知道古今究竟谁是与谁非，闲暇脚踏青霞远游青翠掩映的深山，秦楼的箫管应该是寂静无声，彩云白白地挑逗薜萝衣衫。"古男子说："我和你们邂逅相遇，那能不留恋呢？我有一点儿万年的松脂和千年的柏子，你们可以各分一半把它吃了，你们也该走出尘世。"陶、尹二公拜谢双手接过，用酒吞吃了。二位仙人说："我们应当走了，你们要好好地自己修真养性，不要漏泄伐性，让神气暴露在窟舍。"陶、尹二公与二位仙人拜别，只觉得超然世外，不知他们的踪迹到何处了，不久看他们所穿的衣服，被风一吹都变成了花片蝶翅，飞扬在空中。陶、尹二公，现在巢居在莲花峰上，脸色微微发红，毛发全变成了绿色，说话满口喷发芬芳的香气，履步而尘土离开身体。云台观的道士，经常遇见他们。他们也时常细致地述说他们得道的原因。

14. 秦宫人

汉成帝时，猎者于终南山中见一人，无衣服，身生黑毛。猎人欲取之，而其人逾坑越谷，有如飞腾，不可追及。于是乃密伺其所在，合围而得之。问之，言："我本秦之宫人，闻关东贼至，秦王出降，宫室烧燔，惊走入山。饥无所餐，当饿死，有一老翁，教我食松叶松实。当时苦涩，后稍便之，遂不饥渴，冬不寒，夏不热。"计此女定是秦王子婴宫人，至成帝时，一百许岁，猎人将归，以谷食之。初时闻谷臭，呕吐，累日乃安。如是一年许，身毛稍脱落，转老而死。向使不为人所得，便成仙人也。[①]

【译文】

汉成帝时，打猎的人在终南山中见到一个人。这个人没有衣服，身上生着黑毛。猎人想要抓住她，而那个人跳过坑越过山谷，像飞腾一般，不能追到。于是猎人就在暗中窥伺她所在之处，合围抓到她。并问她，她说："我本来是秦朝的宫女，听说函谷关以东的贼兵来到，秦王出城投降，宫室被烧，就逃走进了山。饿了没有东西吃，要饿死了，有一个老翁教我吃松叶松果。当时吃了觉得苦涩，后来渐渐适应了，就不饥渴了，冬天不

---

① （宋）李昉等《太平广记》卷五十九，中华书局，1961年9月，365页。

觉得冷，夏天不觉得热。"估计这个女子一定是秦王子婴的宫女，到汉成帝时，一百多岁了，猎人就把她领回去，拿五谷给她吃。开始时她闻到谷子觉得臭而呕吐，过了些日子就适应了。如此一年多，女子身上的毛渐渐脱落，转眼变老而死。先前假使不被人所获，就成为仙人了。

15. 阳都女

阳都女，阳都市酒家女也。生有异相，眉连，耳细长。众以为异，疑其天人也。时有黑山仙人犊子者，邺人也。常居黑山，采松子茯苓饵之，已数百年，莫知其姓名。常乘犊，时人号为犊子。时壮时老，时丑时美。来往阳都，酒家女悦之，遂相奉侍。一旦女随犊子出取桃，一宿而返，得桃甚多，连叶甘美，异于常桃。邑人俟其去时，既出门，二人共牵犊耳而走，其速如飞，人不能追。如是且还，复在市中数十年，夫妇俱去。后又见在潘山之下，冬卖桃枣焉。①

【译文】

阳都女，是阳都市中卖酒人家的女儿。她的相貌与常人不同：两眉相连，耳朵细长。众人因此觉得奇异，疑心她是天人。当时有个黑山仙人叫做犊子的，是邺县人。常住在黑山，采松子、茯苓用来当作食物，已经几百年了，没有人知道他的姓名。因为他经常骑着牛犊，当时的人称他为犊子。这个犊子有时强壮有时衰老，有时丑陋有时漂亮。来往阳都，酒家女喜欢他，就奉侍他。有一天，酒家女随着犊子外出去取桃，过了一夜回来，得桃很多，连叶子都很甜美，与普通的桃不同。县里的人等着他出去的时候去看，出门以后，两个人共同牵着牛的耳朵走，其快如飞，人们不能追上。如此又回来，又在市中住了几十年，后来夫妻一起走了。此后有人在潘山之下看到他们，冬天在那里卖桃卖枣。

16. 黄观福

黄观福者，雅州百丈县民之女也。幼不茹荤血，好清静，家贫无香，以柏叶、柏子焚之。每凝然静坐，无所营为，经日不倦。或食柏叶，饮水自给，不嗜五谷。父母怜之，率任其意。既笄欲嫁之，忽谓父母曰："门

---

① （宋）李昉等《太平广记》卷六十，中华书局，1961 年 9 月，371 页。

前水中极有异物。"女常时多与父母说奇事先兆，往往信验。闻之，因以为然，随往看之。水果来汹涌，乃自投水中，良久不出。漉之，得一古木天尊像，金彩已驳，状貌与女无异。水即澄静。便以木像置路上，号泣而归。其母时来视之，忆念不已。忽有彩云仙乐，引卫甚多，与女子三人，下其庭中，谓父母曰："女本上清仙人也，有小过，谪在人间。年限既毕，复归天上，无至忆念也。同来三人，一是玉皇侍女，一是天帝侍辰女，一是上清侍书。此去不复来矣。今来此地，疾疫死者甚多，以金遗父母，使移家益州，以避凶岁。"即留金数饼，升天而去。父母如其言，移家蜀郡。其岁疫毒，黎雅尤甚，十丧三四，即唐麟德年也。今俗呼为黄冠佛，盖以不识天尊道像，仍是相传语讹，以黄冠福为黄冠佛也。[①]

【译文】

黄观福，是雅州百丈县一个普通百姓家的女儿。她小时候就不吃荤腥之物，喜好清静。她的家里没有香，她就用柏叶、柏子当香烧。她还经常凝神静坐，什么事情也不做，静坐几天不倦怠。有时吃柏叶、饮水来供给自己，不爱吃五谷。她的父母怜爱她，就全由她的性子。成年以后，父母想让她出嫁，她忽然对父母说："门前水中有极灵异之物。"女儿平时经常与父母说一些奇事的先兆，往往真实，得到验证，所以听了她这句话，就以为真是这样，就随着她前去看灵物。这时河水果然来势汹涌，黄观福就自己投进河水中，很久她也没出来。人们去捞她，只打捞到一尊古木天尊像，像上的金彩已经掉落斑驳，像的状貌与黄观福无异，这时河水也澄清安静了。她的父母就把木像放在道路上，哭泣着回家了。她的母亲时常来看她，忆念不已。有一天，忽然有彩云仙乐，黄观福引领很多护卫，与三个女子从空中下降到黄家院子里。黄观福对她的父母说："女儿本来是上清的仙人，因为有小过错，被贬到人间。现在年限已毕，又回到天上。你们不要太忧愁想念了。同来的三个人，一位是玉皇的侍女，一位是天帝的侍辰女，一位是上清的侍书。这次离去就不再回来了。近来这个地方疾疫死人很多，我把金子留给父母，让你们把家迁移到益州，用以躲避凶年。"于是她就留下几块金子，升天而去。父母按照她的话去做，把家搬到蜀郡。那一年疫毒在黎、雅二州尤其严重，十个人中就死三四个，这就是唐

① （宋）李昉等《太平广记》卷六十三，中华书局，1961 年 9 月，396 页。

代麟德年间的事。如今世俗之人把她称作黄冠佛，原因是不认识天尊的道像，乃是相传时言语讹误，把黄冠福当作黄冠佛了。

17. 萧氏乳母

萧氏乳母，自言初生遭荒乱，父母度其必不全，遂将往南山，盛于被中，弃于石上，众迹罕及。俄有遇难者数人，见而怜之，相与将归土龛下，以泉水浸松叶点其口。数日，益康强。岁余能言，不复食余物，但食松柏耳。口鼻拂拂有毛出。至五六岁，觉身轻腾空，可及丈余。有少异儿，或三或五，引与游戏，不知所从。肘腋间亦渐出绿毛，近尺余，身稍能飞，与异儿群游海上，至王母宫，听天乐，食灵果。然每月一到所养翁母家，或以名花杂药献之。后十年，贼平，本父母来山中，将求其余骨葬之，见其所养者，具言始末。涕泣。累夕伺之，期得一见。顷之遂至，坐檐上，不肯下。父望之悲泣。所养者谓曰："此是汝真父母，何不一下来看也？"掉头不答，飞空而去。父母回及家，忆之不已。及买果栗，携粮复往，以俟其来。数日又至，遣所养姥招之，遂自空际而下。父母走前抱之，号泣良久，喻以归还。曰："某在此甚乐，不愿归也。"父母以所持果饲之，逡巡，异儿等十数至，息于檐树，呼曰："同游去，天宫正作乐。"乃出。将奋身，复堕于地。诸儿齐声曰：食俗物矣，苦哉！遂散。父母挈之以归，嫁为人妻，生子二人，又属饥俭，乃为乳母。[①]

【译文】

萧氏乳母自己说她刚生下时遭遇荒乱，父母估计她的命一定不能保全，就把她带到南山，用被子包着弃在石头上。那里人迹很少到达。忽然遇到几个逃难的人，看到她觉得很可怜，就共同把她带回土龛下，用泉水浸泡松叶点到她的口中。几天以后，她越来越健康强壮。一年多就能说话了，从此不再吃东西，只吃松柏而已。口角鼻端不时有毛长出来。到了五六岁的时候，觉得身体轻健，能腾空而起，可以达到一丈多高。有一些年少奇异的小孩，有时三人有时五人，领着她跟她作游戏，不知从哪里来的。她的肘腋间又渐渐生出绿毛，有一尺多长，身子稍稍能飞起来，与那些奇异的孩子成群地到海上去游玩，来到了王母娘娘的宫殿，听天上的音

---

① （宋）李昉等《太平广记》卷六十五，中华书局，1961 年 9 月，407 页。

乐，吃仙人用的果子。然而每个月她都要到她的养父母家里去一次，有时把名花和杂药献给他们。十年以后，叛乱被平定，她的亲生父母来到山中，打算寻找她的骨骸为她安葬。他们见到了女儿的养父母，养父母详细地叙说了事情的来龙去脉，他们都哭了。他的亲生父母一连几个夜晚等着她，指望见她一面。不久，她就来了，坐在屋檐上不肯下来。她的父亲望着她流下悲伤的眼泪。她的养父母说："这是你的亲生父母，为什么不下来看一看呢？"她转过头去不回答，飞到空中离去了。她的父母回到家里，时常思念她，就买了水果栗子，挑着粮食又去了，等待她到来。几天以后，她又来了，父母让她的养母招呼她，她就从空中下来了。她的父母走上前去抱住她，哭泣了很久，告诉她要把她领回去。她说："我在这里很快乐，不愿意回去。"父母把从家里带来的水果给她吃。不一会儿，十几个奇儿来了，停留在檐前树上，招呼她说："一同玩去，天宫正在奏乐。"她就出去，刚要腾起身来，又掉落到地上，众奇儿齐声说："你吃俗物了！苦啊！"说完就散去了。父母把她领回家去，嫁给别人作妻子，生下两个孩子，又接连遇到饥荒年月，家里很贫穷，就给人做了奶妈了。

18. 赵知微

赵知微乃皇甫玄真之师，少有凌云之志，入兹山，结庐于凤凰岭前，讽诵道书，炼志幽寂，蕙兰以为服，松柏以为粮。赵数十年，遂臻玄牝。由是好奇之士，多从之。玄真即申弟子礼，殷勤执敬，亦十五年。至咸通辛卯岁，知微以山中炼丹须西土药者，乃使玄真来京师，寓于玉芝观之上清院。皇甫枚时居兰陵里第，日与相从，因询赵君事业。玄真曰："自吾师得道，人不见其惰容。常云：'分杯结雾之术，化竹钓鲻之方，吾久得之，固耻为耳。'去岁中秋，自朔霖霪，至于望夕。玄真谓同门生曰："堪惜良宵而值苦雨。"语顷。赵君忽命侍童曰："可备酒果。"遂遍召诸生谓曰："能升天柱峰玩月否？"诸生虽唯应，而窃议以为浓阴驶雨如斯，若果行，将有垫巾角折屐齿之事。少顷，赵君曳杖而出，诸生景从。既辟荆扉，而长天廓清，皓月如昼，扪萝援筱，及峰之巅。赵君处玄豹之茵，诸生藉芳草列侍。俄举卮酒，咏郭景纯游仙诗数篇。诸生有清啸者、步虚者、鼓琴者，以至寒蟾隐于远岑，方归山舍。既各就榻，而凄风飞雨宛然，众方服其奇致。玄真棋格无敌，黄白术复得其要妙，壬辰岁春三月归九华，后亦不更至京洛。①

【译文】

九华山道士赵知微是皇甫玄真的师傅。他年轻时怀有凌云之志，进了这座山，住在凤凰岭前面，整日诵读道家的书籍，锻炼自己的心志使其变得幽远静寂，以蕙兰作衣服，以松柏作粮食。赵知微就这样苦修数十年，终于达到了道家的最高境界，像微妙的母体一样，能够包容万物生殖万物。于是，天下许多好奇的人，都去跟他学道。玄真就是他的弟子，他在赵知微身边殷勤服侍，恭恭敬敬地学习，长达十五年之久。到咸通十二年，赵知微因为山里炼丹须用西方的药，便派遣玄真来到京师。玄真在京师住在玉芝观的上清院，皇甫枚当时住在兰陵里面的房子里，天天与玄真来往，他便打听起赵知微在事业上的情况。玄真说："自从我师傅得了道，谁也看不见他脸上有困倦的神情。他常说：'分杯结雾之术，化竹钓鲻之方，我早就掌握了，只是不屑去干这些玩艺儿罢了。'去年八月，从初一开始下大雨，直下到十五那天夜晚。我对师兄们说：'可惜中秋良宵偏偏苦雨下个没完。'我说完了不一会儿，师傅忽然吩咐侍童准备酒果，又把我们都召到面前，问道：'能不能登上天柱峰去赏月亮？'大家虽然都答应说'能'，私下里却在议论，以为如此天黑下雨，真要走路，肯定有跌跤折断草鞋的事。不一会儿，师傅便拄着拐杖出门了，大家只好紧跟在后面。大家打开院门走出去后，天空豁然晴朗，明月高照，亮如白昼。我们牵萝援藤，穿行丛林山道，终于登上天柱峰顶。师傅坐在玄色豹皮的垫子上，各位弟子分列两旁坐在芳草地上，一会儿，大家举起酒杯，一面饮酒一面吟诵郭景纯的几篇游仙诗。弟子们有的清音缭绕对空长啸，有的步虚踏峰，有的鼓琴奏乐，直至月亮隐没在远山后面，大家才返回住地的山舍。等一个个全都上床之后，外面立即风雨交加，跟我们出发之前一模一样，大家这才敬服师傅的奇妙道术真已登峰造极。"玄真的棋艺没有敌手，炼丹术也深得其精要奥妙。他于壬辰春季三月回到九华山，以后再也没有到京师洛阳去。

---

① （宋）李昉等《太平广记》卷八十五，中华书局，1961 年 9 月，549 页。

19. 饵松蕊

《遁甲经》云："沙土之福，云阳之墟，可以隐居。"云阳氏，古之仙人。《方记》曰："南岳百里有福地，松高一千尺，围即数寻，而蕊甘，仙人可饵。"相传服食炼行之人，采此松膏而服，不苦涩。与诸处松别。①

【译文】

《遁甲经》上说："沙土之福，云阳之墟，可以隐居。"云阳氏，是古代的一个仙人。《方记》上说："离南岳一百里的地方有一块福地，松树高达一千尺，围长就好几寻。而且蕊是甜的，仙人可以吃到。相传在山中修炼的人，采这松膏服用，不苦不涩，与其它各处的松不同。

20. 范蠡食松果成仙②

（漓沅山）治⑴在彭州九陇县界，与鹿堂山治相连。其间八十里，去成都二百五十里。有果松神草，服之升仙。又有四龙起骑之门，范蠡主之。治应房宿⑵，庶人发之，治王二十年。

【注释】

（1）治：《汉语大字典》解释为奉道的靖室，道教的庙宇。《张天师二十治图》云："太上以汉安二年正月七日中时下二十四治：上八治、中八治、下八治。应天二十四气，合二十八宿，付天师张道陵奉行布化。""天师道"的"治"，在汉代和三国时期称"治"，两晋时期或称"庐"，或称"治"，或称"靖"，又作"静"。南北朝时期，南朝称"馆"，北朝称"观"，个别称寺，唐朝皆以"观"名之。唐、宋以后，规模较大的道教活动点称"宫"或"观"，后来，主祀民俗之神和相关历史人物的建筑称之为"庙"或者"祠"，一直延续至今。

（2）房宿：二十八星宿之一。

【译文】

漓沅山治在彭州九龙县界内，和鹿堂山治相邻。二者相距八十里，距离到成都的路程二百五十里。传说漓沅山上有松果神草，吃了它可以成仙。漓沅山治的门前还有四条龙，腾跃欲飞，范蠡在漓沅山学道成仙，成

---

① （宋）李昉等《太平广记》卷四百十四，中华书局，1961年9月，3374页。
② （宋）《云笈七签》卷二十八，中华书局，2003年12月，162页。

为漓沅山治的主治神。漓沅山对应二十八星宿的房宿，适合普通人在这里访仙学道，漓沅山道观存在二十年。

21. 龁石

新城王钦文太翁家有围人王姓，初入劳山学道，久之不火食，惟啖松子及白石。遍体生毛。既数年，念母老归里，渐复火食，犹啖石如故。向日视之，即知石之甘苦酸咸，如啖芋然。母死，复入山，今又十七八年矣。[1]

【译文】

新城王钦文老翁家里有个养马的人姓王，他刚到崂山学道，时间久了便不食人间烟火，只吃松子和白色的石头。全身长出长毛。几年之后，想到老母无人侍奉，又回到家里，渐渐恢复了日常的饮食，但还是保留了吃石头的习惯。吃石头的时间长了，看到石头就知道这个石头是哪种味道，像吃芋头一样。母亲死后，又入山学道，到现在又过去十七八个年头儿了。

22. 松子与观音送子[2]

相传，很久以前，在长白山脉的南端有一个叫龙凤山的地方。

当时，此处还是未开垦的蛮荒不毛之地，到处蒿草野藤，古树参天。生长了几百年的红松树比比皆是，遮天蔽日，在草丛林间常有松鼠、野鸡、蟒蛇等动物出没，像老虎、野猪、獐子等大型动物也偶尔可见。

龙凤山，是由"龙山"和"凤山"两座山组成的。据说在上古时代，此地飞来一龙一凤，分落两山，相和而鸣，多日不去。后来，当地人给这两座山分别取名为"龙山"、"凤山"，当地百姓习惯称作龙凤山。

说来也怪，虽然龙、凤两山相距不过数百米，却存在很多难以理解的现象。比如，龙山树木低矮多为荒草而显得光秃，凤山却植被茂盛高木林立；龙山上随处可见各种蛇四处爬行而鲜见鸟类，凤山上各种飞禽栖息繁闹却看不到蛇影，龙、凤两座山情形差异很大。

---

[1] （清）蒲松龄《聊斋志异》卷二，凤凰出版社，2055 年 12 月，45 页。

[2] 李海波，蔡俊丰搜集整理。

暂且放下龙凤山这些神秘之处不提，单说龙凤山一个最为传奇的故事。

话说此间，从南边迁过来一对姓伏的年轻夫妻，看好此处便停下脚。

夫妻俩用蒿草搭起了一个勉强能遮风挡雨的简易棚子居住下来，开始垦荒开地，种植农作物。在开荒耕作之余也常常采集野果、山菜之类填补和丰富日常生活，虽然山中不乏各种走兽飞禽，但夫妻俩从不伤害他们。

靠着勤奋耐劳，夫妻俩的日子一天天好起来，不仅衣食无忧还小有富余，生活倒也称得上安逸、舒适，闲暇之余就把时间都用在诵经拜佛上。

后来，外地的人陆续来到龙凤山落户的逐渐多了起来。每当有新来人家落户时，夫妻俩都是尽自己所能来帮助他们，因此，周围的邻居乡亲对这夫妻俩都十分爱戴、尊敬有加。

日子似乎可以一天一天这样平静地过下去了，然而却有一事不美，就是夫妻二人均已年过四十仍膝下无子，每当看到邻里的孩子们结伙玩耍、嬉戏打闹时，夫妻俩不免产生孤单凄凉之感。

二人虽心中有过奢求，但现实中只能自守清静、安命度日，仍坚持虔诚信佛、与邻为善。

某日午后，夫妻俩照例拜佛诵经，天气正值酷暑秋季，闷热难耐，二人渐渐有些困倦，在恍惚间不知不觉进入了梦境……

忽然，一道亮光闪过，奇景呈现，天空中出现一片艳丽夺目的七彩祥云，由远处缓缓飘向近前。

惊讶之余夫妻二人再拭目细看，只见七彩祥云之中身披飘带的观世音菩萨端坐在莲花宝座之上，玉容含情，慈祥无限，左手托净瓶，右手持柳枝，一对仙童善财和龙女分别伴随在观音菩萨两边。

见此情景，夫妻俩慌忙伏地跪拜，口中连连诵念"南无观世音菩萨"。

此时，二人好似听到来自天边的飘渺佛音：你夫妻二人辛勤本分，生活倒也殷实。尔等命中本没有子嗣，但念你们常年积德行善、诚心向佛，今特开恩赐你夫妻儿女一双。但见观音菩萨用右手中的柳枝轻轻点蘸左手净瓶中的甘露，悠然洒向旁边的一株千年古红松树。瞬间，枝头松塔应声裂开，饱满熟透的松子从松塔鳞片里飘然落下。

正待夫妻二人迷茫之际，菩萨在两位仙童陪侍下已乘祥云转身离去，身后留下余音"送子、送子……"。

夫妻二人猛然惊醒，睁开眼、掐掐大腿，才确认原来是一场梦。

惊魂稍定后，豁然看到原来只有供果的佛龛上赫然多出了三粒排列整齐的红松子，并且松子壳都有一条裂开的缝儿。夫妻二人这才如梦方醒，再次伏地跪拜，口诵"南无阿弥陀佛"。妻子起身急忙按照梦中的点化剥开三粒红松子，吃下了里面白白胖胖的松子仁儿。

转眼十月之后，妻子临盆，竟喜得龙凤子女一双，夫妻俩乐不可支、欢喜异常。

满月之日，附近的老老少少、男男女女都前来贺喜，频频赞颂夸奖夫妻二人积德行善、终得好报，更赞叹佛陀的因果报应和无边法力。

这个神奇的故事也迅速传遍了附近的十里八村。在这以后，当地每逢有新人结婚大喜之事，人们都要摆上最好的红松子，借"送子"的谐音予以贺喜祈福。

从此，"松子"和"观音送子"的佳话也在更远的地方流传开来……

第三节　松子动植物故事选编

1. 小松鼠智斗大黑熊[①]

在长白山的大森林里，住着一只小松鼠。他勤劳勇敢，聪明伶俐。

这一年冬天，天气特别冷，北风呼呼地吹，大雪纷纷地飘，森林里所有的树都批上了又白又长的冰挂。小松鼠不能出去了，就躲在树洞里，铺上厚厚一层暖融融的松树叶，一边儿吃着松子儿，一边快乐地歌唱。

谁知，歌声惊动了住在附近山洞里的一只大黑熊。大黑熊又懒又馋，一点也没储备过冬的粮食，饿了就只好伸出带刺的大舌头舔自己的脚掌。他听到了小松鼠的歌声，起了坏心。于是，大黑熊来到了小松鼠的住处，气哼哼地对小松鼠说："喂！你为什么要大声喧哗？不知道会打扰我休息吗？"

小松鼠很有礼貌地说："熊伯伯，我不知道您住在这里，下回我一定

———

① 戴贵琦《熊大王断案》，抚松县文联、抚松县文化馆编，辽宁人民出版社，1982年3月，76页。

不唱了。"

大黑熊没有话说了，但又不死心，就瞪起一对小眼睛凶狠地说："谁叫你到我的山上住的？你必须马上给我滚开!"

小松鼠理直气壮地说："山是大家的，你没有理由霸占。"

大黑熊立即露出了凶相，蛮横地说："我说山是我的就是我的，你在我的山上采摘松子，不交租也不进贡，我就有权把你赶走。"说着，他举起大巴掌打了下来，小松鼠敏捷地跳进树洞里，躲过了大黑熊的巴掌。

大黑熊没打着小松鼠很生气，他伸出胳膊要从树洞里掏松子，可是，洞口太小，他的胳膊又短又粗，怎么也伸不进去，急得他直打转。

正在大黑熊急得团团转的时候，小松鼠顺着空儿从树洞里跑到了树顶上。他坐在树枝上一边唱着歌一边摇晃，又尖又硬的冰挂纷纷落下，打在大黑熊身上。大黑熊抬头一看，咦，是他在树上打我。哼！我非上去捉住他不可。可是等黑熊笨呼呼地爬到了树顶上，却扑了空。原来，小松鼠早已顺着树洞跑了下来，正坐在洞口抱着一个大松塔，一边吃一边瞅着大黑熊笑呢。大黑熊一着急，就从高高的大松树上跳了下来，一屁股坐在雪地上，摔得"嗷嗷"乱叫唤。小松鼠坐在树顶上笑得直拍手。

这下子大黑熊可气坏了。他抱起大松树就拔，想把小松鼠摔死。可是他把吃奶的劲儿都使出来了，大松树却一动也不动，因为冬天地冻得牢牢的。

大黑熊拔累了，就坐在雪地上呼呼直喘气。小松鼠坐在树上一边吃松子一边唱歌。松子皮一个接一个地掉在大黑熊身上。大黑熊真是气坏了，又跳起来拔树。一连拔了几天，大黑熊终于又累又饿，冻死在大松树下。

2. 紫貂和松鼠①

很早以前，紫貂和松鼠常在一起玩耍。有一天，他俩去看望附近的松树爷爷，正赶上黑熊也去了。松树爷爷一见他们，就指着落地的松树塔和一堆堆松子皮儿说："你看，山禽把松子快吃光了，求你们帮助想个办法吧。"

---

① 戴贵琦《熊大王断案》，抚松县文联、抚松县文化馆编，辽宁人民出版社，1982年3月，102页。

紫貂说："你放心，我帮助你看护好松子。"

黑熊是这个山上的禽兽之王，同意了紫貂的要求，吩咐紫貂和松鼠帮助松树爷爷看山护林。

第二天，紫貂和松鼠分头给松树爷爷看山护林去了。紫貂整天在林子里转悠，山禽飞来了连碰碰松塔都不行，山兽经过松树林也不准靠松塔的边儿，把山看得严严实实。松鼠干了几天觉得没有意思，就整天坐在树根下乘凉、观山景。这天，紫貂巡山见松鼠身边有一堆松子皮儿，便问松鼠："这是谁嗑的？"

松鼠回答说："我没看好，野猪来嗑了松子。"说着，眼角里还挤出了几滴泪。

紫貂心眼实，也就相信了，又继续巡山去了。没过几天，紫貂来到松鼠那里，只见松鼠两眼盯盯地瞅着松树塔，馋得直淌涎水。紫貂躲到了树后。松鼠前后左右看了看，没发现什么，听了听又没有动静，两个前爪搭在树干上，两个后爪用力一蹬，"蹭——蹭——"地爬到了树顶上，摘了个大松塔，开始嗑松子。这时，紫貂突然钻出来，大喊一声："赶快放下！"松鼠听了吓得一哆嗦，捧着的松树塔掉在地下了。紫貂接着说："让你看山，你可倒好，自己偷着吃松子，这不是监守自盗吗？"

松鼠呆呆地坐在那里，老半天才结结巴巴地说："我，我是尝尝松子熟没熟。"

紫貂四下看了看，满地都是松子皮儿，便问："这么多松子皮儿是谁嗑的？"

松鼠两只小眼睛转了转，对紫貂说："野猪来吃的。"

紫貂知道松鼠又在撒谎，就说："你说野猪来了怎么没有蹄印儿？你不要欺骗我了。告诉你，以后你再偷松子吃，我就报告熊大王。"

松鼠的脸唰地一下子红到脖根儿，低着头，无话可说了。

紫貂走了以后，松鼠站不稳，坐不安，怕紫貂到熊大王那里报告。想来想去，他决定先下手为强。紫貂走不大功夫，松鼠就到熊大王那儿撒谎说紫貂偷吃了不少松子。熊大王一听就火了，打发传令兵把紫貂找来了，也不问个青红皂白，劈头盖脸地批判一顿。紫貂受过委屈后，把松鼠偷吃松子的事说出来了。熊大王不但不相信，还说他报复松鼠。紫貂不服，就和熊大王讲理。这么一争辩，熊大王就更火了，不用紫貂看护山林了。

紫貂想，熊大王让松鼠的甜言蜜语迷住了心窍，只有用事实才能教育他。

紫貂仍然在林子里转来转去。这天，紫貂来到离松鼠不远的地方，倚在松树的背后，监视松鼠的一举一动。这时候，只听"扑棱"一声，松鼠从这棵树蹦到那棵树上，摘下个大松塔，两个前爪捧着，尖尖嘴嗑起松子来。紫貂钻出来，"嗖——嗖——"几下子就蹿到树顶上。松鼠看来势不妙，掉过头来想跑。紫貂往前一跃，两个前爪按住了松鼠，嘴咬着松鼠的脖子，就叼着走了。紫貂来到熊大王面前，把松鼠往地下一摔，对熊大王说："松鼠偷松子吃，让我抓住了，交给你处理吧。"

松鼠走到熊大王身边，磕头、作揖，然后装着委屈的样子说："他诬赖我，说我偷松子有什么证据？"

熊大王看眼前没有赃物，就对紫貂说："捉贼得拿赃，你说松鼠偷松子有什么证据？"

紫貂看熊大王不但不相信他说的话，还庇护松鼠，他气不打一处来，上去一口咬住松鼠的脖子，前爪挠，后爪蹬，连扯带撕，把松鼠扯得血肉横飞，剖开胃往外一抖落，松子瓢撒了满地。熊大王一看，什么都明白了，懊悔地说："松鼠不是个东西！我错怪你了。从今往后，你还得帮助爷爷看山护林。"

从此，紫貂成了松树爷爷的卫士。

3. 松鼠与灰狗①

一只松鼠在松树上不小心碰掉了一个松塔。这个松塔恰巧落在马鹿头上，松鼠也不知道。马鹿吓了一跳，见是一个松塔，可没看见是谁扔的，它悄悄躲树后边，看看有没有来捡松塔的。

不一会儿，一只灰狗跑来了，捡起了松塔，正要走，松鼠也从树上跑下来。"灰狗兄，这个松塔是我从树上没拿住掉下来的，还给我吧！"灰狗把眼皮一翻，说："你别想打赖了，这是我从树上扔下来的，所以才先捡到它。""可凭良心说，这个松塔确实是我弄的。""你再瞎说我就不客气

① 王德富搜集整理《长白山动植物世界》——传说故事，辽宁少年儿童出版社，1988年6月，78页。

了！"两人正吵呢，马鹿从树后走了出来。灰狗一愣，忙说："马鹿兄，你给评评理，这明明是我捡到的松塔，可松鼠却想赖去。"马鹿说："是的，我也看到了，是你先捡到的。可谁知道是不是你从树上丢掉的呢？"灰狗连忙说："是我丢下来的，我发誓！"松鼠瞅了瞅灰狗子，又看了看马鹿，说："好吧，就算是你的吧！"说完，返身又上了松树。灰狗子拿着松塔想走，马鹿说："请等一等！这么说，松塔是你从树上扔下来的了？"灰狗子立即回答："是的。"马鹿突然厉声说："刚才这个松塔从树上落下来，砸在我的头上，到现在还疼呢！所以，我要踢你一脚！"灰狗子一愣，慌忙说："不、不！是松鼠扔下来的，真的，我发誓！"接着又冲着松鼠喊："松鼠，给你松塔！"松鼠在树上大声说："刚才你怎么不这样说呢？对不起，自作自受吧！"

马鹿抬起前腿，狠狠地踢了过去，把灰狗子踢出很远，很远。

4. 人参和松树①

古代的时候，人参和松树是很要好的朋友。它们都喜欢住在山色秀美、土质肥沃的沟谷或平原上。松树用枝干给人参遮住日晒，人参给松树松软泥土，使它根须密布。所以，人参和松树总是在一起，相处得很是亲密融洽。

不知经过多少年，地上有了人，有了村庄。人们砍伐松树，盖房造车。时间久了，平原和山谷生长的松树越来越少了。松树很忧愁，就跟足智多谋的人参说："人参兄弟好朋友，灾难的日子降临了，你说我该怎么办？"人参说："那你搬到兴安岭去吧。在僻静的深山里，除了野鸟，没有人迹。"松树高兴地说："可是，我走了，你呢？"人参说："松树哥哥，你放心去吧，不忘记我就行啦！山野里的草会给我作伴遮凉的。"

相依为命的两个好朋友分开了。松树就在高高的兴安岭安了家。从此，子孙越来越多，处处是翠绿的沧海。

不知又过了多少代，出了个大辽王，专爱吃人参果，让每个村庄十天要贡一苗大参。限令献上十二两重的龙爪参才有赏，若献"蟹腿"、"鸡

① 讲述者吴德布，搜集者富育光 陈庆浩，王秋桂主编《黑龙江民间故事集》，辽宁出版事业股份有限公司，1989 年 6 月，91 页。

心"、"二甲"[1]不够分量的草参，不是切断后脚筋就是上枷。逼得挖参的女真人像"沙鸡子"[2]似的，在野甸子里到处乱转。人参犯愁了，琢磨来琢磨去，得搬家躲一躲。躲哪呢？藏到老阿哥松树脚底下喀，山又高，树又密，草又厚，不易找啊！

人参主意拿定，就去求松树帮助。松树日子过得很舒服，早忘了老友。它听了听，晃晃针似的头发，寻思起来：不让人参搬过来吧，不好开口；让人参住在脚底下吧，人越来越多就不消停。它半天不知怎么回答好。人参一再苦苦哀求，松树只好答应了。

人参搬到兴安岭的松树下住下了。人参还不放心，对松树说："松树哥哥，若有人来找，你不要说我在这里。说出来，咱俩都得遭殃！"

松树听了不以为然。不几天，果真有几个人来找参。找了半天，没寻着，坐在松树下歇气。松树想："说了吧，把人参挖走了，我才能过安宁的日子。"于是，松树说："找人参吗？它藏在这疙瘩。"采参人果然在松树林里挖到好多苗人参。挖了参用什么包呐？参达[3]说："用松树皮把人参好好包起来，背下山喀！"

打这以后，凡是得到了人参，都要剥松树皮包裹人参。松树害了别人，也害了自己。

注释：

（1）蟹腿、鸡心、二甲：都是人参土名，属于低档草参。

（2）沙鸡子：野禽，又名沙半斤。

（3）参达：领头的挖参人。

5. 红松和人参的故事

听老人讲，人参原来不在关东山，后来才跑来的。

早先，山东云梦山上有座云梦寺，寺里原来住着两个和尚，他俩是一师一徒。

老师父不好好在山上烧香念经，整天下山会狐朋狗友。每逢下山就留给小徒弟一堆活，

平常，看小徒弟不顺眼，动不动就是一顿"窝心脚"，有时候点上整扎香，在佛像前面烧小徒弟的脑袋。小徒弟叫师父折磨得面黄肌瘦。

一天，师父又会朋友了，小徒弟抢着斧子在树林里砍柴，不知从哪里

跑来一个红肚兜小孩，和小徒弟一般大小，活蹦乱跳的。小徒弟孤零零的正没个伴儿，这回可乐坏了，一个人做的活，两个人不一会就做完了，在院子里唱呀跳呀，小徒弟头一回这么欢实。

打这以后，师父一下山，红肚兜小孩就来找小徒弟，约摸师父快回来的时候，他就跑下山去。日子一久，老师父看小徒弟小脸红扑扑的，留多少难干的活，也干得利利索索。心想，这里一定有"景"。一天晚上，他把小徒弟叫到跟前盘问，小徒弟从头到尾说了一遍。师父心里纳闷，深山老林里哪来的红肚兜小孩呢？这一定是棒槌精。忙从箱子里找出一个红线穗子，纫上针，递给小徒弟，对他说，等小孩来玩的时候，把针别在他的肚兜上。

第二天，师父又下山去了，红肚兜小孩照样上山来玩，烧火煮饭的时候，红肚兜小孩对小徒弟说："时候不早了，我该回去了。"小徒弟本想把自己的心事告诉他，可又怕师父知道，逼于无奈，趁着小孩着急回家的时候，把针别在肚兜上。

第二天清早，师父拿着镐头，悄悄地把门锁上，顺着红线往山里找，在一棵老红松的旁边，那棵针扎在一棵人参苗子上。老师父高兴得不得了，举镐就刨，刨出一个"参孩子"来。拿到寺里，把"参孩子"放到锅里，盖上盖子，上面压了一块大石头。进屋一拳打醒小徒弟，叫他到厨房烧火去。

小徒弟紧着烧火，煮得差不多的时候，偏巧，师父的朋友找他下山，师父没法推辞，临走的时候吓唬小徒弟说："我不回来不许你揭开锅盖，要是不听话，小心打断你的腿。"师父走后，小徒弟不断地烧火，锅里咕嘟咕嘟直响，热气直往外冒，满屋子香的了不得，小徒弟不知道锅里煮的啥玩艺，搬开大石头，揭开锅盖一看，吓了一大跳，锅里煮着一个"小胖子"，香气直喷鼻子。小徒弟掐下一块肉放到嘴里一尝，品个啥滋味就是个啥滋味。再掐下一块放到嘴里，比头一块还香。就接二连三地给吃光了。小徒弟这时候可有些害怕了，后来他把胆子一壮，一不做二不休，舀了一瓢汤尝尝，又把狗唤进来给狗喝了，还剩点就往寺的周围一倒。小徒弟正要刷锅，就听师父在外面喊，他心里一急，不知道如何是好，在寺院里跑了两步，觉得两条腿飘轻的，忽忽悠悠的起升空了，紧接着，狗、寺庙也起空了。师父一看这光景，知道"参孩子"叫小徒弟给偷吃了，急得没办法，仰脸喊小徒弟，小徒弟不理他。唤狗，狗汪汪地咬他，师父一口气气死了。小徒弟、大黑狗连同寺庙一点一点地升到云彩里去了。

红肚兜小孩就是那棵人参变的，原来老红松树下长着一对人参，自从那棵人参叫老和尚挖去后，剩下这棵，成天对着老红松哭哭啼啼。一天，老红松说："好孩子，不要哭了，我领你逃走吧！"人参说："哪里还不是一样，反正我也活不长了。"老红松说："关东山人少树多，要是有人在那里把你抓着，我保护着你。"人参不哭了，跟着老红松逃到了关东山，就在长白山的老林子里落脚了。要不长白山的人参和红松咋就那么多啦！后来放山的人一挖到人参，怕砸坏了须子腿，就赶忙剥张红松树皮保护着，这就应了老红松当年对人参说的那句话。

6. 老虎和小松鼠①

老虎是兽中之王，它总认为自己比谁都高明，十分骄傲。

一天，老虎遇到了一只小松鼠。老虎说："你这个小东西，整天只知道蹦蹦跳跳，啥也不能干，没用的东西，赶快给我滚开！"小松鼠胆怯地溜走了。

秋天到了，长白山里高大的红松树上结满了喷香喷香的小松塔，把老虎馋得直流口水。它想，我是兽中之王，力大无比，吃个松子有何困难。想到这，老虎耍起威风，张开大口，猛地向大松树扑过去。可是，高大的松树动也没动，树上的松塔在树尖上随风摆动，好像故意气它似的一个也没掉下来。老虎一见此情景，更生气了，用尽平生力气又一次向大树猛扑过去，大树还是纹丝不动。老虎没有办法，只好垂头丧气地走了。

老虎走着走着，碰到一只小白兔。老虎说："小白兔，你赶快给我爬到树上，摘下松塔给我吃！"小白兔说："大王，我给您跑个腿还行，爬树我可真不会。"老虎一听，生气地说："这无用的东西，赶快滚开！"小白兔吓得赶紧溜掉了。

老虎又遇见了梅花鹿。老虎对梅花鹿说："你个子挺大，你赶快上树去摘松子给我吃！"梅花鹿赶忙答道："大王，我虽然个子挺大，可不会上

---

① 吉林省通化地区文联《长白山》民间文学增刊，《长白山》编辑部出版，1982 年 4 月，48 页。

树。我去把小松鼠找来给您摘吧！"老虎一听，生气地说："你那么大个子都不行，小松鼠能干啥呢？"梅花鹿说："别看小松鼠个小，它可有上树的本领呢。"老虎想了想："好吧，快去把它找来。"

梅花鹿把小松鼠找来了。小松鼠得知大王要吃松子，连忙爬到那高大的红松树上，不大功夫就摘下了很多松塔。

老虎一边吃着那清香的松子，一边想：我总以为自己是兽中之王，比谁都高明，在爬树这点上，我总瞧不起小松鼠，看来可不能再自恃高明、骄傲自大了。从此以后，老虎看见小松鼠老远就说："小松鼠，快来教我上树啊！"小松鼠知道老虎学不会上树，就说："虎大王，你天天学吧，不用我教。"老虎就天天学着上树，可是直到今天也没学会。

7. 刺柏松①

有一种刺柏松，又叫白松。叶子带点淡红色，结一种小果实，果肉很好吃，虽能长成高大树干，但长不多粗就开始破肚子（树干破裂），很难成材。说起来还有段动人的小故事呢。

传说清朝有一个皇帝，人们都管他叫"老罕王"，住在长白山附近一个屯堡里，日子过得挺贫寒。老罕王是个勤苦人，十几岁的时候他听一些老人们说，老白山的林子里有棒槌，不少人去放山发了财，心想，我不好也去试一试，碰巧也挖个一苗两苗的，换点钱好买点吃的穿的什么的。这年秋天，他背了点小米子，拿着放山的家把什，按照人们告诉的放山法，就独自一人进了老林子里。

长白山老林子里的树密密麻麻，上顶天下触地，阴森森的见不着日光，被小咬、蚊子咬得难受。老罕王走啊走啊，不知道爬了几道山岗，不知道过了多少河沟、甸子，累得腰酸腿疼。天黑了就在大树底下打个小宿，天亮了煮点小米子饭吃了再走。一连气在老林子里转悠了十多天，连个小三花都没看见。带的那点小米子也快吃完了，货也没拿着，怎么办呢？没法子，老罕王只得背起家把什往回走。说也怪，他心里一着急，头脑发懵，没走几步就麻达山了，也分不出东西南北来了。他看沟塘子，一个样的深浅；看巴山嘴，是一个样大小，可把老罕王急坏了。麻达过山的

---

① 吉林省通化地区文联《长白山》民间文学增刊，《长白山》编辑部出版，1982年4月，177页。

人都知道，人越急，脑子越糊涂，就东一头西一头的闯开了。一气走了好几天也没转出林子去。这时，老罕王已经两天没有吃一口饭了，连累带饿，一步也挪不动了，只觉得两眼冒金花，头重脚轻，一头栽倒在一棵大松树底下，昏过去了。不知过了多久，老罕王才醒了过来，想起了家中还有老母，在等待着弄点钱回去好换点吃的，偏偏自己又麻达在这老林子里，眼看就要饿死，老娘今后怎么活呢？越想心里越难过，就仰头朝天大哭起来，哭的是那样伤心，老罕王哭了一阵坐起来，苏醒了一会儿，睁开眼看见身边有些通红的小红果，和个小红枣差不多大，饿急了的人一见吃的，就瞪起眼来了，也顾不得好吃不好吃，捡起一个就填到嘴里，一嚼，又脆又甜，还有股清香味。这下可把老罕王乐坏了，就一边捡一边吃起来，不一会儿就吃饱了，肚子也好受了，眼也不花了，立时感到身上也有了劲儿。他就拿起袋子捡起小红果来，准备路上吃，心想这回我的命有救了。为了感谢小红果的救命之恩，就朝那棵结小红果的大树跪下叩了三个头，祷告说："等我日后得到了好处时，一定忘不了您的救命之恩，重重报答。"说完，爬起来背起口袋就走了，找到了回家的小道，一路上多亏那小红果充饥，才活着回了家。

后来，老罕王登基当了皇帝，国号大清，享受着人间的荣华富贵。一天，他同群臣们在一起饮酒取乐，酒后兴起，突然想起了当年救命的大松树，就问手下的大臣们说："老白山的林子里，什么松树能结果好吃呢？"这时有一个大臣拱手说道："万岁，卑臣略知一二，长白山老林子里有一种松树叫红松，能结果，叫松子，松子有小红枣大小，很好吃，还有……"老罕王没等这位大臣说完便连连说道："是它！是它！就是它！它当年救了我的命，才有今天这皇宫宝座和荣华富贵，我岂能忘恩负义！我下旨加封红松为树中之王。"就这样，没出月的红松被封为树中之王，洋洋得意，趾高气扬地生长在长白山老林子里。而刺柏松呢？有好果没好报，憋气窝火，越想越生气，就气破了肚子。直到如今，就留下了这段故事。

8. 两只松鼠①

灰松鼠和花松鼠是哥俩，灰松鼠大，花松鼠小，灰松鼠精，花松鼠

---

① 戴贵琦《熊大王断案》，抚松县文联、抚松县文化馆编，辽宁人民出版社，1982 年 3 月，33 页。

傻。有一天，哥俩上山采松子。松子长得又大又肥，吃起来又香又甜。灰松鼠想："我得留点过冬。"他眼珠一转，就对花松鼠说："弟呀！我的脚扎破了，你来上树吧！"花松鼠说："好。"就蹭蹭地爬上树梢采起来，大松塔噼里啪啦直往下落。灰松鼠见花松鼠只顾采，也不往下看，就偷偷地藏起一些。花松鼠累得喘着粗气下树来，灰松鼠就把剩下的松塔平分开，又从自己堆里拣出一个，说："弟呀，你上树累，多分给你一个吧！"花松鼠十分感激，灰松鼠暗自得意。

第二天，他们又上山采松子。灰松鼠心想："这次要换个招了，免得叫他看破。"便说："弟呀，昨天你累了，今天我来上树吧！"花松鼠说："好！"灰松鼠爬到树上专挑大个的摘。花松鼠在地下闷着头往一起拣。灰松鼠趁他没注意，一下子把松塔砸在花松鼠腰上，花松鼠疼得"哎呀"一声跳起来。可是，他揉了揉腰，又埋头拣起来。不一会儿，他又重重地挨了一下。花松鼠这才抬起头，望着树梢说："哥呀，这棵树上的松塔真坏，老往我身上砸。"灰松鼠忍住笑，说："是呀，他们还扎我的嘴呢！你先找个山洞躲一会儿，待会儿摘完了你再回来拣吧！"花松鼠说："好吧。"就走了。灰松鼠更得意了，心想："这回我可要多藏起来一些了。"可是他光顾高兴了，没留神脚下一滑，头一下子卡在了树丫巴上。急得他四条腿直蹬动，可是，越蹬动卡得越紧。

花松鼠跑回来喊道："哥呀，快下来吃松子吧！"他见灰松鼠卡在树丫上，急忙爬上去救，可是，灰松鼠已经卡死了。

第四节　松子诗词作品

一　诗词概说

关于松子的诗歌作品最早见于魏晋阮籍的《咏怀》（八十二首之第三十二首），但这里的松子是赤松子的简称，南朝梁元帝的《与刘智藏书》是最早把松子作为意象的作品。唐代，关于松子的诗歌数量颇丰，诗歌中的松子有两个意思，一是指仙人赤松子；二是指红松的果实，即松子。以松子作为赤松子简称的诗歌作品，在思想上与松子传说故事都表现出道家思想的传承性。早期的松子传说故事都是讲述吃松子长生不老或羽化成仙，赤松子就是服食松子成仙的人物之一，涉及赤松子的诗歌作者都是深受道教思想影响的人物，如阮籍、张九龄、李白、孟浩然等等。后来，不仅是道家，包括儒家和释家，想脱离世俗生活，或者已经脱离世俗生活的诗歌作者，无一不采撷松子入诗，如白居易、皎然、贾岛、李频、李洞等等。所以即使是以松子作为意象的诗歌，和早期的松子传说故事、以及把松子作为赤松子简称的诗歌，在表达的主题思想方面都有着内在的密切的联系。选注松子诗歌作品，以松子作为赤松子简称的诗歌作品很多，此处只保留了阮籍和张九龄的两首，其余的都是把松子作为诗歌意象的作品。

二　松子诗词作品选编

1. 咏怀八十二首其三十二

阮　籍[1]

朝阳不再盛，白日忽西幽。

去此若俯仰，如何似九秋。

人生若尘露，天道邈悠悠。

齐景升牛山，涕泗纷交流。

孔圣临长川，惜逝忽若浮。

去者余不及，来者吾不留。

愿登太华山，上与松子游。

渔父知世患，乘流泛轻舟。[①]

【注释】

（1）阮籍：210～263年，字嗣宗，陈留尉氏（今河南开封）人，中国三国时期魏的诗人，"竹林七贤"之一。曾任步兵校尉，人称阮步兵，与嵇康并称嵇阮。

【解读】

"朝阳不再盛，白日忽西幽"，首二句从象征时光流逝的白日写起，表现出光景西驰，白驹过隙，盛年流水，一去不再的忧伤感情。"去此若俯

---

① 钟来茵《中古仙道诗精华》，江苏文艺出版社，1994年1月，83页。

仰，如何似九秋”，“去此”指“去魏盛时”，谓曹魏之盛在俯仰之间转瞬即逝。由此可知，首句“朝阳”、“白日”之谓，不仅象征时光袂忽，且有喻指曹魏政权由显赫繁盛趋于衰亡，一去不返，终归寂灭的深层寓意。在这里，诗人把人生短促的挽歌与曹魏国运式微的感叹交融在一起，双重寓意互相交叉、互相生发，置于诗端而笼罩全篇，下十二句，均受其统摄。

先是“人生若尘露”二句，以“人生—天道”的强烈对比，写人生与国运的短促。在“悠悠”天道和永恒的宇宙中，曹魏政权都去若俯仰，何况区区一介寒士，不过如尘似露，倾刻消亡罢了。下“齐景升丘山”四句，再用齐景公惜命，孔子伤逝的典故，极写人生与国运的短促。《韩诗外传》曾记载齐景公游牛山北望齐时说：“美哉国乎？郁郁泰山！使古而无死者，则寡人将去此而何之？”言毕涕泪沾襟。《论语·子罕》则记载孔子对一去不返的流水说：“逝者如斯夫！不舍昼夜。”在齐景公登牛山，见山川之美，感叹自身不永痛哭和孔子对流水的惜逝中，诗人对个人命运和对国运的双重忧虑，比先前的比喻和对比更深了一层。

如此袂忽的人世，诗人将如何自保？值此深重的忧患，诗人又如何解脱？“去者余不及，来者吾不留”十字，乃大彻大悟语。末六句，诗人断《楚辞·远游》、《庄子·渔父》两章而取其文意。前四句取《远游》“往者余弗及兮，来者吾不闻”，“闻赤松之清尘兮，愿承风乎遗则”句意，认为：三皇五帝既往，我不可及也；后世虽有圣者出，我不可待也。不如登太华山而与赤松子游。赤松子是古代传说中的仙人，与仙人同游而有出世之想，语出《史记·留侯世家》：“愿弃人间事，从赤松子游。”末二句隐括《渔父》句意，表明要摆脱“怀汤火”、“履薄冰”的险恶处境，借以自保和解脱，只有跟从赤松子，追随渔父，即或仙或隐，远离尘世之纷扰，庶几可以避患远祸，得逍遥之乐。然而这不过是一时的幻想，仙则无据，隐亦不容，所以终究还是要跌回前面所描写的阴暗世界。

阮籍生当魏晋易代之际，统治集团内部的矛盾斗争日趋残酷激烈。司马氏为篡魏大肆杀戮异己，朝野人人侧目，亦人人自危，诗人也屡遭迫害。既要避祸全身，又要发泄内心的忧患与愤懑，因此，只能以曲折隐晦的方式，以冷淡的语言表达炽热的感情；以荒诞的口吻表现严肃的主题。这首诗因运用神话、典故、比兴和双重寓意的写法，致使其诗意晦涩遥深，雉以索解。钟嵘《诗品》说阮籍《咏怀诗》"厥志渊放，归趣难求"。

2. 与刘智藏书⁽¹⁾

梁元帝⁽²⁾

百镒可捐⁽³⁾，千金非贵。

松子为餐，蒲根是服⁽⁴⁾。①

【注释】

（1）刘智藏：即智藏，公元458～522年。俗姓顾，16岁即代宋明帝出家，因赐姓刘，吴郡（今江苏省苏州市）人，齐、梁名僧。在齐时敕住兴皇寺，梁时住开善寺。曾从僧柔、慧次学《成实论》、涅盘学，博采群师，综括众说，为梁《成实论》三大法师之一，又是第一个诵《金刚经》以解厄延寿、去凶化吉的人。梁武帝甚为器重智藏，曾敕於慧轮殿讲《般若经》，又特许其自由出入宫中。智藏曾为梁武帝授菩萨戒，皇太子亦对其致北面礼。智藏著有《般若》、《成实》、《法华》等经讲论义疏十数种，《续高僧传》卷五有传。

（2）梁元帝：萧绎（南朝·梁），公元208～554年，字世诚，小字七符，武帝第七子。始封湘东王，后即帝位，庙号世祖，谥元皇帝。博极群书，工书善画，自图宣尼像为之赞而书之，时人谓之三绝。

（3）镒：古代的重量单位，二十两或二十四两为一镒。

（4）蒲根：从上下文来看，此处的蒲根并非香蒲，而是菖蒲。有三种植物，它们都可以称为菖蒲，分别是节菖蒲、石菖蒲和水菖蒲等，它们的主治功能不同。节菖蒲，其性温味辛，主要功效是开窍化痰、醒脾安神；而石菖蒲性温为辛、苦，主要功效是化湿开胃、开窍豁痰、醒神益智；水菖蒲则辛温味苦，主要功效是化痰开窍，健脾利湿。

【解读】

原文较长，写梁元帝叙与智藏相别眷念之思，想对方禅定之悦、栖隐之趣，抒发了其崇信佛法、敬慕高僧的惓惓之情。本文节选的四句意思是智藏有百镒可以捐出去，千金也不足惜，饥饿服食松子，生病服食蒲根。梁元帝赞美了智藏不为物欲所困的高洁宽广胸怀。

---

① （清）严可均辑《全梁文》，上海古籍出版社，2009年6月，186页。。

3. 送杨道士往天台[(1)]

张九龄[(2)]

鬼谷还成道[(3)]，天台去学仙。

行应松子化[(4)]，留与世人传。

此地烟波远，何时羽驾旋[(5)]。

当须一把袂[(6)]，城郭共依然[(7)]。[①]

【注释】

（1）本诗创作年代难以考定，暂定为开元二十五年贬荆州长史前。何格恩《张曲江诗文事迹编年考》认为本诗作于洪州任内，《刘注》认为本诗作于开元二十五年初为荆州长史之后。杨道士，其人不详，疑为杨炎之父杨播。播"登进士第，隐居不仕。玄宗征为谏议大夫，弃官就养。"肃宗赐号玄靖先生，其子杨炎，开泷之间，号为小杨山人。天台，山名，在今浙江天台县北。乃"玄圣之所游化，灵仙之所窟宅"（见孙绰《游天台赋》）。司马祯曾修道于此。

（2）张九龄：唐开元尚书丞相。字子寿，一名博物。汉族，韶州曲江（今广东韶关市）人。长安年间进士，官至中书侍郎同中书门下平章事，后罢相，为荆州长史。他是一位有胆识、有远见的著名政治家、文学家、诗人。他忠耿尽职，秉公守则，直言敢谏，选贤任能，不徇私枉法，不趋炎附势，敢与恶势力作斗争，为"开元之治"作出了积极贡献。他的五言古诗，以素练质朴的语言，寄托深远的人生慨望，对扫除唐初所沿习的六朝绮靡诗风，贡献尤大，著有《曲江集》。

（3）言杨道士像得道的鬼谷子。鬼谷，地名，战国时鬼谷先生所居。一说在今河南登封县东南，一说在今陕西原县西北。鬼谷先生本是战国时期的纵横家，苏秦和张仪都拜他为师，后来却演变为仙人。《广博物志》卷二十一引《录异记》："鬼谷先生者，古之真仙也。云姓黄氏，自轩辕之代，历于商周，随老君西化流沙。自周末，复还中国，居濮滨鬼谷山。"

（4）言杨道士乃仙人赤松子转世。松子，赤松子，古仙人。《汉书·张良传》："愿弃人间事，欲从赤松子游耳。"司马贞《索引》："赤松子，

神农时雨师。能入火自烧，昆仑山上随风雨上下也。"

（5）羽驾：犹仙驾。仙人多乘鹤，故称。旋，返。

（6）把袂：握袖，表示亲密。

（7）依然：依旧的样子。《搜神后记》："丁令威，本辽东人，学道于灵虚山，后化为鹤归辽……有少年举弓欲射之，鹤乃飞，徘徊空中而言曰：'有鸟有鸟丁令威，去家千年今始归。城郭如故人民非，何不学仙冢累累！'"

【解读】

在唐代，由于经济的空前繁荣，文化生活格外昌盛，道教活动也异常热闹。从君主皇帝到士大夫们再到庶民百姓，举国上下兴起一股道教热。武德八年（625 年），唐高祖李渊下诏宣布三教中道教第一，儒教第二，佛教第三，以提高道教的地位。张九龄深受道教思想影响，也有意无意地进行了一些崇仙访道活动。他在出贬荆州后与杨道士的会见，解除了他对人生外在要求的困惑，从而在精神上得到了一种安慰。张九龄在诗篇里，不惜笔墨描绘了几个神仙道士的形象，"鬼谷子真仙"、"赤松子大仙"、"丁令威学道成仙"等等。再加上杨道士又要前往天台山的司马道士那里，真是"仙风道骨，可以神游八极之表"了。透过诗篇，我们可以看出，张九龄对道教是多么敬畏而神往。

4. 秋夜寄丘员外(1)

韦应物(2)

怀君属秋夜(3)，散步咏凉天。

空山松子落，幽人应未眠(4)。①

【注释】

（1）诗题一作《秋夜寄丘二十二员外》。诗作于唐德宗贞元五年（789 年）至贞元七年（791 年），韦应物时任苏州刺史，丘丹隐居临平山，两人多有唱和，诗人写此诗以寄怀。一说作于唐德宗贞元五年秋（789 年）。丘员外：即丘丹，诗人丘为的弟弟，在家族中排行二十二，曾拜尚书郎，后隐居临平山上。

---

① （清）蘅塘退士《唐诗三百首》，上海古籍出版社，2000 年 11 月，359 页。

（2）韦应物：737～约792年，长安（今陕西西安）人，田园派诗人。玄宗时，曾在宫廷中任三卫郎，后应举成进士，历官滁州、江州、苏州等地刺史。由于他长期担任地方行政官吏，亲身接触到战火离乱的社会现实，所以写了不少具有一定现实意义的好作品。其诗多送别、寄赠、感怀之作，情感真挚动人。田园山水诸作，语言简淡，风格秀朗，气韵澄澈。著有《韦苏州集》。

（3）属（zhǔ）：正值。

（4）幽人：悠闲的人，指丘员外。

【解读】

诗的前两句清新通脱，很有凉意，也有超俗之感。诗人在凉爽的秋夜思念朋友，于是出门散步，在清秋的夜里，缓缓吟诵诗句，怀念此刻不在身边的朋友，情感恬适闲远。后两句想象山中的朋友此时的情况。秋季是松子成熟的季节，隐士常以松子为食，因朋友在山中，又有隐士风范，因此想到此句。第三句从自己身处的凉秋之夜，揣度平山中的秋色。第四句也是揣度对方的状况。诗人正在怀念友人，深夜不眠，起身散步，推想对方也应该醒着。同一个秋夜，虽身处两地，但心魂相系。这种如烟似雾的联系已经足以说明灵魂的默契，同赏月色同享夜凉，相互思念，因而不觉孤单，平淡如水的友情却让人深深感动。全诗语浅情深，言简意长，以其古雅闲淡的风格美，给人玩绎不尽的艺术享受。

5. 太一石鳖崖口潭旧庐招王学士⁽¹⁾

岑　参⁽²⁾

骤雨鸣淅沥⁽³⁾，飗飀谿谷寒⁽⁴⁾。

碧潭千余尺，下见蛟龙蟠。

石门吞众流⁽⁵⁾，绝岸呀层峦⁽⁶⁾。

幽趣倏万变，奇观非一端。

偶逐干禄徒，十年皆小官。

抱板寻旧圃⁽⁷⁾，弊庐临迅湍。

君子满清朝，小人思挂冠。

酿酒漉松子⁽⁸⁾，引泉通竹竿。

何必濯沧浪⁽⁹⁾，不能钓严滩⁽¹⁰⁾。

此地可遗老⁽¹¹⁾，劝君来考槃⁽¹²⁾。^①

【注释】

（1）本诗作于天宝十二年（753 年）。太乙：指终南山。石鳖崖：《类编长安志》卷六曰："石鳖谷，在（咸宁）县西南五十五里。"又卷九曰："谷口有一圆石，色白，形如鳖，大如三间屋，谓之石鳖谷。"咸宁，今属陕西长安县。潭：石鳖谷内有九女潭。学士：官名，唐集贤殿、翰林院、弘文馆、崇文馆皆置学士、直学士。

（2）岑参：715～770 年，南阳人。出身于官僚家庭，曾祖父、伯祖父、伯父都官至宰相。父亲也两任州刺史，但父亲早死，家道衰落。他自幼从兄受书，遍读经史。二十岁至长安，献书求仕，以后曾北游河朔。三十岁举进士，授兵曹参军。天宝八载，充安西四镇节度使高仙芝幕府书记，赴安西，十载回长安。十三载又作安西北庭节度使封常清的判官，再度出塞。安史之乱后，至德二年才回朝，前后两次在边塞共六年。岑参是唐代著名的边塞诗人，去世之时 56 岁。其诗歌富有浪漫主义的特色，气势雄伟，想象丰富，色彩瑰丽，热情奔放，尤其擅长七言歌行。

（3）淅沥：状雨声。

（4）飕飂（sōu liú）：象风声。

（5）石门：终南山有石门谷，在陕西蓝田，近崖口岸。《清一统志》卷二二七《西安府》一："石门谷在蓝田县西南。"

（6）呀：张口。层峦：重叠的山峦。

（7）抱板：持版，指居官。板，同版，即笏，古代官员上朝时所持的手板。

（8）漉（lù）松子：指用山中的松子酿酒，先把松子洗净漉干。

（9）《楚辞·渔父》曰："沧浪之水清兮可以濯吾缨，沧浪之水浊兮可以濯吾足。"

（10）严滩：东汉隐士严光（字子陵）垂钓处，在今浙江桐庐县南。

（11）遗老：留下终老之意。

（12）考槃：盘桓之意，指避世隐居。朱熹《诗集传》引陈傅良的说明："考，扣也；槃，器名。盖扣之以节歌，如鼓盆拊缶之为乐也。"黄熹

---

① （清）彭定求等编《全唐诗》卷一百九十八，中华书局，1960 年 4 月，2042 页。

《诗解》说："考槃者，犹考击其乐以自乐也。"

【解读】

岑参的这首诗与其创作的边塞诗风格迥异，诗的前半部是对终南山石鳖崖水潭的景物描述，后半部表达了诗人的归隐意向。诗的大意是骤然而至的大雨仍然淅淅沥沥地没有停歇，整个山谷传来响亮的回声，风声飔飔，寒意阵阵。石鳖崖下的一碧潭水深有千尺，汹涌奔腾，好像有蛟龙盘伏在那里。山中的溪水流到石门汇集在一起，水势浩大，两岸的悬崖峭壁层峦叠嶂。整个山中的景象变幻万千，奇观非指一处。想到自己身在尘世追名逐利，十年了，仍然是碌碌无为。身在朝野心羡田园，依山傍水的简陋茅屋就是他的世外桃源。入仕为官秉公廉洁，现在常想卸任离职隐居。见到山里人把松子洗净漉干来酿酒，用竹竿引来泉水做饭，何必学那渔父沧浪濯缨，严光溪边垂钓呢？这里就是最适合隐居的归宿，劝你们都来这里终老一生。

6. 赋得还山吟送沈四山人[1]

高　适[2]

山吟，天高日暮寒山深，送君还山识君心。

人生老大须恣意，看君解作一生事，山间偃仰无不至。

石泉淙淙若风雨，桂花松子常满地。

卖药囊中应有钱，还山服药又长年。

白云劝尽杯中物，明月相随何处眠。

眠时忆问醒时事，梦魂可以相周旋。[1]

【注释】

（1）沈四山人：亦称沈四逸人，就是当时的名士沈千运。他是吴兴（今属江苏）人，排行第四，屡试不中，历尽沉浮，饱尝炎凉，看破人生和仕途，约五十岁左右隐居濮上（今河南濮阳南濮水边），躬耕田园。约于天宝五载（746年）秋，高适与李白、杜甫共同游历淇水时，曾到濮上访问沈千运，结为知交，沈千运要回山中别业去，高适写此诗赠别。

（2）高适：700～765年，盛唐诗人。字达夫、仲武，沧州（今河北

---

① （唐）高适《高适集》，山西古籍出版社，2008年4月，56页。

省景县）人，居住在宋中（今河南商丘一带），有《高常侍集》、《中兴间气集》等传世。高适为唐代著名的边塞诗人，熟悉军事生活，所作边塞诗对当时的边地形势和士兵疾苦均有反映，与岑参并称"高岑"，《燕歌行》为其代表作。

【解读】

这首诗以知交的情谊，豪宕的胸襟，洒脱的风度，真实描绘沈千运自食其力、清贫孤苦的深山隐居生活，深切赞美他的清高情怀和隐逸志趣。

诗以时令即景起兴，蕴含深沉复杂的感慨。秋日黄昏，天高地远，沈千运返还气候已寒的深山，走向清苦隐逸的归宿。知友分别，不免情伤，而诗人却坦诚地表示对沈的志趣充分理解和尊重，接着运用含蓄巧妙、多种多样的手法予以对比描述。

在封建时代，仕途通达者往往也到老大致仕退隐，那是一种富贵荣禄后称心自在的享乐生活。沈千运仕途穷塞而老大归隐，则别是一番意趣了。诗人赞赏他是懂得了人生一世的情事，能够把俗世视为畏途的深山隐居生活，怡适自如，习以为常。山石流泉淙淙作响，恰同风吹雨降一般，是大自然悦耳的清音；桂花缤纷，松子满地，是山里寻常景象，显出大自然令人心醉的生气。这正是世俗之士不能理解的情趣和境界，而为"遁世无闷"的隐士所乐于久留的归宿。

深山隐居，确实清贫而孤独。然而诗人风趣地一转，将沈媲美于汉代真隐士韩康，调侃地说，在山里采药，既可卖钱，不愁穷困，又能服食滋补，延年益寿。言外之意，深山隐逸却也自有得益。而且在远避尘嚣的深山，又可自怀怡悦，以白云为友，相邀共饮，有明月作伴，到处可眠。可谓尽得隐逸风流之致，何有孤独之感呢？最后，诗人出奇地用身、魂在梦中夜谈的想象，形容沈的隐逸已臻化境。诗人用这样浪漫的想象，暗寓比托，以结束全诗，正是含蓄地表明，沈的隐逸是志行一致的，远非那些言行不一的名士可比。

综上可见，由于诗旨在赞美沈的清贫高尚、可敬可贵的隐逸道路，因此对送别事只一笔带过，主要着力于描写沈的志趣、环境、生计、日常生活情景，同时在描写中寓以古今世俗、真假隐士的种种比较，从而完整、突出地表现出沈的真隐士的形象。诗的情调浪漫洒脱，富有生活气息。加之采用与内容相适宜的七言古体形式，不受拘束，表达自如，转韵自由，语言明快流畅，声调悠扬和谐。

7. 戏韦偃为双松图歌⁽¹⁾

杜 甫

天下几人画古松，毕宏已老韦偃少⁽²⁾。

绝笔长风起纤末，满堂动色嗟神妙⁽³⁾。

两株惨裂苔藓皮，屈铁交错回高枝⁽⁴⁾。

白摧朽骨龙虎死，黑入太阴雷雨垂⁽⁵⁾。

松根胡僧憩寂寞，庞眉皓首无住著⁽⁶⁾。

偏袒右肩露双脚，叶里松子僧前落⁽⁷⁾。

韦侯韦侯数相见，我有一匹好东绢，重之不减锦绣段。

已令拂拭光凌乱，请公放笔为直干。^①

【注释】

（1）韦偃（《历代名画记》"偃"作"鷃"）：唐代著名画家，本为京兆人，后寓居于蜀。他善画鞍马、松石。朱景玄《唐朝名画录》："（韦偃）画高僧、松石、鞍马、人物，可居妙上品。"杜甫初到成都后，就与韦偃相识，这首题画诗，就作于这个时候。

（2）毕宏：与杜甫同时人，为官，能画，擅画松石。

（3）绝笔：画完停笔。纤末：树梢。动色：动容。这两句意为：韦偃作画完成刚一停笔，松树梢头长风顿起，满堂观者无不动容嗟叹画之神奇。

（4）惨裂：开裂得很厉害。屈铁：松树干弯曲色黑似铁。回，盘绕。这两句意为：所画两株松树暴裂着长满苔藓的树皮，如铁的树干弯曲交错高枝盘绕，形象地写出老松的形态。

（5）"白摧"、"黑入"：指画的技法而言，白摧一句，言画之枯淡处；黑入一句，言画之浓润处。这两句是说：画的枯淡处，树皮剥蚀露出白色树干，有如龙虎死后的朽骨；画的浓润处，树枝盘绕，茂密阴森有如暗夜垂空的雷雨。

（6）胡僧：西域的僧人。憩：休息。这里指僧人打坐。庞眉皓首：眉

发花白。无住著：超凡脱俗。住著，佛语，即执著，是说固于世情而不能超脱。

（7）偏袒右臂：佛教徒着僧袍而袒露右臂，以示对佛的恭敬。

【解读】

此诗起句语调平缓，"天下几人画古松，毕宏已老韦偃少"总括出韦偃善画松且正当年，接着，突然发出惊语："绝笔长风起纤末，满堂动色嗟神妙。"是说当韦偃画成搁笔的时候，松树梢末忽起清风，满堂观画的人都为之动色，惊叹松画的神妙。

中段八句，具体描绘韦偃《双松图》中的景象，诗境即是画境。前四句，描绘双松宛转盘曲之态、烟霞风云之变，着力表现松的奇崛之美。"两株惨裂苔藓皮，屈铁交错回高枝。"意思长满苔藓的双松树皮，已经坼裂，屈曲如铁的松枝，交错回环。"白摧"、"黑入"二句分承上文诗意，就"皮裂"和"枝回"作进一步的形象描绘。"白摧朽骨龙虎死"，是指松皮坼裂的枝干好象龙虎的朽骨，韦偃用枯淡的笔法画枝干，所以说"白摧"。"黑入太阴雷雨垂"，形容回环枝干上的松叶，好像下垂的阴云雷雨，韦偃用浓润的笔触画树荫，因此称"黑入"。"松根胡僧"以下四句，描写松下入定僧，神态宛然。须眉花白的胡僧在松下入定，右肩和双脚任其袒露，寂无声息，似乎在休憩，连松叶中的松子掉下来也不知道。描摹松下老僧潇洒脱俗的神情，着力再现人物的灵异之美。松之奇崛和僧之灵异，融为一体，构成整幅《双松图》的绘画美。诗人用诗的语言再现了它们，造成了奇峭的诗境美。

诗人喜爱韦偃的松画，于是备绢求画。"韦侯韦侯数相见"，可见诗人与韦偃已是熟识的朋友，所以他便拿出"不减锦绣段"的"好东绢"，请画家纵笔作画。韦偃画松，以屈曲见奇，画直干松就难以显示出他画技的长处，杜甫却请求他"放笔为直干"，意谓：你能纵笔画直干的松树吗？强人所难，戏之也。也可见两人交情深厚。全诗别无"戏"意，直到结句才照应题上的"戏"字。

8. 秋野五首其三⁽¹⁾

杜 甫

礼乐攻吾短⁽²⁾，山林引兴长⁽³⁾。

掉头纱帽仄⁽⁴⁾，曝背竹书光⁽⁵⁾。

风落收松子，天寒割蜜房⁽⁶⁾。

稀疏小红翠⁽⁷⁾，驻屐近微香⁽⁸⁾。①

【注释】

（1）《秋野五首》当作于大历二年（767 年）秋，其时杜甫寓居夔州瀼西。

（2）《庄子》："礼乐之士敬容。"攻，治也。此句言己短于礼乐，疏于检身。

（3）《庄子》："入山林，观天性。"

（4）三四句与"吟诗坐回首，随意葛巾低"正可参看。《庄子·在宥篇》："雀跃掉头。"《隋书》："独孤信举止风流，曾风吹帽檐侧，观者塞路。"

（5）《秦国策》："暴背而耨。"《晋书》：荀勖领秘书监，汲郡冢中得竹书。竹书，竹简之书。

（6）蜜房：蜂房也，蜂蜜的巢。班固《终南赋》："蜂房溜其巅。"左思《蜀都赋》："蜜房郁毓被其阜。"

（7）红翠：花草。

（8）驻屐：停步。

【解读】

此诗通过一系列山林秋季景色的描写，表现了作者在瀼西生活的舒适惬意。生来就不为礼法所拘束，山林时时引发我的清兴悠长。一掉头，纱帽随即歪于一侧；暴背看书，书页上亮着一片日光。随地捡拾被风吹落的松子，天寒时便去割取蜂房。满山都是红绿相间的零星山花儿，一驻足便染上屡屡微香。

---

① （清）彭定求等编《全唐诗》卷二百二十九，中华书局，1960 年 4 月，2499 页。

9. 天柱隐所重答江州应物⁽¹⁾

畅 当⁽²⁾

寂寞一怅望，秋风山景清。

此中惟草色，翻意见人行。

荒径饶松子，深萝绝鸟声。

阳崖全带日⁽³⁾，宽嶂偶通耕⁽⁴⁾。

拙昧难容世⁽⁵⁾，贫寒别有情。

烦君琼玖赠⁽⁶⁾，幽懒百无成⁽⁷⁾。①

【注释】

（1）天柱：山名。舒州、寿州间有霍山，亦名天柱山；古称南岳。又崎州（治今陕西凤翔）有岐山，京名天柱。此"天柱所隐"不祥所指。江州应物：韦应物，贞元元年至三年任江州刺史。

（2）畅当：河东（今山西永济）人。初以子弟被召从军，后登大历七年进士第。贞元初，为太常博士，终果州刺史。与弟诸皆有诗名。

（3）阳崖：面南之山崖。《文选》卷二二谢灵运《于南山往北山经湖中瞻眺》："朝旦发阳崖，景落憩阴峰。"刘良注："山南曰阳也。"

（4）宽嶂：大山峰。

（5）拙昧：愚昧。

（6）琼玖赠：指韦应物赠诗。韦应物有《寄畅当》诗："寇贼起东山，英俊方未闲。闻君新应募，籍籍动京关。出身文翰场，高步不可攀。青袍未及解，白羽插腰间。昔为琼树枝，今有风霜颜。秋郊细柳道，走马一夕还。丈夫当为国，破敌如摧山。何必事州府，坐使鬓毛斑。"琼玖，泛指美玉。这里是对韦应物赠诗的美称。

（7）幽懒：消沉怠惰。

【解读】

在寂寞惆怅中放眼四望，秋风中的远山景色肃杀清凉，除了萧条的衰草，别期望见到行人。荒芜的小路落满了松子，深山里林幽深藤萝缠绕，隔绝了鸟的叫声。朝阳的山坡阳光灿烂，在高山下开垦耕地种点庄稼。笨拙愚昧不擅应酬难为世俗所容，现在虽然生活清贫寒酸也有另一番情趣。

———————

① （清）彭定求等编《全唐诗》卷二百八十七，中华书局，1960 年 4 月，3284 页。

感谢您赠诗于我，而今我已经没有了报效国家的雄心壮志，消沉怠惰一无所成。本诗表现了作者意欲远离尘世，甘心归隐田园生活的理想志趣。

10. 夏夜宿直[1]

白居易[2]

人少庭宇旷，夜凉风露清。

槐花满院气，松子落阶声。

寂寞挑灯坐，沉吟蹋月行。

年衰自无趣，不是厌承明[3]。[1]

【注释】

（1）本诗作于长庆二年（822 年），白居易此时在长安任中书舍人。这一时期朝中朋党倾轧，在这之后不久，白居易就申请外放，出任杭州刺史。

（2）白居易：772～846 年，唐代诗人，字乐天，号香山居士，祖籍山西太原，晚年曾官至太子少傅。到了其曾祖父时，又迁居下邽（音 guī）（今陕西渭南北）。与李白、杜甫并称"李杜白"，现实派诗人。他的诗歌题材广泛，形式多样，语言平易通俗，有"诗魔"和"诗王"之称。官至翰林学士、左赞善大夫。有《白氏长庆集》传世，代表诗作有《长恨歌》、《卖炭翁》、《琵琶行》等。

（3）承明：汉代承明殿旁供大臣值宿所居之屋，此处泛指天子近旁宿值之处。

【解读】

夏夜凉风习习，花草树木结上了晶莹的露珠，偌大的庭院空旷寂寥，行人稀少。空气中弥漫着槐花的香气，松子落下簌簌有声。在值班的休息室里难以入睡，明色皎洁，月光随着身影移动。现在虽然年老，对名利已经淡薄，仍希望效力朝廷。全诗寓情于景，在平淡的景物描写中，流露出内心的感伤。

---

① （清）彭定求等编《全唐诗》卷四百四十二，中华书局，1960 年 4 月，4944 页。

11. 鉴玄影堂

李绅[1]

香灯寂寞网尘中[2]，烦恼身须色界空[3]。

龙钵已倾无法雨[4]，虎床犹在有悲风[5]。

定心池上浮泡没，招手岩边梦幻通[6]。

深夜月明松子落，俨然听法侍生公[7]。①

【注释】

（1）李绅：772～846年，唐代诗人。字公垂，无锡（今属江苏）人。元和进士，曾因触怒权贵下狱。武宗时拜相，出为淮南节度使。与元稹、白居易交游很密，参与新乐府运动。所作有《乐府新题》二十首，已失传。《全唐诗》录其《追昔游诗》三卷，《杂诗》一卷。其中《悯农》诗二首，较为有名。

（2）香灯：供佛用的香和油灯。网尘：蛛网尘封。

（3）色界：佛教用语。位于欲界之上。相传生于此界之诸天，远离食、色之欲，但还未脱离质碍之身。所谓色即有质碍之意。由于此界众生没有食色之欲，所以也没有男女之别，生于此界之众生都由化生，依各自修习禅定之力而分为四层，分别是初禅天、二禅天、三禅天、四禅天。

（4）龙钵：用佛家降龙致雨的故事。《晋书·僧涉传》载，涉能咒龙请雨，俄顷，龙下钵中，天大雨。法雨：佛法普度众生，如雨润万物。此及下句均伤物在人亡。

（5）虎床：后梁襄阳景空寺僧法聪，所坐绳床，两旁各有一只猛虎。

（6）定心池、招手岩：唐代惠山上的两个景点。浮泡、梦幻：比喻世上事物如水泡梦境，变化无常，转眼皆空。

（7）俨然：端庄的样子。生公：刘宋、梁时僧竺道生，入吴，住虎丘寺讲《涅槃经》，旬日之间，生徒甚众。

【解读】

鉴玄影堂曾设于今无锡惠山寺内，是禅师鉴玄画像悬挂之处。此诗以描写景物为主，借用佛家典故，体现了释家色、空世界的观念。

首联描写借佛的香和油灯被尘封网罩显示了堂内冷落衰败的景象，暗

---

① （清）彭定求等编《全唐诗》卷四百八十二，中华书局，1960年4月，5485页。

示此堂并非处于香火鼎盛、善男信女络绎不绝的时代。所以此联的第二句为景物所触发的诗人的感慨：人世的烦恼、兴衰的交替都是色界中的幻象，要想摒却烦恼，必须无欲无色，看破红尘，升华到无色的境界。"网尘"既实写堂内凄冷的景象，又虚指现实世界为束缚人生的罗网。

颈联借用佛教典故传说，表述了作者关于人生转瞬即逝、历史悠忽变幻的虚无观。佛教有降龙致雨的传说，《晋书·僧涉传》载：苻坚使倍涉咒龙请雨，龙下钵中，天即普降大雨。然而那已是历史，如今在诗人看来，龙钵已倾，并无甘霖降下，佛教亦将佛法比喻为甘露法雨，称其能够灭除众生的烦恼。"虎床"也是释家的典故，有佛法的高僧能够随意驱使猛虎，形容真正的佛教徒能够驱除爱、惧等七情六欲。虎床仍在，悲风在其上怒吼。这一联从表面上看作是对堂内破败景象的描写：龙体倾倒，已无人宣扬佛法，虎床仍在，只有悲风长啸其上。同时诗人兼写了时空转换之快，令读者产生如梦似幻的感觉。

定心池和招手岩是唐代惠山上的两处胜景。诗人将定心池上的浮泡喻为人生的一些杂念，消除了这些人世的杂念，无欲无求，才能达到佛教的所谓"无色界"。佛教宣扬一切现实景象都是虚空的幻象，像池中的浮泡一样，是极脆弱、易破碎的东西，只有把幻象打破才能祛除烦恼。招手岩边参破红尘，走出梦幻。同样，佛家认为"人生如梦"，如果不领悟这一点，不参禅悟道，就只能世世轮回，受尽苦难，因而，认清幻象，正如一个人从梦幻中醒来一样。颔联写佛家参破人生真谛，"悟仙得道"。

尾联写深夜静寂，月明风清，坠落的松子也像众生一样，神情庄重地倾听高僧宣讲佛法。这一联写鉴玄影堂的环境清幽，却不脱释家的气氛，与诗的整体非常协调，浑然一体，给读者留下无穷的回味余地，可谓余音袅袅。

12. 诮山中叟[1]

施肩吾[2]

老人今年八十几，口中零落残牙齿。

天阴伛偻带嗽行(3)，犹向岩前种松子。[1]

---

[1] （清）彭定求《全唐诗》卷四百九十四，中州古籍出版社，1996 年 10 月，3066 页。

【注释】

（1）诮：讥讽，责备。对老农责备、讥笑，实则有称赞其老当益壮之意，似贬而实褒。

（2）施肩吾：唐代道士，字希圣，号东斋，睦州分水（今浙江桐庐西北）人，有诗名。元和十五年（820 年）进士，后隐于洪州（今江西南昌）西山修道，世称"华阳真人。著有《西山群仙会真记》、《太白经》、《黄帝阴符经解》等，另有诗集《西山集》十卷。

（3）伛偻：指弯腰曲背。

【解读】

老人今年八十多岁了，口中的牙齿稀稀落落只剩下了几颗，弯腰曲背走路直咳嗽，可在阴天，还要到山中岩前种松子。这首诗刻画了一个终生辛劳、一心为后人造福的山中老农的形象。首句写老人的年龄；次句写老人的牙齿；第三句写老人的动作行为，老人老态龙钟的神态被描绘得淋漓尽致；第四句写老人辛勤劳作。对于这样一位老人，诗人因为尊敬他而责备他这么大年纪就不该再上山了，所以诗题用"诮"字。

13. 题冲沼上人院[1]

许　浑[2]

劚石种松子[3]，数根侵杳冥[4]。

天寒犹讲律[5]，雨暗尚寻经。

小殿灯千盏[6]，深炉水一瓶[7]。

碧云多别思[8]，休到望溪亭[9]。①

【注释】

（1）诗题"冲"字《全唐诗稿本》校"宋刻作重"，今据蜀刻本录为"冲"。"上人"是对僧人的尊称。

（2）许浑：? ～约 858 年，字用晦，一作仲晦，润州丹阳（今属江苏）人，武后朝宰相许圉师六世孙。文宗大和六年（832 年）进士及第，先后任当涂、太平令，因病免。大中年间入为监察御史，因病乞归，后复出仕，任润州司马。历虞部员外郎，转睦、郢二州刺史。晚年归丹阳丁卯

---

① （清）彭定求等编《全唐诗》卷五百三十，中华书局，1960 年 4 月，6061 页。

桥村舍闲居，自编诗集，曰《丁卯集》。其诗皆近体，五七律尤多，句法圆熟工稳，声调平仄自成一格，即所谓"丁卯体"。诗多写"水"，故有"许浑千首湿"之讽。

（3）劚：用砍刀、斧等工具砍削。

（4）杳冥：指高远莫见之处，晋郭璞《江赋》："凌波纵栧，电往杳冥。"这里比喻幽深。

（5）讲律：佛家讲解律岁。朱庆余《送僧游缙云》："寺幽堪讲律，月冷称当禅。"张籍《律僧》："持斋唯一石，讲律岂曾眠。"律，谓律戒。戒者，防非止恶之义；律者，法律之义。佛家有经、律、论三藏，经说定学，律说戒学，论说慧学，此三者包藏一切法义，故名三藏。

（6）灯千盏：灯是佛家六种供具之一。《菩萨藏经》："百千灯明忏悔罪。"

（7）水一瓶：许浑《晨起二首》有"越瓶秋水澄"，僧人随身携带汲瓶之物。《观经·十六观》："次作水想，见水澄清，亦令明了，无分散意。"《景德传灯录》："朗州刺史李翱向师（药山惟俨禅师）玄化，屡请不起，乃躬入山谒之。师执经卷不顾。问曰：'如何是道？'师以手指上下，曰：'会吗？'翱曰：'不会。'师曰：'云在天，水在瓶。'翱乃欣惬作礼而述一偈曰：'练得身形似鹤形，千株松下两函经。我来问道无余说，云在青天水在瓶。'"

（8）碧云多别思：梁江淹《休上人怨别》："西北秋风至，楚客心悠哉。日暮碧云合，佳人殊未来。"

（9）溪：蜀刻本、四库本作"江"。

【解读】

在深幽的山谷里，平整土地，种上松子，几株小苗悄然破土而出。一年四季的隐居生活就是阅读经书，钻研佛法。在我孤独失意的时候，内心里仍然有千盏佛灯照耀，孜孜以求"云在天，水在瓶"的顿悟。白云悠悠，理解我对朋友的无限情意，想念朋友仰望白云就行了，不要登那高高的望江亭。

14. 赠僧

薛　能[(1)]

尽日行方到，何年独此林。

客归惟鹤伴，人少似师心。

坐石落松子，禅床摇竹阴。

山灵怕惊定[(2)]，不遣夜猿吟。[①]

【注释】

（1）薛能：约817～约880年，晚唐著名诗人。《郡斋读书志》、《唐诗纪事》、《唐诗品汇》、《唐才子传》均载："能，字太拙，汾州人（今山西汾阳一带）。"仕宦显达，官至工部尚书。时人称其"诗古赋纵横，令人畏后生"。唐人交游之风盛行。薛能一生仕宦他乡，游历众多地方，诗多寄送赠答、游历登临之作。晚唐一些著名诗人多有诗与其唱和。

（2）山灵：山神。

【解读】

整日行走方才到达高僧隐居的山林，他何时隐居于此？客人离去后陪伴他的只有闲云野鹤，远离尘世的喧嚣，每日潜心修禅。打坐的石边落满了松子，竹影移过禅床。山神怕惊扰高僧入定修行，夜里不让猿猴啼叫。

15. 荔枝诗

薛　能

颗如松子色如樱，未识蹉跎欲半生。

岁杪监州曾见树，时新入座久闻名。[②]

【解读】

薛能是晚唐诗人，自视甚高，在《荔枝诗序》曰："杜工部老居西蜀，不赋是诗，岂有意而不及欤？白尚书曾有是作，兴旨卑泥，与无诗同。予遂为之题，不愧不负，将来作者，以其荔枝首唱，愚其庶几。"意思是"杜甫晚年在四川西部居住过，但没有写过有关荔枝的诗，莫非是有意写而没有来得及吗？白居易曾作过有关荔枝的诗，但是立意太粗浅，毫

---

① 杜德宝《详注全唐诗》，大连出版社，1998年10月，2191页。

② （清）彭定求等编《全唐诗》卷五百六十一，中华书局，1960年4月，6509页。

无创见，和没有诗一样。于是，我就作了这首《荔枝诗》，我可以毫不惭愧，毫不自负地说，将来的作者也许会把我这首诗当作吟咏荔枝的首唱之作。"我们且看白居易的《荔枝诗》："荔枝新熟鸡冠色，烧酒初开琥珀香。欲摘一枝倾一盏，西楼无客共谁尝？"杜甫的咏荔枝诗："忆过泸州摘荔枝，青枫隐映石迤俪。京华旧见君颜色，红果酸甜只自知。"相比之下，白尚书和杜工部的荔枝诗比薛能的更富有诗意，薛能只能是孤芳自赏。

16. 题龙潭西斋⁽¹⁾

李群玉⁽²⁾

寂寞幽斋暝烟起，满径西风落松子。

远公一去兜率宫⁽³⁾，唯有面前虎溪水⁽⁴⁾。①

【注释】

（1）龙潭：潭名。我国往往以龙潭名深渊，不易确指。

（2）李群玉：约813～约860年，唐代诗人。字文山，澧州（今湖南澧县）人。性情淡泊，一度应进士举，不第，即弃去。裴休为湖南观察使时，对他很器重，并加延致。大中八年（854年）游长安，上表献诗300篇。其时裴休为宰相，荐授宏文馆校书郎。不久，弃官回乡。著有《李群玉诗集》3卷，《后集》5卷。但作品大多缺乏深刻的社会内容，反映现实不广。

（3）远公：晋高僧慧远，本姓贾，世为冠族，以释道安为师，延求法藏，居庐山东林寺，世人称为远公。兜率宫：佛教用语，本指欲界六天中的第四天，义为知足、喜足等，这里指佛寺。

（4）虎溪：水名，在江西庐山下。传说东晋时，东林寺主持慧远大师深居简出，"影不出山，迹不入俗"。他送客或散步，从不逾越寺门前的虎溪。如果过了虎溪，寺后山林中的老虎就会吼叫起来。有一次，诗人陶渊明和道士陆修静来访，与慧远大师谈得投机。送行时不觉过了虎溪桥，直到后山的老虎发出警告的吼叫，三人才恍然大悟，相视大笑而别。李白有《别东林寺僧》："东林送客处，月出白猿啼，笑别庐山远，何烦过虎溪。"

---

① （清）彭定求等编《全唐诗》卷五百七十，中华书局，1960年4月，6615页。

【解读】

黄昏时节，山间云雾缭绕，屡屡炊烟袅袅升起，山间的小路上落满了松子，古老的佛寺寂寞地矗立在微风中。故人已经远去，只有清澈的溪水在汩汩地流淌。作者以远公已去而虎溪犹在，抒发物是人非的感慨。

17. 送罗少府归牛渚[(1)]

贾　岛[(2)]

作尉长安始三日，忽思牛渚梦天台[(3)]。

楚山远色独归去，灞水空流相送回[(4)]。

霜覆鹤身松子落，月分萤影石房开[(5)]。

白云多处应频到[(6)]，寒涧泠泠漱古苔。①

【注释】

（1）诗当作于大和三年。罗少府，陶敏《全唐诗人名考证》疑为罗邵京。邵京，字子峻。越州会稽（今浙江绍兴）人，进士及第。文宗大和二年又登贤良方正能言极谏科。官长安尉，未几，休官东归。朱庆余有《送长安罗少府》诗云："科名再得年犹少，今日休官更觉贤。"牛渚：山名。在唐江南道宣州当涂县（今安徽当涂）北三十五里，突出大江之中，谓之牛渚圻，古渡口也，温峤至此，燃犀照其水，灵怪毕现。李白《夜泊牛渚怀古》："牛渚西江夜，青天无片云。"

（2）贾岛，河北省涿州市人。早年贫寒，落发为僧，法名无本。曾居房山石峪口石村，遗有贾岛题跋版刻像庵。19岁云游，识孟郊等。还俗后屡举进士不第。唐文宗时任长江（四川蓬溪县）主簿，故被称为"贾长江"。其诗精于雕琢，喜写荒凉、枯寂之境，多凄苦情味，自谓"两句三年得，一吟双泪流"。但后又普州司仓参军，卒于任所。有《长江集》10卷，录诗370余首。另有小集3卷、《诗格》1卷传世。

（3）首二句言罗少府刚作尉长安即想归隐牛渚，不论三日或三月都极短暂，托出少府淡泊世俗名利的情怀。梦天台，指其对名山之向往。天台，在唐台州唐兴县，为当时东南名山。

（4）楚山独去，指少府罢官之牛渚；灞水空流，指送别少府后人去境

---

① （清）彭定求等编《全唐诗》卷五百七十四，中华书局，1960年4月，6684页。

空之惆怅。

（5）五六句拟写少府归隐牛渚时情景。霜覆鹤身，状其境之优雅；月分萤影，画其居之幽寂。石房，多指僧道、隐者之居。

（6）白云多处，即深山，或指天台山。

【解读】

罗少府在长安作县尉的时间很短，就归隐牛渚，潜心修道。少府的茕茕身影伴随着远山渐行渐远，只有灞水伴随着诗人的落寞空自流淌。少府归隐后如同生活在仙境里，僧舍古朴，月光皎洁，花草苍松结满了刺眼的亮霜，每天自由自在。白云悠悠，时值初冬时节，万物肃杀，流淌的山水溅起的浪花落在年老的石苔上。全诗充满对朋友的深情，以景写情，情景交融，甚是感人。

18. 题阳山顾炼师草堂⁽¹⁾

李　频⁽²⁾

若到当时上升处⁽³⁾，长生何事后无人。

前峰自去种松子，坐见年来取茯神⁽⁴⁾。①

【注释】

（1）阳山：在江苏江宁县东北。炼师：指精通修炼之道的道士，为道教特定的术语。在唐朝，炼师是谓德高思想清者。《唐六典》卷四："其（指道士）德高思想清者，谓之炼师。"在道教界，炼师又是一道职，在斋醮法坛上负责炼度亡魂。

（2）李频：818～876年，字德新，唐寿昌长汀源（今建德李家镇）人。大中八年（854年），李频中进士，调校书郎，任南陵县主簿，又升任武功县令。公元862年，李频又由南陵主簿转为池州参军。公元871年，被朝廷升为侍御史。唐代诗人、文学家。历代评李诗"清新警拔"、"清逸精深"。

（3）上升：升仙。

（4）坐：自然。见年：《全唐诗》校"一作视将。"茯神：抱根的茯苓名茯神。茯苓，菌类植物，寄生于山林松根，块状，可入药。《淮南子

---

① （清）彭定求等编《全唐诗》卷五百八十七，中华书局，1960年4月，6813页。

·说山》："千年之松，下有茯苓，上有菟丝。"

【解读】

如果到了当时顾炼师得道成仙的地方，我们也修炼成仙长生不老，还有啥忧虑呢?，默默地到山峰下种下松树种子，多年以后，在松下自然有茯苓抱根生长。本诗表现了作者修禅悟道的决心和坚定意志。

19. 夏景冲澹偶然作二首[(1)]

皮日休[(2)]

只隈蒲褥岸乌纱[(3)]，味道澄怀景便斜[(4)]。

红印寄泉惭郡守[(5)]，青筐与笋愧僧家。

茗炉尽日烧松子，书案经时剥瓦花[(6)]。

园吏暂栖君莫笑，不妨犹更著南华[(7)]。[①]

【注释】

（1）冲澹：唐代司空图《二十四诗品》对冲澹解释如下："素处以默，妙机其微。饮之太和，独鹤与飞。犹之惠风，荏苒在衣，阅音修篁，美日载归。遇之匪深，即之愈稀，脱有形似，握手已违。"

（2）皮日休：约 834～883 年，字逸少，改字袭美，晚唐襄阳竟陵（今湖北天门）人。个性傲诞，隐居鹿门山，自号鹿门子，又号间气布衣、醉吟先生。咸通八年（公元 876 年）进士，曾任太常博士，诗文与陆龟蒙齐名，世称"皮陆"。晚年参加黄巢起义军，起义失败后，寓居无锡。诗文兼有奇朴二态，且多为同情民间疾苦之作。《新唐书·艺文志》录有《皮日休集》、《皮子》、《皮氏鹿门家钞》多部。

（3）隈（wēi）：靠着。蒲褥：蒲草做的褥子。岸：头饰高戴，前额外露。

（4）景：影。

（5）红印：红色印章封记。

（6）瓦花：漆皮。

（7）南华：《南华真经》的省称。

---

① （清）彭定求等编《全唐诗》卷六百十四，中华书局，1960 年 4 月，7081 页。

【解读】

只身靠在蒲草做成的褥子上，帽子高高地随意戴在头顶，轻松惬意地品味茶道，修长的身影映照在地面。非常感谢太守寄来红色印章封记的泉水，还有一筐一筐翠绿的竹笋。茶炉整日燃起，品味沁人心脾的松子茶。书案年深日久，漆皮斑驳。暂时栖息于此，君莫讥笑，还是继续书写《南华真经》修心悟道吧。皮日休以学问为诗，"凡山经地志，释典道藏，无不可援以入诗，读者如睹春花，如窥宝律，绚烂极矣。"

20. 寒日书斋即事三首

皮日休

参佐三间似草堂[(1)]，恬然无事可成忙。

移时寂历烧松子[(2)]，尽日殷勤拂乳床[(3)]。

将近道斋先衣褐[(4)]，欲清诗思更焚香。

空庭好待中宵月，独礼星辰学步罡[(5)]。[①]

【注释】

（1）参佐：部下；辅助。晋陶潜《晋故征西大将军长史孟府君传》："九月九日，温游龙山，参佐毕集。"

（2）寂历：寂寞。

（3）乳床：石头的坐榻。

（4）道斋：道士的居所。衣褐：泛指粗布衣服。"《史记·廉颇蔺相如列传》："相如度秦王虽斋，决负约不偿城，乃使其从者衣褐，怀其璧，从径道亡，归璧於赵。"

（5）步罡：道士礼拜神灵的动作。

【解读】

本诗表现了作者放弃世俗名利，徜徉山水，潇洒日月的情怀。住在三间茅草屋里，每日的生活恬淡闲适。寂寞时品味清香的松子茶，整洁的石床没有一丝尘埃。出入身著粗布衣服，道观内香烟袅袅，在打坐修道中顿悟人生。不知不觉中，月亮升起来了，照耀着空旷的庭院，清晨，反复演习着礼拜神灵的礼节。

---

① （清）彭定求等编《全唐诗》卷六百十四，中华书局，1960 年 4 月，7087 页。

21. 惠山听松庵⁽¹⁾

皮日休

千叶莲花旧有香⁽²⁾，半山金刹照方塘⁽³⁾。

殿前日暮高风起⁽⁴⁾，松子声声打石床。①

【注释】

（1）本诗是作者晚年寓居惠山时所作。听松庵在今锡惠公园内听松亭后。

（2）千叶莲花：一种名贵的莲花品种，五月开金黄色花朵，蕊心呈红色，俗称金莲。相传为南朝高僧所栽，后来这个和尚服食了金莲，不日在池中坐化成仙了。唐朝陆羽《惠山寺记》载："惠山，古华山也。华山有方池，池中有千叶莲花，服之羽化。"今惠山寺金莲池中，五六月间，仍有金莲盛放。

（3）金刹：庙宇，指惠山寺。方塘：指开凿于南朝的金莲池，县志中作"芳塘"。池在今锡惠公园寺内。陆羽《惠山寺记》云："寺中有方池，一名千莲花池，一名垆塘，亦名浣沼，岁集山姬野妇漂纱涤缕，其皎皎之色，彼耶溪镜湖不类也。"

（4）殿：指惠山寺大同殿。陆羽《惠山寺记》称：金莲池"上有大同殿，以梁大同年置，因名之"。高风——此处指高空之风，即天风。

（5）石床：全称"听松石床"，一名"听松石"。原在惠山寺大殿月台东北，今公园古银杏树旁听松亭内。它是一块表面光滑平坦的长方形大石，一端翘起，石质坚润，呈暗紫色，南面一端有唐代书法家李阳冰篆书"听松"二字。

【解读】

这首诗写秋季日暮在惠山听松庵所见的清雅而又略带凄凉的景象。池中的千叶莲花虽然行将凋残，但还余留旧时的清香；惠山古寺映照在池中显出倒影来，白日将暮，天风从殿前吹过，刮落松子，打在石床上，发出一声声清响。诗只写了这一个景象，在这个景象中，蕴含着一种清幽静穆的气息，这虽是秋季日暮的惠山景象体现出来的，却也多多少少的反映了作者隐居此处的精神面貌。

---

① （清）彭定求等编《全唐诗》卷六百十五，中华书局，1960 年 4 月，7100 页。

22. 题小松

张 乔[1]

松子落何年，纤枝长水边[2]。

劚开深涧雪[3]，移出远林烟[4]。

带月栖幽鸟，兼花灌冷泉。

微风动清韵，闲听罢琴眠。①

【注释】

（1）张乔：（生卒年不详），今安徽贵池人，懿宗咸通中年进士，当时与许棠、郑谷、张宾等东南才子称"咸通十哲"。黄巢起义时，隐居九华山以终。其诗多写山水自然，不乏清新之作。诗风清雅巧思，风格也似贾岛。

（2）纤枝：细嫩的松树苗。

（3）劚（zhú）：大锄，引申为掘。

（4）远林烟：云雾笼罩的深山。

【解读】

不知道什么时候一粒松子落到这涧水边，长出纤细的松树苗。诗人铲开涧边的积雪，挖出小松树，将它移出山林。夜色中的鸟儿栖息在柔弱的松枝上，清凉的泉水流过花丛，灌溉小松。小松在微风中轻轻摇曳，发出清新和谐的声音，（诗人）停止了弹琴，偃卧静听这美妙的音响。本诗简洁地叙述了从移松到听松的过程。诗人十分注意环境气氛的描写，烘托出一种清幽、洁净、素雅的感觉，这与小松稚嫩柔美的外形，以及诗人闲适、安然的心境交融一体，给读者以美的享受。

---

① （清）彭定求等编《全唐诗》卷六百三十八，中华书局，1960 年 4 月，7321 页。

23. 述松

王贞白[1]

远谷呈材干，何由入栋梁。

岁寒虚胜竹，功绩不如桑。

秋露落松子，春深裛嫩黄[2]。

虽蒙匠者顾，樵采日难防。[1]

【注释】

（1）王贞白：875～958 年，字有道，号灵溪，信州永丰（今江西广丰）人，唐末五代十国著名诗人。唐乾宁二年（895 年）登进士，七年后（902 年）授职校书郎，尝与罗隐、方干、贯休同唱和。著有《灵溪集》七卷行世，其名句"一寸光阴一寸金"至今在民间广为流传。南唐中兴元年（958 年），王贞白病卒于故里，时值梁代，朝廷敕赠王贞白为光禄大夫"上柱国公"封号，建立"道公祠"，葬于广丰县县城西门外城壕畔。

（2）裛 yì：古同"浥"，沾湿。

【解读】

松树生长在遥远的山谷中，伟岸挺拔，枝繁叶茂，是有着诸多用途的好材料。人们并没有因距离遥远而冷漠了它，仍然能够发现它的过人之处而把它作为栋梁。岁寒三友之中，在万物萧疏的隆冬，松树依旧郁郁葱葱，精神抖擞，象征着青春常在和坚强不屈，胜过了高雅、纯洁、虚心、有气节的绿竹，但它的功绩不如桑树。秋天白露过后，松子成熟落下，在泥土中蛰伏到春季，在春雨的滋润下，发出嫩黄的幼芽。即使松树的幼苗得到工匠的眷顾，但还要提防樵夫把它砍下担回家烧掉。本诗通过叙述一棵松树成材不易来比喻人之成材不易。

---

① （清）彭定求等编《全唐诗》卷七百一，中华书局，1960 年 4 月，8062 页。

24. 访道士

裴　说⁽¹⁾

高冈微雨后，木脱草堂新。

惟有疏慵者，来看淡薄人。

竹牙生碍路⁽²⁾，松子落敲巾。

粗得玄中趣⁽³⁾，当期宿话频。^①

【注释】

（1）裴说：桂州（今广西桂林）人。唐哀帝天祐三年（906 年）丙寅科状元及第。曾任补阙、礼部员外郎，公元 907 年（天祐四年），天下大乱，裴见升迁无望，即携眷南下，唐朝灭亡，全家于湖南石首一地约住半年，又因战火波及，再向家乡逃难，不久，于旅途中死去。裴说为诗讲究苦吟炼意，追求新奇，又工书法，以行草知名。

（2）竹牙：笋的别称。唐张籍《春日行》："春日融融池上暖，竹牙出土兰心短。" 宋赞宁《笋谱》："笋，一名竹芽。"

（3）玄：指道家学说。

【解读】

微雨过后，山里的一草一木弥漫着清新的气息，简陋的草舍也焕然一新。迈着悠闲的脚步，来拜访真人。山中到处是一簇簇的竹笋，饱满的松子偶尔会落在身上。在这里品味到玄理的趣味，和真人畅谈一夜毫无睡意。

25. 赋得送贾岛谪长江

李　洞⁽¹⁾

敲驴吟雪月，谪出国西门。

行傍长江影，愁深汨水魂。

筇携过竹寺⁽²⁾，琴典在花村。

饥拾山松子，谁知贾傅孙。^②

---

① （清）彭定求等编《全唐诗》卷七百二十，中华书局，1960 年 4 月，8264 页。
② （清）彭定求《全唐诗》卷七百二十一，中州古籍出版社，1996 年 10 月，4479 页。

【注释】

（1）李洞：生卒年不详，字才江，京兆（今陕西西安）人，唐宗室后裔，家贫，无以为生。昭宗时，三次应举皆不第，客死蜀中，酷爱贾岛诗。《唐才子传》载李洞"酷慕贾长江，遂铜写岛像，戴之巾中，常持数珠念贾岛佛，一日千遍。人有喜岛者，洞必手录岛诗赠之，叮咛再四曰：'此无异佛经，归焚香拜之'"。

（2）筇（qióng）：古书上说的一种竹子，可以做手杖。

【解读】

此诗生动形象地塑造了贾岛的苦吟形象。贾岛遭贬后，跨着长耳蹇驴，行走在风雪中，推敲着诗句。贾岛的足迹遍及长江流域的广大地区，身影倒映在水中，汨水因为他的愁容而呜咽。贾岛手拄竹杖走过山间的竹林草屋，在美丽的山村里过着畅快地琴棋生活，饥饿时就拾取山里的松子充饥，有谁知道这里生活着一位苦吟诗人呢？

26. 过野叟居[(1)]

李　洞

野人居止处，竹色与山光。

留客羞蔬饭[(2)]，洒泉开草堂。

雨馀松子落，风过术苗香[(3)]。

尽日无炎暑，眠君青石床。[①]

【注释】

（1）野叟：山野老人

（2）羞：进献

（3）术：白术，一种中药材。

【解读】

山野老人居住在深山密林里，在他的住处竹色与山光交相辉映。清澈的泉水流过草屋，老人用简朴的蔬菜米饭招待来客。雨后松子洒落下来，微风过处飘来尤苗的清香。在山里感觉不到夏季的炎热，非常舒适地酣睡在大青石板上。

---

① （清）彭定求等编《全唐诗》卷七百二十二，中华书局，1960年4月，8286页。

27. 赴郑谷郎中招游龙兴观读题诗板谒七真仪像因有十八韵[1]

齐 己[2]

何处陪游胜，龙兴古观时。

诗悬大雅作[3]，殿礼七真仪[4]。

远继周南美[5]，弥旌拱北思。

雄方垂朴略，后辈仰箴规[6]。

对坐茵花暖，偕行藓阵𬘘[7]。

僧绦初学结[8]，朝服久慵披。

到处琴棋傍，登楼笔砚随。

论禅忘视听，谭老极希夷[9]。

照日江光远，遮轩桧影欹。

触鞋松子响，窥立鹤雏痴。

始贵茶巡爽，终怜酒散迟。

放怀还把杖，憩石或支颐[10]。

眺远凝清眄，吟高动白髭。

风鹏心不小[11]，蒿雀志徒卑[12]。

顾我专无作，于身忘有为。

叨因五字解，每忝重言期[13]。

舍此应休也，何人更赏之。

淹留仙境晚，回骑雪风吹。①

【注释】

（1）郑谷：唐代诗人，字守愚，宜春（今属江西）人。僖宗时进士，官都官郎中，人称郑都官。又以《鹧鸪诗》得名，人称郑鹧鸪。其诗多写景咏物之作，表现士大夫的闲情逸致。龙兴观：位于河北省易县，是唐代北方的著名道观，上世纪二十年代毁于军阀混战中。从题目看是郑谷邀请齐己同游龙兴观所作，作于何年无从考证。

（2）齐己：唐代诗僧，俗姓胡，名得生，长沙（今属湖南）人，一说益阳（今属湖南）人，生卒年不详，自号衡岳沙门，代表作品有《早

---

① （清）彭定求等编《全唐诗》卷八百四十三，中华书局，1960 年 4 月，9527 页。

梅》。

（3）大雅：明皇时兴福寺僧人，工书，开元九年（721年），尝集王羲之书为唐镇军将军吴文墓志。

（4）七真：关于七真有不同的说法，第一种说法指汉朝茅盈、茅固、茅衷三兄弟，东晋的杨羲、许穆、许翙及唐朝的郭崇真皆于茅山得道，因而合称"七真"。第二种说法又指全真道南宗的张紫阳、石杏林、薛道光、陈泥丸、白紫清、刘永年、彭鹤林七人，称"南宗七真"。第三种说法是指世界道教主流—全真道北宗的马丹阳、丘长春、谭长真、刘长生、郝广宁、王玉阳和孙清静（仙姑）七人，称"北宗七真"。

（5）周南：《周南》是《诗经·国风》中的部分作品，周朝时期采集的诗篇，因在周王都城的南面而得名，同时"南"又是方位之称，在周代习惯将江汉流域的一些小国统称之"南国"或"南土"、"南邦"等，所以诗的编辑者便将采自江汉流域许多小国的歌词，连同受"南音"影响的周、召一些地方采来的歌词，命名为"周南"，以与其他十三国风在编排的形式上整齐划一。

（6）箴规：劝戒规谏。晋陶潜《咏三良》："箴规向已从，计议初无亏。"

（7）隳（huī）：毁坏。

（8）绦：用丝线编织成的花边或扁平的带子，可以装饰衣物。

（9）希夷：唐末五代的隐士。

（10）憩石：意为坐在石上休息小憩。

（11）风鹏：比喻得时势有作为的人。白居易《与元九书》："大丈夫所守者道，所待者时。时之来也，为云龙，为风鹏，勃然突然，陈力以出。"

（12）蒿雀：青头雀。《本草拾遗》：蒿雀，似雀青黑，在蒿间，塞外弥多，食之美干诸雀。

（13）忝（tiǎn）：辱，有愧于，常用作谦辞。

【解读】

去哪里游览名胜呢？最好是去龙兴观。观内悬挂着僧人大雅的书法作品，正殿放置着七位真人的塑像。承继了远古《诗经·周南》的优良传统，更加衬托出道教思想的光芒。龙兴观的雄壮辉煌世代流转，后世会永远敬仰继承先辈的传统。我们对坐在草地上，花儿竞相开放，路边的苔藓已经被破坏了。脱去象征着权势的朝服，穿上了僧服，刚刚学会打结。观内的丝竹声不绝于耳，随身携带笔砚信手拈来。抛弃世俗的享乐，过起了隐士希夷般的清静生活。远处的江面在日光照射下，波光粼粼，遮着帷幕的车子在地面上映照出斜斜的影子。山间漫步，有时会采在松子上发出声响，雏鹤见到行人没有躲避，大胆地偷窥。品味着沁人心脾的茶香，和朋友的远游即将结束。坐在石板上休息，把玩着怀里的木杖。凝神远眺，天高云淡，忍不住吟咏起来。大鹏展翅鹏程万里，小云雀的志向怎么能比得了呢？反省自身，修行尚浅，应该把自己从有为转向无为的境界。文殊五字法解除了我的烦恼，常常有愧于它的深意。舍弃这些脱离一切，谁能与我同行？龙兴观的夜晚像仙境一样，令人流连忘返，我们冒着风雪走在返程的路上。

28. 松山岭

尚　颜[1]

平生闲放久，野鹿许为群。

居止邻西岳，轩窗度白云。

斋心饭松子[2]，话道接茅君[3]。

汉主恩情去，空山起夕氛。①

【注释】

（1）尚颜：唐末五代诗僧，生卒年及籍贯皆不详。俗姓薛，字茂圣，出家荆门，后寓居荆州多年。工五言诗，著有诗集五卷传于世。其诗多半是与隐士、处士、道人送别寄赠之作，充满消极避世的情调，追求清寂淡泊的意境。

（2）斋心：祛除杂念，使心神凝寂。《列子·黄帝》："退而闲居大庭之馆，斋心服形。"

（3）茅君：指三茅真君，为汉代修道成仙的茅盈、茅固、茅衷三兄弟，是道教茅山派的祖师。道教称为大茅君茅盈、中茅君茅固和三茅君茅衷。

---

① （清）彭定求等编《全唐诗》卷八百四十八，中华书局，1960 年 4 月，9604 页。

【解读】

平生追求自由自在的生活，住处与西岳为邻。山中野鹿成群，白云飘过窗前。每日去除杂念，潜心修炼，饿了就吃松子充饥，像三茅真君那样服饵读经。汉代时，茅固和茅衷为了追随大茅君修道，毅然辞官离家，往昔的世俗生活如过眼云烟，一切都消失在山里的云雾中。作者由茅君修道成仙的过程联想到自身，表现了作者对世外生活的向往。

29. 题龙鹄山[(1)]

杜光庭[(2)]

抽得闲身伴瘦筇[(3)]，乱敲青碧唤蛟龙。

道人扫径收松子，缺月初圆天柱峰。[①]

【注释】

（1）龙鹄山：在今四川丹陵，山上有天柱峰，下有龙涎洞。唐代名"龙鹤山"，自南宋孝宗皇帝手书"龙鹄山"三字赐史学家李焘后更名。龙鹄山山势奇特，恰似一个巍巍巨人，端坐于环绕的群山之中，有人说它像莲台打坐的佛祖，左手拈决，右手抚膝，神态肃穆。据当地人说，足有48座"磕头山"，像朝圣的信徒，围绕龙鹄山虔诚地拱伏于地。乍一望去，真有千人拱首，万山来朝之势。

（2）杜光庭：850～933年，字圣宾，号东瀛子，缙云人。唐懿宗时，考进士未中，后到天台山入道。僖宗时，如为供奉麟德殿文章应制。随僖宗入蜀，后来追随前蜀王建，官至户部侍郎。赐号传真天师。晚年辞官隐居四川青城山。一生著作颇多，有《道德真经广圣义》、《道门科范大全集》、《广成集》、《洞天福地岳渎名山记》、《青城山记》、《武夷山记》、《西湖古迹事实》等。

（3）瘦筇（qióng）：指精细结实的筇竹杖。

【解读】

在山里闲暇时，手持筇竹杖散步，随意击打岩壁就能唤醒潭中的蛟龙。松子遍地，道士清扫山径时把它们收起，月亮刚刚出来时还不圆满，当爬上天柱峰时变得又圆又亮。诗人对龙鹄山的描述表现了他的修仙访道

---

① （清）彭定求等编《全唐诗》卷八百五十四，中州古籍出版社，1996年10月，5206页。

生活。

30. 予少年颇知种松，手植数万株，皆中梁柱矣。都梁山中见杜舆秀才，求学其法，戏赠二首之二。

苏轼

君方扫雪收松子，我已开榛得茯苓。

为问何如插杨柳，明年飞絮作浮萍。①

【解读】

你在冬季拾取落地的松子时，我已经收获了榛子，采挖了茯苓。你栽种一些杨柳怎么样？明年扬起的飞絮像浮萍一样。

31. 留题灵岩寺⁽¹⁾

卞 育⁽²⁾

屈指数四绝，四绝中最幽。

此景冠天下，蹹独奇东州⁽³⁾。

夜月透岩白⁽⁴⁾，乱云和雨收⁽⁵⁾。

甘泉泻山腹，圣日穿岩头⁽⁶⁾。

大暑不知夏，爽气常如秋。

风高松子落，天外钟身浮⁽⁷⁾。

祖师生郎石⁽⁸⁾，古殿名般州⁽⁹⁾。

人巧不可至⁽¹⁰⁾，天意何所留⁽¹¹⁾。

老僧笑相语，兹事常穷求⁽¹²⁾。

移出蓬莱岛⁽¹³⁾，等吾仙子游。②

【注释】

（1）灵岩寺：地处泰山北麓，位于山东省济南市长清县万德镇，深藏于灵岩山的崇山峻岭之中。它初建于东晋，兴于北魏，盛于唐、宋、金至明，与浙江天台国清寺，南京栖霞寺、江陵玉泉寺并称我国寺院四绝，并负四绝之首盛名。卞育《游灵岩记》记载："齐有灵岩寺，居天下四绝之

---

① （宋）苏轼著，邓立勋编校《苏东坡全集》（上），黄山书社，1997年1月，400页。

② 傅璇琮等主编《全宋诗》第21册，北京大学出版社，1995年，14136页

一。海岱间山水之秀，无出其右者。"

（2）卞育：济阴（山东曹州）人，生卒年月不详。宋元祐时任济南从事，朝山时留此诗记事。

（3）跗（fū）：花萼足也。奇：指罕见的。东州：指东齐。

（4）史称方山似明镜。因此引发此句。

（5）乱：《左传·文公七年》：兵作于内为乱。云：指乱世的风云人物。雨：指避世隐居者。收：收藏。

（6）圣日：指太阳发出的神光。

（7）浮：回荡。

（8）祖师朗公去世前，弟子忽告：东山之石点头？公曰：此山灵也，为我化解。后人为纪念朗公，改称东山鬼谷石为朗公石。

（9）般舟：梵语为般若，即智慧。称佛法如智慧之舟，而能使迷途之人登彼岸也。

（10）至：极也。

（11）何：怎么。所：地方。留：留居。

（12）兹事：指索诗。

（13）移：施予。《后汉书·光武帝纪》云："于是置僚属，作文移"。此指施舍钱财和予文句。蓬莱岛：作者把方山比喻为此。

【解读】

历数天下最著名的四处绝胜寺庙，灵岩寺居于四绝之首。灵岩寺的景色天下第一，它的壮美在东齐是罕见的，称得上是一枝未放的仙花。夜月里的灵岩山明亮得像在镜子里，乱世中的风云人物也隐居于此。清冽的泉水从山腰里倾泻下来，照在岩石上的日光在泉水的折射下更加漂亮。山里清新的空气逼退了盛夏的暑气，常常凉爽得如同秋季。一阵风吹过，松子籁籁落下，远处的钟声回荡在山谷中，使人仿佛置身世外。因祖师爷而得名的朗公石和般若古殿为我们打开智慧之门。灵岩山之壮观，真乃巧夺天工，人再巧也巧不到这样的极至。

这样好的山水，会留居在这个地方，这大概是天意吧。老僧含笑和我们搭话，索取诗作。捐给香火，奉上诗文作品，等我超脱成仙后，一定来此处隐居。

32. 游沃洲山[1]

(宋) 陈 东[2]

我本名山人，屡作名山兴。

天台一住三十年，尽日扪萝陟云磴。

上揽四万八千太之高秋，参差明河两肩并。

下瞰三百六十度之朝暾[3]，灭没飞烟八荒净[4]。

或随仙气得丹床，双阙[5]夜深看斗柄。

今年积雨天地晴，一策快作西南征。

沃洲最佳天姥胜，连山直下秋峥嵘。

竹萌修纤会稽箭，芝茎菌蠢商山英。

秋阳不碎空翠影，绝壑倒泻银河声。

山腰细路如丝直，三两渔樵行落日。

炊烟暝色小茅屋，松子秋声断崖石。

溪流饭屑胡麻香，土软春膏[6]霜术白。

送书松际有猿公，问酒碉[7]阴多木客[8]。

青冥楼阁仙人家，郁蓝流光泻晴碧。

霓旌队下鹤万群[9]，绛节朝回云五色[10]。

人间但有桃花源，桃花春香流水浑。

三生凡骨不得到，两耳夜半空听猿。

李白寻真不得返，支遁卜筑远费钱。

至今山灵护光怪，石萝山薜余秋妍。

陈郎故宅更深閟[11]，鸡犬林塘隔尘世。

清秋著屐一登之，路僻夕阴门半闭。

盘陀石在长楠阴，脱略尘缨换秋意[12]。

晴窗示我两山图，老眼摩挲观一二。

便挥健笔写我诗，惜哉赏音今绝稀。

谪仙一去五百载[13]，人间山水无清辉。

旧时仙人白云唱，怪我白首归何时。

我生白首历浩劫，眼中亿万虫沙春梦非。

陈郎挽我十日住，掉头不顾自有南山期。

餐霞绝粒炼精魄，长生之学非荒嬉。

三千年前有宿约，来已不早归不迟。

长揖群仙谢儿辈，倒挟万里冥鸿飞⁽¹⁴⁾。①

【注释】

（1）沃洲山是历史上的道教名山，是道家的第十二福地，位于今浙江省绍兴市新昌县东三十五里。这里又是佛教传入新昌最早的圣地，相传僧支遁曾于此放鹤养马。

（2）陈东：1086～1127年，宋润州丹阳人，字少阳，以贡入太学。钦宗即位，率其徒伏阙上书论蔡京、梁师成、李彦、王黼、童贯、朱勔为六贼，请诛之以谢天下。金兵围开封，又屡上书。李纲主战遭罢职，东再率诸生伏宣德门下上书，从者数万，钦宗乃复用李纲。除太学录，又请诛蔡氏，且力辞官以归。高宗即位，被召往南京，适李纲复罢，因上书乞留纲而罢黄潜善、汪伯彦，不报。会布衣欧阳澈亦上书言事，潜善因以语激怒高宗，与澈同斩于市。东临刑，从容，言笑自若，识与不识者皆为流涕。有《少阳集》、《靖炎两朝见闻录》。

（3）朝暾（tūn）：形容初升的太阳，阳光明亮温暖，亦指早晨的阳光。《隋书·音乐志下》："扶木上朝暾，嵫山沉暮景。"

（4）八荒：也叫八方，指东、西、南、北、东南、东北、西南、西北等八面方向，指离中原极远的地方，后泛指周围、各地。

（5）阙：就是建筑群入口处两侧对峙高耸的标志性建筑物。阙在汉代有五种：城阙、宫阙、宅阙、祠庙阙、墓阙。

（6）春膏：指春雨。唐代李咸用《春晴》诗："檐滴春膏绝，凭栏晚吹生。良朋在何处？高树忽流莺。"

（7）磵（jiàn）：山间的水沟。

（8）木客的含义有两种解释，一是指伐木工；二是指传说中的深山精怪，实则可能为久居深山的野人。因与世隔绝，故古人多有此附会。《太平御览》卷八八四引晋邓德明《南康记》："木客，头面语声亦不全异人，但手脚爪如钩利，高岩绝峰然后居之。"唐皮日休《寄琼州杨舍人》诗："竹遇竹王因设奠，居逢木客又迁家。"宋苏轼《次韵定慧钦长老见寄》

---

① （清）陈梦雷《古今图书集成》第19册《方舆汇编·山川典》，中华书局、巴蜀书社，1986年，22969页。

之二："松花酿仙酒，木客馈山殽。"三是指传说中的鸟名。

（9）霓旌：相传仙人以云霞为旗帜。前蜀韦庄《喜迁莺》词："香满衣，云满路，鸾凤绕身飞舞。霓旌绛节一羣羣，引见玉华君。"

（10）绛节：①古代使者持作凭证的红色符节。唐骆宾王《从军中行路难》诗："绛节朱旗分日羽，丹心白刃酬明主。"②传说中上帝或仙君的一种仪仗。唐杜甫《玉台观》诗之一："中天积翠玉台遥，上帝高居绛节朝。"

（11）深闳：深邃静寂。

（12）尘缨：比喻尘俗之事。《文选·孔稚珪＜北山移文＞》："昔闻投簪逸海岸，今见解兰缚尘缨。"李周翰注："尘缨，世事也。"唐白居易《长乐亭留别》诗："尘缨世网重重缚，回顾方知出得难。"

（13）谪仙：一指谪居世间的仙人，常用以称誉才学优异的人。唐李白《玉壶吟》："世人不识东方朔，大隐金门是谪仙。"二专指李白，唐孟棨《本事诗·高逸》："李太白初自蜀至京师，舍於逆旅。贺监知章闻其名，首访之。既奇其姿，复请所为文。出《蜀道难》以示之。读未竟，称叹者数四，号为'谪仙'。"三指被谪降的官吏，唐刘禹锡《寄唐州杨八归厚》诗："谪仙年月今应满，懿谏声名众所知。"

（14）冥鸿：高飞的鸿雁，喻避世隐居之士。

【解读】

我本住名山，屡写名山篇。居住天台三十年，经常紧抓藤萝拾阶登峰。在高山之巅，满目秋色一览无余，仿佛我已经站在了银河岸边。火红的圆日喷薄欲出，空中云雾缥缈不定，远离尘世的喧嚣，内心清澈明净，深夜里在天庭仰视北斗七星，望有朝一日修仙得道。今年多雨水，虽然路面积水较多，但天气依然晴朗，真想策马加鞭，游览沃洲山。沃洲山和天姥山对立耸峙，两山相连之处秋色峥嵘。地面竹笋刚刚冒芽，成竹纤细修长，制成的竹箭如同著名的会稽箭。满地灵芝菌类，像商山之花一样美丽。秋日的骄阳闪耀刺眼，满目苍翠倒映在水中。溪水从悬崖峭壁倾泻下来，奔腾的水声在山谷回响。山腰上的小路又细又直，两三个樵夫行走在落日的余晖里。暮霭中，缕缕炊烟从茅屋上升起，远处传来松子落到崖石上的声音。担溪水做饭，以胡麻制油，生活返璞归真。春雨滋润着松软的土地，秋霜洒在白术上。森林中的猿猴给传递讯息，喝酒自有木客奉上。

仿佛生活在青冥楼阁的仙人，深蓝色的光彩、翠绿的碧色流泻下来。云霞做成的旗帜下，群鹤飞翔，仙君的仪仗笼罩着五色祥云。人间只有桃花源可与此媲美，虽然桃花依旧，但源水已被污染。修炼三生没有得道成仙，夜半十分，听着猿鸣空自惆怅。李白寻道不复返，之遁长途跋涉，建立庙宇。沃洲山里至今灵光闪耀，灵怪在藤萝峭壁间穿梭，秋意正浓。陈郎故宅深邃静寂，密林池塘环绕，能听到尘世传来的鸡犬之声。深秋时节穿上木屐开始登山，沿着偏僻的山路傍晚才来到这里，门半开着。高大楠木的北面有一块打坐石，愿意脱离红尘在这里尽享秋意。窗外阳光明媚，两山的秋色尽收眼底，一饱眼福。此景只应天上有，此曲哪得几回闻？我诗兴大发，一挥而就。仙人被贬离去已有几百年了，人间的山水失去了光彩。过去仙人有白云相伴，吟叹自己穷经皓首方才归隐。我一生历经坎坷，看到民众身处困厄无力挽救，政治梦想成为泡影。陈郎挽留我多住些时日，我坚决辞行迫不及待地赴南山之约。服食绝粒修炼仙道，长生不老之学不能半途而废。遵守三千年前的旧约，现在归隐正逢其时。向群仙和儿辈长长作揖，愿乘鸿雁翱翔万里，实现自己的远大志向。

33. 谒陶隐居祠呈张郎中⁽¹⁾

（宋）陈庚生⁽²⁾

炼就灵丹岁月赊，药炉丹灶旋成洼。

庭空响落山松子，路远香迷野草花。

旧事谁能问□水，神仙今已在东华⁽³⁾。

田翁犹酹先生酒，乱纸飞钱噪暮鸦。①

【注释】

（1）陶隐居：即陶弘景，456～536 年，字通明，南朝梁时丹阳秣陵（今江苏南京）人，中国南朝齐、梁时期的道教思想家、医药家、炼丹家、文学家，晚年号华阳隐居，卒谥贞白先生，也是南朝南齐南梁时期的道教茅山派代表人物之一。张郎中：佚名，仁宗（1023～1063 年）时人。爱书，善画鹤。梅尧臣（圣俞）寄致仕张郎中诗云："画鹤能同薛少保

---

① （清）曾唯辑，张如元、吴佐仁校补《东瓯诗存》（上），上海科学出版社，2006 年 12 月，109 页。

（稷），爱书还比蔡中郎（邕）。"

（2）陈庚生：号四老，乐清人。善画，与徐玑、赵师秀、许及之有交。

（3）东华：传说仙人东王公又称东华帝君，省称"东华"。唐吴筠《游仙》诗之四："西龟初定籙，东华已校名。"

【解读】

服食炼丹的岁月已经成为过去，原地只剩下当初炼丹的药炉和锅灶。庭院空旷寂静，山中松子落下的声音都能够听到。山路伸向远方，野木茂盛，野花散发出迷人的香气。往事不堪回首，昔日修仙得道之人飞升后拜见东华帝君已经列入三清殿。老农夫在以酒祭奠先生，冥钱随风飘起，树上的乌鸦在暮色里传来嘎嘎的叫声。

34. 松

陈景沂[1]

仙往径独在，亭高山若堆。

知非凡木比，识得洞宾来。

骨蜕栈沉水[2]，坛缘薜荔栽。

于何稚松子，有记弗详该。①

【注释】

（1）陈景沂：宋代人，生卒年未详，名咏，以字行，号愚一子、肥遯子，黄岩（今属浙江）人，其籍贯《四库全书总目》作天台，民国《台州府志》作泾岙（今温岭市晋岙村）。家境清贫，苦学不辍。20岁时，游学临安、苏州、金陵等地。理宗时上书论恢复，不报，遂专意著述。认为"大学充教，格物为先，而多识于鸟兽草木之名"，于是搜集古今图书资料，"晨窗夜灯，不倦披阅"，著成《全芳备祖》五十八卷。

（2）骨蜕：灵魂升天后的骸骨，多用于道教徒。栈沉水：栈香和沉水香。

① 傅璇琮等主编《全宋诗》第二部，北京大学出版社，1996年11月。

【解读】

仙人离我们远去，只留下清幽的小径延伸到远方，高山上的凉亭独自矗立。青松的高洁远非普通的树木可比，希望能再出现如同吕洞宾那样仙风道骨的人物。栈香和沉香从木上分离，坛边栽种着薜荔。而对于稚小的松子，却没有什么详细的记录。

35. 游慈云分韵得是字⁽¹⁾

陈　著⁽²⁾

僧关可人心，况此晴色美。

蹈藓滑路多，访菊香处是。

引饮吞山光，清啸落松子。

我有即事诗，就扫石壁纪。^①

【注释】

（1）慈云寺：位于重庆市南岸区，始建于唐代。分韵：旧时作诗方式之一，指作诗时先规定若干字为韵，各人分拈韵字，依韵作诗，叫做分韵，也称赋韵。古代诗人联句时多用之，后来并不限于联句。本诗为陈著游览慈云寺所作，与何人游于何时不详。

（2）陈著：1214～1297 年，字谦之，一字子微，号本堂，晚年号嵩溪遗耄，鄞县（今浙江宁波）人，寄籍奉化。理宗宝祐四年（1256 年）进士，调监饶州商税。景定元年（1260 年），为白鹭书院山长，知安福县。

【解读】

僧冠峰的景色令人喜爱，何况慈云寺的景色比僧冠峰更美。沿途长满苔藓，脚踩在上面感到湿滑。到处开满了菊花，花香扑鼻。想游尽所有的山光水色，仿佛听到松子簌簌落下的声音。我即兴写下此诗，马上洒扫石壁刻在上面。

---

① 傅璇琮等主编《全宋诗》第三部，北京大学出版社，1996 年 11 月。

36. 再至北乡干归路中作⁽¹⁾

方　翥⁽²⁾

远山马首尚相随，近岸迎人势却迥。

鸲鹆食残松子落，虹霓饮过水声来。^①

【注释】

（1）干归：即乞伏干归，？～412 年，又名乞伏乾归，陇西鲜卑人，西秦烈祖乞伏国仁之弟，十六国时期西秦国君主。388～400 年、409～412 年在位。乞伏国仁死后，乞伏干归被推举为主，改年号为太初，迁都金城。前秦苻登先后封他为河南王，金城王，西秦王。后投降南凉康王秃发利鹿孤，又归降后秦，409 年复称王，改年号为更始。乞伏干归在位期间，占据了陇西全境。死后庙号高祖，谥号武元王，葬于元平陵。

（2）方翥（zhù）：生卒年不详，字次云，莆田西天尾白杜村人。宋绍兴八年（1138 年）举进士，初授闽清县尉，未及一年，辞官归里，闭门读书，与邑人林光朝砥砺理学，负有盛名，后官至秘书省正字。

（3）鸲鹆（qúyù）：雀形目，椋鸟科，俗称“八哥儿”。

【解读】

远山走来一队人马浩浩荡荡，仿佛乞伏干归率队归来。走近前来令人如梦初醒，一切都已被历史的尘埃遮掩。鸲鹆啄食着残落的松子，美丽的虹霓悬挂在奔腾不息的河水上。

37. 戏和文潜谢穆父松扇⁽¹⁾

黄庭坚⁽²⁾

猩毛束笔鱼网纸，松柎织扇清相似⁽³⁾。

动摇怀袖风雨来，想见僧前落松子⁽⁴⁾。

张侯哦诗松韵寒，六月火云蒸肉山⁽⁵⁾。

持赠小君聊一笑，不须射雉縠黄间。^②

【注释】

（1）文潜：即张耒（lěi），字文潜，号柯山，人称宛丘先生、张右

---

① 傅璇琮等主编《全宋诗》第五部，北京大学出版社，1996 年 11 月。
② 傅璇琮等主编《全宋诗》第五部，北京大学出版社，1996 年 11 月。

史。楚州淮阴人，因其仪观甚伟，魁梧逾常，所以人复称其"肥仙"。生于北宋至和元年（1054 年），殁于政和四年（1114 年），享年六十一岁。他是宋神宗熙宁进士，历任临淮主簿、著作郎、史馆检讨。哲宗绍圣初，以直龙阁知润州。宋徽宗初，召为太常少卿。他是苏门四学士（秦观、黄庭坚、张耒、晁补之）之一，诗学白居易、张籍，平易舒坦，不尚雕琢，但常失之粗疏草率，著有《柯山集》、《宛邱集》，词有《柯山诗余》。后被指为元佑党人，数遭贬谪，晚居陈州。

穆父：指钱勰，1034～1097 年，字穆父，杭州人，吴越武肃王六世孙。积官至朝议大夫，勋上柱国，爵会稽郡开国侯。文章雄深雅健，作诗清新遒丽。工书，正书师欧阳询，草书造王献之阃域。尝自爱重，未尝轻以与人。卒年六十四。

松扇：宋邓椿《画继》卷十载："高丽松扇如节板状，其土人云非松也，乃水曲柳之皮，故柔腻可爱。其纹酷似松柏，故谓之松扇。"据杨琳考证，高丽松扇是屏扇，非折叠扇（参见《高丽松扇非折叠扇》）。宋朝著名文学家孔武仲有《钱穆仲有高丽松扇，馆中多得者，以诗求之》。张耒从钱勰那里得到一把高丽松扇，兴奋得写下《谢钱穆父惠高丽扇》。

（2）黄庭坚：1045～1105 年，字鲁直，号山谷道人，晚号涪翁，洪州分宁（今江西修水县）人。北宋知名诗人，乃江西诗派祖师。书法亦能树格，为宋四家之一。英宗治平四年（1067 年）进士，历官叶县尉、北京国子监教授、校书郎、著作佐郎、秘书丞、涪州别驾、黔州安置等。黄庭坚笃信佛教，亦慕道教。生前与苏轼齐名，世称苏黄，著有《山谷词》。

（3）山谷有《猩毛笔》诗，盖亦穆父高丽所得。《鸡林志》云：高丽有楮纸，光白可爱，号白硾纸。《博物志》曰：汉桓帝时，蔡伦始捣鱼网造纸，此借用。"柎"当作"柿"，《说文》：削木札朴者也，音芳废反。松柎织扇：北宋徐兢《宣和奉使高丽图经》卷二九《供张二》中说："松扇取松之柔条，细削成缕，槌压成线，而后织成。"

（4）《文选》班婕妤《怨歌行》曰：出入君怀袖，动摇微风发。杜甫《双松图歌》曰：叶里松子僧前落。

（5）谓诗虽清寒，如松风之韵；而体则肥热，如肉山之蒸。退之《蓝田丞听壁记》曰：对树两松，日哦其间。此因松扇故及之。《初学记》载《卢思道纳凉赋》曰：火云赫而四举。《楞严经》曰：为绽为烂，为大肉山，有千百眼，无量咂食。文潜颇肥，故山谷诗有"虽肥如瓠壶"，陈后山有"诗人要瘦君则肥"之句。《传灯录》载，一通判礼一僧问宗旨，僧曰："不要你肉山倒地。"

（6）戏谓文潜之肥，如贾大夫之陋。《汉书·东方朔传》：归遗细君。注曰：朔自比于诸侯，谓其妻曰小君。《左传》曰：昔贾大夫恶，娶妻，三年不言不笑，御以如皋射稚，获之，其妻始笑。御，驾车。以，后省"之"字，"如皋"，到水边高地［或泽中］射野鸡。《文选》潘安仁《射稚赋》曰：捧黄间以密彀。注云：黄间，弩名。

【解读】

文潜从钱穆父那里得到一把高丽松扇，松扇的画面是用上等的猩毛笔和高丽纸绘制而成，扇骨取松之柔条，细削成缕，槌压成线，而后织成。轻摇松扇，似有风雨随之而至，使人联想到杜甫《双松图歌》的"叶里松子僧前落"的情景。文潜摇扇吟诗，颇有松风之韵，而我没有松扇可用，肥胖的身体难以抵挡盛夏的酷暑，如同在锅里蒸肉。我把松扇拿回去送给小妾［细君］，就能博她一笑，而不必像贾大夫那样，一定要载着小妾外出开弓射雉逗她开心才行。

38. 寄题元长老林亭⁽¹⁾

李含章⁽²⁾

闻说幽亭气象宽，何须基构入云端。

平瞻一郡连山翠，远瞩千门枕水寒。

风拂石床松子坠，雨笼莎径栗花干。

遥知出定牵吟夜⁽³⁾，只欠清猿啸碧湍。①

【注释】

（1）元长老，名字不详。

（2）李含章：太平兴国中第进士，字明用，宣城人。自少隐居土山，好学工文词。

（3）出定：打座参禅已毕。

---

① 傅璇琮等主编《全宋诗》第十部，北京大学出版社，1996 年 11 月。

【解读】

听说清幽的元长老亭气象万千，既然如此，何须高耸云端。站在亭上望去，城郭与群山的青翠相连，远处千门与寒水相依。威风拂过，松子坠落到石床上，烟雨笼罩着小径，莎草和栗花已经干枯。这一切使我联想到过去元长老在这里打座参禅的情景，现在只听到山里的猿猴发出的吟啸，以及清泉奔腾不息的流水声。

39. 送存书记

梁 栋[1]

一声两声松子落，一片两片枫叶飞。

夕阳在山新月上，道人相伴一僧归[2]。①

【注释】

（1）梁栋：1242～1305年，字隆吉，湘州（在今湖北）人，迁镇江（今属江苏）。咸淳四年（1268年）进士。其弟梁柱，入茅山修道参禅，宋亡之后，梁栋也去了茅山投奔其弟，参证禅理。诗人晚年诗名颇大，追随者甚多。

（2）道人：指其弟梁柱。僧：自称。

【解读】

这首诗展现的是诗人以悟者的情怀对归途风景的观照，景中富寓禅者澄明的心境，而作者又以禅者独特的视角为我们呈现出一道清幽恬淡的风景。

"一声两声松子落，一片两片枫叶飞。"深林幽幽，诗人行走于其间，林静心也净，心静眼更清，点点枫叶轻撒空中，柔风吹起，不知何处是归踪。作者借鉴前人写诗的技巧，以动写静。同时，这两句诗不仅是实景描写，也是作者心境的物化，正是清寂无欲的禅心才使诗人对林景有如此独特视角的解读。"夕阳在山新月上，道人相伴一僧归。"夕阳西下，渐入山峦，新月上升，日没月起，整个山林愈显幽寂，偌大一个山峦，只有道人与自己互相为伴，踏上回归深山的征程。松风起飞叶，日月照禅心，这一幅淡然清新的僧归图跃然纸上，超然脱俗。

---

① 傅璇琮等主编《全宋诗》第十二部，北京大学出版社，1996年11月。

40. 翠微亭⁽¹⁾

林　逋⁽²⁾

亭在江干寺，清凉更翠微。

秋阶响松子，雨壁上苔衣。

绝境长难得，浮生不拟归。

放情何计是⁽³⁾，西崦入斜晖。^①

【注释】

（1）翠微亭：根据林逋的生平，结合当时的社会背景，本诗的翠微亭应位于南京清凉寺。林逋作有《送大方师归金陵》："渺渺江天白鸟飞，石城秋色送僧归。长干古寺经行了，为到清凉看翠微。"此诗可证！

（2）林逋：967～1028年，字君复，汉族，浙江大里黄贤村人（一说杭州钱塘）。幼时刻苦好学，通晓经史百家。书载性孤高自好，喜恬淡，勿趋荣利。长大后，曾漫游江淮间，后隐居杭州西湖，结庐孤山。常驾小舟遍游西湖诸寺庙，与高僧诗友相往还。每逢客至，叫门童子纵鹤放飞，林逋见鹤必棹舟归来。作诗随就随弃，从不留存。

（3）放情：纵情。晋郭璞《游仙》诗之三："放情凌霄外，嚼药挹飞泉。"

（4）崦（yān）：①山名；在甘肃省。②古代指太阳落山的地方。

【解读】

翠微亭在金陵的清凉寺，气候宜人，山色青翠。秋色里，能够听到松子落到台阶上的声音，雨后的石壁上长满了青苔。如此难得的绝胜之处令人流连忘返，打算在这里度过余生。在此尽情抒怀，忘却世俗的名利，一切都掩映在夕阳的余晖里。

---

^①　傅璇琮等主编《全宋诗》第十二部，北京大学出版社，1996年11月。

41. 湖山小隐二首

林　逋

闲搭纶巾拥缥囊⁽¹⁾，此心随分识兴亡。

黑头为相虽无谓⁽²⁾，白眼看人亦未妨⁽³⁾。

云喷石花生剑壁⁽⁴⁾，雨敲松子落琴床。

清猿幽鸟遥相叫，数笔湖山又夕阳。^①

【注释】

（1）纶巾：用丝带所做头巾。缥囊：书囊。

（2）黑头为相：年少时即登三公宰相之位。

（3）白眼看人：《晋书·阮籍传》："籍又能为青白眼，见礼俗之士，以白眼待之。"

（4）石花：苔类。剑壁：悬剑之壁。

（5）数笔湖山：犹言画中湖山。

【解读】

衣着简朴，每日饱读诗书，虽然远离世俗，但仍关心国家的兴亡。年少时身居高位，对礼俗之士白眼待之也无妨。悬挂宝剑的石壁上长出一朵朵石花，微雨蒙蒙，松子悄然落下，诗人悠闲地弹着古琴，琴声悠扬。猿鸣鸟啼遥相呼应，夕阳西下，湖山是一幅多么美丽的上水画啊！

诗人以对偶手法，动静结合地描述了湖山的美丽景色，也表现了自己闲适高雅的隐居生活。

42. 清真观⁽¹⁾

林尚仁⁽²⁾

一宫占断水中央，瘦竹添丁护短墙。

老鹳声中松子落，游鱼影里藕花香。

云房不雨琴常润，池阁无风榻自凉。

拟办隐心终老此，便须归与鹤商量。^②

---

① 傅璇琮等主编《全宋诗》第十二部，北京大学出版社，1996 年 11 月。

② 傅璇琮等主编《全宋诗》第十二部，北京大学出版社，1996 年 11 月。

【注释】

（1）清真观无从考。

（2）林尚仁，字润叟，号端隐，长乐（今属福建）人。家贫攻诗，理宗淳祐辛亥十一年（1251年），陈必复曾为其《端隐吟稿》作序，以为与林逋一脉相承。集中亦有《辛亥元日游闻人省庵园和陈药房韵》，知其时林尚存世。曾游历吴越等地，集中有"十年客路叹飘蓬"之句。今存《端隐吟稿》，已非全本。

【解读】

本诗描述了一个幽静高洁道观的优美景色，诗中意象繁多，众多的意象构成了美丽的画面，表达了诗人的归隐意愿。

道观搭建在水上，河水从宫内流过。苍劲有力的翠竹掩映在院墙的周围，像护院的家丁一样。鸜鸟欢快地飞回坐落于松树上的鸟巢，松子受到震动从树上落下。池塘里的鱼儿自由地游来游去，池塘边的鲜花香味扑鼻。这里的气候湿润温和，即使无风也自凉爽。打算在此隐居了此残生，只是需要与鹳鹤商议，他们是否同意我的想法，肯否接纳我。

43. 夜饮席上赋松子

梅尧臣[(1)]

风松有霜子，吹落幽人庭。

幽人畏狼藉，日扫出岩扃。

谁将称远物[(2)]，乃信涉沧溟。[①]

【注释】

（1）梅尧臣：北宋诗人，1002～1060年，字圣俞，宣州宣城（今属安徽）人，宣城古名宛陵，故世称宛陵先生。在北宋诗文革新运动中他与欧阳修、苏舜钦齐名，并称"梅欧"或"苏梅"。

（2）远物：谓远方所产的物品。《周礼·夏官·怀方氏》："掌来远方之民，致方贡，致远物，而送逆之，达之以节。"郑玄注："远物，九州之外，无贡法而至者。"《礼记·礼器》："其馀无常货，各以其国之所有，则致远物也。"宋朝时金国和高丽曾朝贡松子，故诗人把松子称为远物。

---

① 傅璇琮等主编《全宋诗》第十五部，北京大学出版社，1996年11月。

【解读】

深秋时节，草木蒙上了晶莹的霜花，秋风拂过，成熟的松子掉落在幽静的庭院里。主人爱好清洁，每日把松子归集到一起，堆集在门外的岩石边。是谁冒着严寒酷暑跋山涉水，或远渡重洋把你作为远方的宝物贡献而来呢？

44. 书四祖大医岩[1]

释宝昙[2]

大医岩岩石所护，大医无恙石无故。

此时医去石亦骧，我知造物本无迁。

一生老胁不即床，更欲得饱知无方。

禹三过门不及室，仅有一发传之汤。

丈无事难有如此，子尝折肱父堕齿。

我宁忍死不忍欺，坐听寒岩落松子。

东山旧食西山薇，许身长作山中归。

白头司马有家法，童子虽弱胜吾衣。

我来拊石三恸哭，莓苔不惊雨新沐。

山空寂寥医不来，虻蜉大树空崔嵬。①

【注释】

（1）大医即太乙，也写作大乙。

（2）宝昙：字少云，俗姓许，嘉定龙游（今四川乐山）人。他是南宋著名的一位诗僧，临济宗大慧宗杲弟子，住庆远府（今浙江宁波）仗锡山延寿禅院。他虽为释子，"然雅慕东坡、山谷诗文，即规抚两家，笔意简古，厕诸南宋诸名家中，可乱楮叶。"他学问赅博，擅名天下。他的著作流传至今的有《大光明藏》三卷、《橘洲文集》十卷。

【解读】

过去太乙岩周围有岩石守护，太乙安然无恙，现在没有了护岩石太乙岩已经受到破坏，造物主不会违背自然规律。一生被迫浮沉于世俗宦海，没有出世归隐，每日过着浑浑噩噩的温饱生活。大禹治水三过家门而不

---

① 傅璇琮等主编《全宋诗》第十五部，北京大学出版社，1996年11月，27090页。

入，姬发消灭商纣建立西周。文王和武王东征西讨，前仆后继，几经磨难，建立了丰功伟业。我宁可仁忍致死也不去争名夺利，红尘之外，静听松子簌簌落下的声音。过着返璞归真的生活，远离世俗生活，避居山中，不再入世。

司马虽老，雄风仍在。手抚岩石，我痛哭流涕，成片的莓苔默默地沐浴在微雨中。没有了太乙，山中的一切都失去了灵性，就像蚍蜉撼大树，皆无可能。

45. 谢岳大用提举郎中寄茶果药物三首新松实⁽¹⁾

（南宋）杨万里⁽²⁾

三韩万里半天松⁽³⁾，方丈蓬莱东复东⁽⁴⁾。

珠玉链成千岁实，冰霜吹落九秋风。

酒边腽脼牙车响，座上须臾漆榼空。

新果新尝正新暑，绣衣使者念山翁。①

【注释】

（1）岳大用提举郎中不详。

（2）杨万里：1127～1206 年，字廷秀，号诚斋，吉州吉水（今江西省吉水县）人，南宋杰出诗人。绍兴二十四年（1154 年）进士，官至秘书监。一生力主抗金，收复失地。他以正直敢言，累遭贬抑，晚年闲居乡里长达 15 年之久，与尤袤、范成大、陆游合称南宋"中兴四大诗人"、"南宋四大家"。

（3）三韩：古代朝鲜半岛南部有三个小部落，它们是马韩，辰韩、弁韩，合称三韩，当时朝鲜半岛北部为中国的卫氏朝鲜（后被汉朝征服，设立乐浪郡、玄菟郡、真番郡及临屯郡，史称汉四郡）。三韩后来被新罗所统一，其存在时期后来被称作"朝鲜前三国时代"。

（4）方丈蓬莱：方丈应为万丈，万丈和蓬莱都是传说中的海外仙境。

【解读】

朝鲜半岛自三韩起就是古松参天蔽日，那里路途遥远，在海外仙山万丈蓬莱的东面。那里的千年古松结出的果实就像珠玉穿成的链条一样，每

---

① 傅璇琮等主编《全宋诗》42 册，北京大学出版社，1995 年 1 月，26340 页。

年白露一过，秋风乍起之时，球果簌簌落下。新松实在中国深受人们的喜爱，吃着清香的松子，牙床腒膊腒膊响个不停，须臾之间，一壶酒已经喝光。品味着新鲜的美食，绣衣使者想到了深山里采摘松子的不易。

46. 《杂诗》十二首之十二

（元代）郝经

溪风吹竹花，石壁堕松子。

山气清入骨，云峤时犹倚。

奕奕静中趣，超超物外理。①

【注释】

（1）郝经：1223～1275 年，字伯常，陵川（今山西晋城）人。1256 年受诏于忽必烈，1260 年赴南宋议和，被权臣贾似道秘密囚禁 16 年，1274 年宋崩溃之际，郝经被救，北归后的第二年七月便去世。作为政治家，郝经反对"华夷之辨"，推崇四海一家，主张天下一统；作为思想家，郝经推崇理学，希望在蒙古人汉化过程中，以儒家思想来影响他们，使国家逐步走向大治；作为学者文人，他通字画，著述颇丰，收于《陵川集》中。

【解读】

山里小溪欢快地流淌着，清风吹来，竹子开花了，松子落到石壁上。山里空气清新，沁人心脾，山峰笼罩在云雾里。高大的东西也有静里的妙处，一切事物都存在着自然之理。

47. 三衢道中宿含辉宫有怀故人

（元代）李庭[1]

余霭散平川，遥林隐高阁。

道士出相迎，开门松子落。

故旧值干戈，踪迹应飘泊。

思君生夜寒，坐久衣裳薄。②

---

① （元）郝经《郝文忠公陵川文集》，山西人民出版社、山西古籍出版社，2006 年 1 月，88 页。

② 《永乐大典》残卷之三千五《李庭寓庵集》

【注释】

（1）李庭：字显卿，华州奉先（今陕西蒲城）人。生于金章宗明昌五年（1194年），家世业儒，少笃于学。16岁应词赋进士举，弱冠之前两预乡荐，未及登仕，蒙古军南下，遂避兵于商洛山中。金亡，远徙平阳（今山西临汾），设馆授徒，维持生计。时金源名士亦避居于此，如文章巨公麻革、李济夫等，李庭从之游。甲辰岁（1244年）辟为陕右议事官。

【解读】

雾霭散尽，眼前一马平川，远处的道观阁楼隐藏在林中。秋季正是松子成熟的季节，能够闻到松子的清香，道士盛情迎接。因为战争的缘故，老友踪迹不定，四处漂泊。夜晚我思念故友，良久辗转难眠，寒气袭来，透过单薄的衣衫，更让人感到孤单冷寂。

48. 如梦令

（元）王逢[1]

檐端数株松子，村绕一湾菰米[2]。鸥外迥闻鸡，望望云山烟水。多此，多此，酒进玉盘双鲤。①

【注释】

（1）王逢：1319～1388年，字原吉，号最闲园丁、最贤园丁，又称梧溪子、席帽山人，江阴（今江苏江阴）人，元明之际诗人。学诗于延陵陈汉卿，有才名，作《河清颂》，为世传诵。有大官举荐出仕，以病坚辞不就。原籍江苏江阴，后避兵祸于无锡梁鸿山。游松江，筑悟溪精舍于青龙江畔青龙镇（今属青浦县）。1366年5月8日（元至正二十六年三月二十八日）移居乌泥泾宾贤里。栖隐之所，为宋张氏故居，逢名园为最闲园，居室为闲闲草堂，并自题园中"藻德池"等八景诗，记得园经过。明洪武年间，以文学征召，谢辞，卒年七十。

（2）菰米就是茭白，生于湖泊中，结的果实像米。九月抽出茎，开的花像苇。果实长一寸多，秋霜过后采摘，皮呈黑褐色。菰米为中国古代"六谷"之一，至今已有3000多年的历史。

---

① （清）朱彝尊、汪森《词综》（卷下），中国戏剧出版社，2002年3月，606页。

【解读】

作者先以平白的笔调写出村景，不求有高远之神思，只求陶醉在乡味中。结满松子果实的高大松树耸立在屋顶的上面，村外是一湾溪水，到处生长着菰米。水面上海鸥飞翔，远远地又能听到鸡鸣，青山绿水笼罩在云雾中。主人端上了鲜美的鲤鱼，拿来了美酒，我要一醉方休！

49.《西江月》

床上添铺异锦，炉中满热茗香。榛松柚果贮教尝，美酒佳茗顿放。久作阱中猿马，今思野外鸳鸯。安排芳饵钓檀郎，百计图他欢畅。①

【解读】

这首词出自《二刻拍案惊奇》卷三十四，写太尉出行，他的一群姬妾寂寞难耐，把任君用勾引进来取乐。夜晚，貌美如花的筑玉夫人等待任君用的到来。床上加铺异常华丽的锦被，暖炉烧好了茶水，清香缭绕。榛子松果柚子等水果已经摆上，美酒名茶已经斟好。一直像被困在陷阱中的猿猴野马，今晚要像鸳鸯一样成双成对。早已安排好任郎潜进府内，为了今夜的欢娱煞费苦心。

50.《秋山》

（清）徐心梅

秋山静自古，空翠满衣裳。

矫首看云岫，支筇过草堂。

风清松子落，水动藕花香。

中有岩阿乐，欲言意已忘。②

【解读】

秋山自古沉静，那苍翠映染我满衣满裳。仰首观云出没，手持竹杖行过草堂。清风徐徐，能够听见松子落下的声音，水波动荡鼓涌出荷花的芬芳。这里有山水之乐，开口欲说时却忘了该说什么。

---

① （明）凌濛初《二刻拍案惊奇》卷三十四，海天出版社，2011 年 11 月，483 页。
② 袁枚《随园诗话》补遗卷四，人民文学出版社，1982 年 9 月，674 页。

51．游香界寺[(1)]

（清）檀樽主人[(2)]

暮天微雨歇，松子落深岩。

石磴千峰逼，危桥夕照衔。

秋声惊客梦，凉意上吟衫。

空际妙香发，天花自不凡。[①]

【注释】

（1）香界寺：位于北京市石景山区八大处公园，是一座汉传佛教寺院，为八大处第六处。香界寺创建于唐朝，起初称平坡大觉寺。明朝重修时，改称"大圆通寺"。清朝康熙年间重修，改称"圣感寺"。清朝乾隆年间又重修，改称香界寺，沿用至今。

（2）檀樽主人：即昭梿，1776～1833年，字汲修，自号汲修主人，另说号檀樽主人。满清宗室，生于清乾隆四十一年（1776年），卒于清道光十三年（1833年）。昭梿是努尔哈赤次子礼亲王代善的第六世孙，父名永恩，原封康亲王。爱好文史，精通满洲民俗和清朝典章制度，与魏源、龚自珍、纪昀、袁枚等名士有往来。嘉庆二十年因虐下获罪，革除王爵，圈禁三年。半年后释放，但未复其爵。道光时病故，其文稿大多散失，后由端方搜集整理，有《啸亭杂录》十五卷。

【解读】

傍晚的天空细雨渐歇，松子纷纷落在丛乱的岩缝中，坐在石磴上深感千峰逼压，夕阳照耀下的一座危桥横跨小河。阵阵秋风惊醒了行客的幽梦，一阵凉意袭上了诗人的衣衫。空蒙的天边妙香散发，像天花绽放，大是不凡。

---

① 袁枚《随园诗话》补遗卷四，人民文学出版社，1982年9月，676页。

52．松子

（清）乾 隆

窝集林中各种松⁽¹⁾，中生窠者亦稀逢⁽²⁾。

大云遥望铺一色，宝塔近瞻涌几重。

鳞切蚌含形磊落，三棱五粒味甘浓。

偓佺曾遗尧弗受，小矣子房学步踪⁽³⁾。①

【注释】

（1）窝集：也写作窝鸡、窝稽、乌稽，是满语音译词，密林的意思。

（2）窠：窠的意思是穴，就是一个不是很大的陷下去的像个窝一样的东西，比如说鸟窝。这里用窠指称松塔的表皮一处处深陷的地方。

（3）小矣子房学步踪：子房乃张良的字，这里引用了张良的典故。见《史记·留侯列传》：留侯从上击代，出奇计马邑下，及立西萧何相国，所与上从容言天下事甚众，非天下所以存亡，故不著。留侯乃称曰："家世相韩，及韩灭，不爱万金之资，为韩报仇强秦，天下振动。今以三寸舌为帝者师，封万户，位列侯，此布衣之极，於良足矣。愿弃人间事，欲从赤松子游耳。"乃学辟谷，道引轻身。

【解读】

东北的深山密林中生长着各种高大的松树，其中的一种松树结出的果实表皮长着一个个的深窝，这种松树就是珍贵的红松，果实叫作松塔。远远望去，茂盛浓密的树木遮天蔽日，苍翠碧绿；近看，层层叠叠的松塔连缀在一起，像波浪一样波澜起伏。松塔的表皮层瓣鳞砌，松子像河蚌一样含在松塔的里面，层次分明。松子的形状呈扁三角形，有三个棱，几粒松仁就散发出甘美的清香。据说上古时期的偓佺服食松子能飞行追逐奔驰的骏马，把松子赠送给尧，尧没有时间服食，当时凡是吃了这种松子的人都飞升成仙了。张良志"欲从赤松子游"，跟尧相比，则志向就显得小了。乾隆是以圣人自许的，所以称赞尧而"小"视"从赤松游"的张良（子房）。

---

① 王季平主编《长白山志》，吉林文史出版社，1989 年 6 月，388 页。

53. 恭和松子诗

王 杰[1]

见说松山千岁松[2]，

龙牙玉角常采逢[3]。

味如脱粟尝来旨，

形似浮图望去重。

应候缀条多璀璨，

得受天气独淳浓。

坚香试问稚川子[4]，

知是招威未逸踪[5]。①

【注释】

（1）本诗为王杰和乾隆的《松子》诗所作。王杰：1725～1805 年，字伟人，号惺国，陕西韩城人，清朝状元、名臣。王杰中状元后，初在南书房当值，后经多次升迁，官至内阁学士。乾隆三十九年（1774 年）任刑部侍郎后又转调史部，擢升右都御史，乾隆五十一年（1786 年）出任军机大臣，上书房总师傅，第二年又出任东阁大学士。

（2）传说中的松山，出自《山海经》之《山经》卷三《北山经》：松山位于绣山以北一百二十里，敦与山以南一百二十里，是阳水的发源地。

（3）龙牙玉角：松子的别称。宋代陶穀《清异录》曰："新罗使者，每来多鬻松子，有数等：玉角香、重堂枣、御家长龙牙子，惟玉角香最奇，使者亦自珍之。"

（4）稚川子：葛洪，字稚川，自号抱朴子，是东晋时期著名的道教领袖，内擅丹道，外习医术，研精道儒，学贯百家，思想渊深，著作弘富。他不仅对道教理论的发展卓有建树，而且学兼内外，于治术、医学、音乐、文学等方面亦多有成就。

（5）威是指丁令威。丁令威是道教崇奉的古代仙人，据《逍遥墟经》卷一记载，其为辽东人，曾学道于灵墟山，成仙后化为仙鹤飞回故里，站

---

① 马赫辑注《诗中抚顺二千年》，抚顺市哲学社会科学联合会、修辞研究会、社会科学研究室编印，1985 年 6 月，379 页。

在一华表上高声唱："有鸟有鸟丁令威，去家千岁今来归，城郭如故人民非，何不学仙冢累累"，以此来警喻世人。

【解读】

闻说松山上生长着千年的松树，松树的果实形状像龙牙，像玉角，非常珍贵，人们常常采摘食用。龙牙、玉角散发着清香，有如脱皮的粟米，大家争先品尝。松果的外貌形态重叠分明，层瓣鳞砌，像塔一样。龙牙玉角的果仁连缀起来像璀璨的珍珠一样，它的生长也需要得天独厚的气候条件。试问东晋著名道家人物葛洪，丁令威服食龙牙、玉角成仙，化为仙鹤，当见到这只归来的仙鹤时，你知道是他吗？

54.《煮松记》①

曹福全

巍巍兴安岭，

山高老林深，

披荆摄百草，

偶遇驯鹿人。

主如逢旧友，

客如见故亲，

待友需何物，

遍地皆山珍。

露天石为灶，

席地木作墩，

一瓢山泉水，

粗盐小半斤。

锅中盛松塔，

釜下燃松针，

谈笑尤未几，

松香已沁人。

_____

① 2011年8月，黑龙江黑河学院曹福全教授目睹敖鲁古雅的驯鹿鄂温克人吃水煮偃松塔的情景，赋下此诗。

水沸渍蒸慢，
涎流暗咽频，
三刻本须臾，
此时凝如金。
热塔手中拿，
急剥何待温，
剥鳞露松子，
咀子见松仁。
松仁白又嫩，
入口滑且润，
初时松味浓，
旋若香脂浸。
香从咸中出，
咸自香中藏，
舌间细细尝，
咸香满庭堂。
庭深如野阔，
心舒似海茫，
一呼一吸深，
余香音绕梁。
山珍山泉煮，
回味更绵长，
人间得此味，
胜比神仙强。
主人言松果，
摘自偃松林，
八月正当时，
采来帐边存。
偃果三年成，
翠鳞护满仁，
只需盐水煮，

更无他料陈。
自为零食用，
闲来弄几枚，
鳞次衔子粒，
攸然徐徐品。
弄者怡我心，
食者滋我身，
滋身又益气，
延寿亦提神。
我闻主人言，
感慨万千循，
美食藏深山，
世间几曾闻。
山中寻常见，
入世奉为珍，
市井得来奇，
何如岭上君。
古有偓佺氏，
好食松之实，
方目神如炬，
疾行嫌马迟。
岁长二三百，
尤可摘松枝，
遗之赠帝尧，
世方留此奇。
殷汤仇生者，
行踪飘无向，
常以松脂食，
老而身愈壮。
灼灼容颜焕，
怡怡功德旺，

武王敬祠之，
石室北山上。
又闻赤须子，
亦好食松实，
发堕能再出，
齿落复更之。
食松壮体者，
不胜数先知，
但叹始皇帝，
雄才统先秦。
欲求长生药，
童役殉千身，
未得长生计，
唯遗巨茔存。
何如当年童，
避祸藏山林，
因以松脂食，
延龄过千旬。
兴亡多少事，
早已落寰尘，
不羡秦宫主，
但慕秦宫人。
民者求生计，
官者逐经纶，
熙熙浮世里，
哪得此璞真。
愿做摘松客，
自在岭上巡，
感我此言挚，
主人归账里。
陈年一壶酒，

将出对客斟，

客人开怀饮，

主人劝酒频。

酒烈松更香，

松香酒愈醇，

野风拂我面，

烈酒灼我唇。

诗情乘我兴，

松韵醉我魂，

一作神仙醉，

忘是尘世人。

第五节　松子散文作品选编

1. 露赋

吴彦胜

天降气兮地凝精，皇德茂兮芝荛平。金盘渍兮玉杯清，叶有露兮落有声。辽东之鹤中夜惊，日南之鸡凌晨鸣。华山柏兮多珠露，松子服之得长生。（《文苑英华校记》十五卷）

2. 写真自赞

吴子来

不材吴子，知命任真。志尚元素，心乐清贫。涉历群山，然一身。学未明道，形惟保神。山水为家，形影为邻。布裘草带，鹿冠纱巾。饵松饮泉，经蜀过秦。大道杳冥，吾师何人？瞩思下土，思彼上宾。旷然无已，冥象惟亲。寂尔孤游，　然独立。饮木兰之坠露，衣鸟兽之落毛。不求利於人间，绝卖名於天下。（《全唐文》卷九百二十八）

3. 天台山记

徐灵府

先生初入花顶峰，遇王羲之入山学业，先生过笔法付义之："子欲学书，好听吾语。夫受笔法，与俗不同，须静其心，後澄其心思，暮在功书，筋骨附近，气力又面均停，握管与握玉无殊，下笔与投峰不别，莫夸端正，但取坚强，筋力若成，自然端正。东边石室，子莫频过，尽是异兽精灵也。向余边受业，凡人到彼必伤，缘残吾命，汝将来料伊不敢。西边石室，甚是清闲，案砚俱全，诗书并足，松花仙果，可给朝餐，石茗香泉，堪充暮饮。闲玩水自散情怀，闷即凌峰，莫思闲事。"义之既蒙处分，岂敢有违，一登石室，二载不亏，夜则望月临池，朝则投云握管，澄滤其思，暮在功书，清静其心神，志求笔法。(《唐文拾遗》卷四十四)

4. 松子茶

（台湾）林清玄

朋友从韩国来，送我一大包生松子，我还是第一次看到生的松子，晶莹细白，颇能想起"空山松子落，幽人应未眠"那样的情怀。

松子给人的联想自然有一种高远的境界，但是经过人工采撷、制造过的松子是用来吃的，怎么样来吃这些松子呢？我想起饭馆里面有一道炒松子，便征询朋友的意见，要把那包松子下油锅了。

朋友一听，大惊失色："松子怎么能用油炒呢？"

"在台湾，我们都是这样吃松子的。"我说。

"罪过，罪过，这包松子看起来虽然不多，你想它是多少棵松树经过冬雪的锻炼才能长出来的呢？用油一炒，不但松子味尽失，而且也损伤了我们吃这种天地精华的原意了。何况，松子虽然淡雅，仍然是油性的，必须用淡雅的吃法才能品出它的真味。""那么，松子应该怎么吃呢？"我疑惑地问。"即使在生产松子的韩国，松子仍然被看作珍贵的食品，松子最好的吃法是泡茶。"

"泡茶？""你烹茶的时候，加几粒松子在里面，松子会浮出淡淡的油脂，并生松香，使一壶茶顿时津香润滑，有高山流水之气。"

当夜，我们便就着月光，在屋内喝松子茶，果如朋友所说的，极平凡的茶加了一些松子就不凡起来了。那种感觉就像是在遍地的绿草中突然开起优雅的小花，并且闻到那花的香气，我觉得，以松子烹茶，是最不辜负这些生长在高山上历经冰雪的松子了。

"松子是小得不能再小的东西，但是有时候，极微小的东西也可以做情绪的大主宰。诗人在月夜的空山听到微不可辨的松子落声，会想起远方未眠的朋友，我们对月喝松子茶也可以说是独尝异味，尘俗为之解脱。我们一向在快乐的时候觉得日子太短，在忧烦的时候又觉得日子过得太长，完全是因为我们不能把握像松子一样存在我们生活四周的小东西。"朋友说。

朋友的话十分有理，使我想起人自命是世界的主宰，但是人并非这个世界唯一的主人。就以经常遍照的日月来说，太阳给万物以生机和力量，并不单给人们照耀；而在月光温柔的怀抱里，虫鸟鸣唱，不让人在月下独享。即使是一粒小小松子，也是吸取了日月精华而生，我们虽然能将它烹茶，下锅，但不表示我们比松子高贵。

佛眼和尚在禅宗的公案里，留下两句名言：水自竹边流出冷，风从花里过来香。

水和竹原是不相干的，可是因为水从竹子里边流出来就显得格外清冷；花是香的，但花的香如果没有风从中穿过，就永远不能为人体知。可见，纵是简单的万物也要通过配合才生出不同的意义，何况是人和松子？

……

一些小小的泡在茶里的松子，一粒停泊在温柔海边的细沙，一声在夏夜里传来的微弱虫声，一点斜在遥远天际的星光……它们全是无言的，但随着灵思的流转，就有了炫目的光彩。记得沈从文这样说过："凡是美的都没有家，流星，落花，萤火，最会鸣叫的蓝头红嘴绿翅膀的王母鸟，也都没有家的。谁见过人蓄养凤凰呢？谁能来缚着月光呢？一颗流星自有它来去的方向，我有我的去处。"

灵魂是一面随风招展的旗子，人永远不要忽视身边事物，因为它也许正可以飘动你心中的那面旗，即使是小如松子。

后　记

本书为 2014 年国家社会科学基金重大项目《中国古代民间规约文献集成》（项目编号 14ZDB126）的阶段性研究成果，又为吉林省哲学社会科学规划基金项目《长白山松子采集习俗研究》（项目编号 2013B321）的阶段性研究成果，感谢通化师范学院学术著作出版基金资助出版。

　　我能取得这一研究成果，首先应该感谢单位领导、学术界的良师益友及我的同学、同事和家人。我是汉语言文字学专业的硕士研究生，过去对民俗文化关注不多。在 2012 年 8 月，我和我校民俗学科负责人王纪老师的一次偶然交流，使我对长白山民俗文化产生了兴趣，但从哪入手，我全然没有头绪。经商多年的丈夫说，你看写松子怎么样？在他的提示下，我开始关注松子文化。白山市抚松县露水河镇有红松故乡之称，碰巧我的大学同学徐向东的丈夫孙业进先生就在露水河林业局林下复合经营处工作，在老同学的关照下，2012 年 9 月 12 日，我第一次到露水河考察松子采摘习俗。这次考察并不顺利，在我赶往深山到达敬山现场时，有人告诉我按照当地风俗，女的不能参加敬山仪式。山区的天气变幻无常，又逢秋雨连绵，红松树皮被雨淋后变得湿滑，无法上树打松塔。尽管第一次考察收获不大，但是当我阅读了长白山民俗文化的相关资料后，我认识到了松子作为文化载体的分量。当我告诉我的汉字学导师陈五云教授，我打算研究长白山民俗文化时，他非常支持我的想法。陈教授远在上海，退休后又去了美国，交流指导多有不便，我又找到了我读本科时的民俗学老师孙文采教授。孙教授已经退休十多年，仍在潜心研究长白山人参文化。孙教授手把手地教我如何做田野调查，怎么写民俗文化研究论文，孙教授可以说是我研究长白山民俗文化的启蒙老师。

　　天道酬勤，感谢上苍赐予我好运，让我接连不断地得到民俗文化研究领域著名专家学者的指导和点播。2013 年元旦，我校制定了柔性引进学术导师的政策，在文学院领导，科研处领导和朱俊义校长的支持下，我有幸拜到安徽大学徽学研究中心主任卞利教授为我的学术导师。卞利教授是历史文献学专业的博士生导师，著名的古徽州区域史与文化研究专家，学术造诣颇深，治学严谨，对学生要求极严。卞利教授日常工作繁忙，但仍抽出时间对我悉心指导，给我介绍了国内外民俗学研究现状，以及当前研究民俗学的新理论新方法。在他的指导下，我拓宽了民俗学研究视野，打下了民俗学研究的理论基础。卞利教授除了在民俗文化研究方面引导我逐渐步入正轨，他的治学之道也使我深受启发，我开始考虑从纵向的角度深入研究长白山民俗文化。

2013 年 4 月份，我到抚松参加老把头节民俗学术活动，认识了著名文化学者曹保明先生。曹保明先生对我的松子文化研究课题给予高度肯定，并给我提出了研究建议。同年 6 月下旬，《社会科学战线》副主编尚永琪先生和《新华文摘》的尹选波先生、《光明日报》的户华为先生一行莅临我校，我得以有机会就采集松子习俗的真伪问题向尚永琪先生请教，尚永琪先生回到单位后，马上回复了我的邮件，原文如下：

赵春兰老师好！

文章仔细读了一遍，觉得选题不错，你也在尽力寻找或开拓新的课题，这是很好的。但是文章的内容太单薄，如果不计一些背景论述的话，关于"采松子"的文化内容、历史状况很少，如果你能做得更充实丰厚一些，这篇文章应该不错。近年来东北历史与文化的论题多是重复加重复，能找到新的学术点很不容易，建议你继续开拓一下，可能你这方面的选题真的会成为一个引人瞩目的学术点。历代的贡品有无关于松子的详细记载，松子的历史上的销售或者交往情况，等等，我觉得不妨视野宽一点，这样，你所说的"采松子"的民俗才会有坚实的历史文化背景，才具备定义一个"民俗行为"或"民俗文化"的丰富内涵。有资料才会有看点，也才能做到扎实，我是主张"上穷碧落下黄泉，动手动脚找资料"的，如果您英语阅读能力可以的话，我建议您不妨查查欧亚草原上关于松子采摘的古代资料或成果，也可能会有更新的启发。

期待你能将这篇文章做好，毕竟，这个选题确实很有创造性，不是一般的人云亦云。好选题需要花力气做好。

尚永琪先生的学术研究视野非常广阔，他的回信如同醍醐灌顶，我茅塞顿开，找到了解决问题的途径。2013 年 7 月，我去长春拜访了著名的民俗学专家富育光老先生，此行意义非同寻常。已是八十岁高龄的富老先生依然精神矍铄，每日正焚膏继晷地挖掘整理满族说部第三部。富老先生是黑龙江黑河人，16 岁时在黑河采过松子，老先生详细地给我介绍了满族采集松子习俗，解决了长期让我困惑的问题——长白山采集习俗信仰的传承与变异，令我的松子文化研究有了实质性的突破。老先生还针对我的松子采集习俗课题如何展开研究提出了建议，并安排我到东北师范大学特藏室查阅资料，又给我联系了长春的赵东升先生和吉林的尹郁山先生，方便我前往采访。在富育光老先生的帮助支持下，在卞利教授的耐心指导下，我向尚永琪先生交上了一份"合格"的作业，《清朝松子采集习俗的传承与演变》发表在《社会科学战线》2014 年 3 月期。

富育光老先生视力不好，双脚踝骨因风湿和增生时常疼痛，但老人家一生不向困难屈服，把毕生献给学术研究的精神震撼着我，短暂的学术交流中我与他结下了父女般的情义。2014 年元旦，我再次去长春看望他老人家，此行让我产生了写一本长白山松子文化专著的想法。还在 2013 年的时候，卞利教授就曾向我提议写一本松子文化专著，那时我还没有民俗文化基础，而且松子文化的相关资料异常难寻，我不敢有此想法。在富老师和曹老师的鼓励下，我开始构思写作《松子：历史记忆的文化符号》。2014 年 4 月，曹老师莅临我校讲学，对我的松子文化研究又给予了点播。

除了感谢单位领导和上述几位专家学者的帮助和支持，我还要感谢因客观原因无缘成为我的学术导师的山东大学儒学高等研究院的李浩教授。尽管我与李浩教授联系不多，但他克服疾病的困扰，严谨治学和教书育人的精神激励着我把长白山民俗文化研究坚持到底。我还要感谢通化师范学院著名植物学家周繇教授，他常年坚持野外考察的敬业精神众所周知，周繇教授见我出去考察有困难，便将我可以用作插图的图片无偿提供给我，尤其是 2014 年 8 月，我没有条件去黑龙江和内蒙古考察，周教授利用在内蒙古考察的机会顺便帮我拍摄了阿龙山采集偃松塔及脱粒的系列照片。我还要感谢通化师范学院高句丽研究院院长李乐营教授，他对我写的唐宋松子贡品文化内容给予很多启示。我还要感谢黑龙江黑河学院曹福全教授，他曾在 2011 年 8 月去根河敖鲁古雅考察，拍摄了驯鹿鄂温克居民水煮偃松塔的珍贵照片，他把这些照片都无偿提供给我，并赋长诗一首。我还要感谢东北师范大学图书馆特藏室主任刘奉文教授，他为我到特藏室查阅资料提供了方便条件。陕西华龙山自然保护区的刘平先生登上海拔 2 千米左右的高处，为我拍摄华山松的孢子叶球，湖北易咏梅老师为我拍摄了马尾松的孢子叶球，武汉的谭全文同学听说我想了解九峰山摩崖上刻写的朱元璋赐给无念禅师的诗文时，不辞劳苦地代我踏查，可惜那里已经禁止登顶，甚是遗憾！内蒙古额尔古纳的周明老师给我介绍了当地采集偃松塔的状况，并无偿提供了相关照片。

我更应该感谢那些身在田野，默默传播长白山松子文化的人，他们也给了我很多帮助和支持。2012 年 12 月末，气温零下三十多度，我到抚松县漫江镇做田野调查，住在徐仁发老人的家里。采访徐仁发老人时，我因衣着单薄，患了急性肠胃感冒卧床不起，徐仁发老伴儿对我悉心照料，给我煮面条，帮我买药。我采访过的还有黑龙江省翠兰镇的林景才；吉林省抚松县的袁毅、王德富、王博凡、相增善、王凤武、张广春、吕秉坤、王瑞君、汪艳、姜维军、英长财、张君发、毕贵云、王义叶、徐仁发、于开明、董得双、李树义；通化市的丛禄之、倪生春、倪宝武、栗盛兰、庄鹏、杜春友、齐振明；通化县的朴尚春、王太坤、李茂林、李会兰、汪忠、孙克礼、王景芝、徐秋英、王庆元、王群、王金鑫、许清岩；集安市的王玉亮、韩得发、孙万海、顾凤城、于福顺、宫仕福、李志强、张宏、李旭；安图县的任长山、舒兰市的宫科俭、永吉县的江汉力。

《松子：历史记忆的文化符号》还有许多不足之处，首先是田野调查不够深入；其次是我的相关基础理论知识不扎实；再次是知识积累有限。我学的是中文专业，加之可参考的文献资料较少，做民俗史研究有些吃力，尤其是面对那些涉及儒、释、道宗教文化的诗词，因为缺少宗教文化知识，欣赏解读非常困难。卞利教授批评我急功近利非常中肯，在今后的长白山民俗文化研究工作中，我努力戒骄戒躁，日臻完善自己，敬请各位方家多多批评指正！